Ditie Gaibian Shenghuo

地 铁 改 变 生 活

Beijing Guidao Jiaotong Shinian Chuangxin Chengguo Lilun yu Shijian (2003—2013)

——北京轨道交通十年创新成果理论与实践(2003—2013)

Yunying Guanli Pian

运 营 管 理 篇

北京市地铁运营有限公司

人 民 交 通 出 版 社

内 容 提 要

不同的发展阶段，有着不同的特殊使命和责任，北京市地铁运营有限公司经营管理着一个四通八达的地铁网络，通过不断管理创新、科技创新，提高运营效率，保障了地铁路网的高效运营，为首都市民提供安全畅通的交通服务的同时，促进着首都经济社会发展。

本书收集了部分作者长期从事运营实践、安全管理、设备管理等方面所取得的创新成果，对于在大规模网络化运营新形势下确保每条线路及网络安全畅通具有重要的现实指导意义。

图书在版编目(CIP)数据

地铁改变生活——北京轨道交通十年创新成果理论与实践：2003～2013．运营管理篇/北京市地铁运营有限公司编．—北京：人民交通出版社，2014.01

ISBN 978-7-114-11005-4

Ⅰ.①北…　Ⅱ.①北…　Ⅲ.①城市铁路－铁路工程－北京市－文集②城市铁路－轨道交通－北京市－文集
Ⅳ.①U239.5-53

中国版本图书馆CIP数据核字(2013)第271331号

书　　名：地铁改变生活——北京轨道交通十年创新成果理论与实践(2003—2013)　运营管理篇
著 作 者：北京市地铁运营有限公司
责任编辑：时　旭
出版发行：人民交通出版社
地　　址：(100011)北京市朝阳区安定门外外馆斜街3号
网　　址：http://www.ccpress.com.cn
销售电话：(010)59757973
总 经 销：人民交通出版社发行部
经　　销：各地新华书店
印　　刷：北京盛通印刷股份有限公司
开　　本：787×1092　1/16
印　　张：15
字　　数：260千
版　　次：2014年1月　第1版
印　　次：2014年1月　第1次印刷
书　　号：ISBN 978-7-114-11005-4
定　　价：60.00元

北京轨道交通十年创新成果理论与实践(2003—2013)

编委会名单

序

北京地铁近半个世纪以来，实现了从无到有，从线到网的发展历程。北京地铁公司凭借积累了43年的运营管理经验，狠抓安全管控不放松，在保证既有线路安全运营的前提下，先后开通试运营10条新线，为首都公共交通做出新的贡献。

近十年来，北京市轨道交通发展进入“黄金时代”，北京地铁公司所辖运营线路从4条增加到14条，运营里程从54公里增至403公里，已形成大规模网络化运营规模。公司所辖线路年客运量2013年达到27.39亿人次，日最高客运量974万人次，全路网最高日客运量突破1100万人次，北京地铁在北京市公交出行比例进一步提高。

公司2003年提出了“新地铁”战略构想，2006年又提出了“国内领先、世界一流”的战略目标，在制定2009～2015年战略发展规划过程中，公司提出建设平安型地铁、人文型地铁、高效型地铁、节约型地铁、便捷型地铁、创新型地铁“六型地铁”的战略任务，并在2011年将“国内领先、世界一流”的战略目标和“六型地铁”建设的具体目标，正式纳入“十二五”发展规划，成为全体员工共同追求的企业愿景。

近十年来，公司按照建设“三个北京”和世界城市的要求，面对大规模网络化运营、人员结构变化和集团化、企业内部改革等新形势新任务新挑战，通过管理创新、技术创新，不断缩短列车运行间隔，提高运输能力，增加客运量。截至2013年5月底连续缩短列车运行间隔达30次，使城市中心线列车最小间隔已到3分钟以内，2号线已达到2分钟间隔，乘客满意率自2008年以来始终处于95%以上。公司综合排名持续保持国内地铁行业领先优势和水平，2009年，首次国际地铁协会(COMET) KPI指标对标结果，综合排名行业第二名，全面达到世界一流水平。

公司以提升安全运营管控能力为核心，以“科技强安、管理固安、文化兴安”为举措，以加强基层建设、提高基础能力为抓手，积极构建具有首都地铁特色的“人、机、环、管”四大要素与“治、控、救”三道防线组成的“矩阵式”安全管控体系，全面提升网络化安全管理工作的科学化、信息化、精细化水平，不断推进公司安全管理再上新台阶，确保全路网安全平稳运营。为彻底解决安全隐患，继续提高既有线运力和安全服务水平，公司通过内部挖潜、管理创新，不断创新行车组织方式，提高运营效率，确保地铁路网的高效运营。

不同的发展阶段，有着不同的特殊使命和责任，公司经营管理一个四通八达的地铁网络，确保每条线路及网络安全畅通，通过吸引客流、增加运量，提高北京地铁在轨道交通中所占比例，承担着“四个服务”职能，为中央、为国内外宾客、为首都市民提供安全畅通的交通服务的同时，促进着首都经济社会发展。

2007 年公司被评为首都文明行业；2008 年被国务院授予北京奥运会、残奥会先进单位荣誉称号；2010 年被交通运输部授予全国交通运输文明行业称号；2011 年公司荣获国家安全文化建设示范企业称号；2010 年和 2011 年连续两年荣获“北京影响力——影响百姓经济生活的十大企业”称号。

综观现在以及未来所担当的责任，所充当的角色及地位、作用，公司在创新中不断践行“畅通北京，让首都更美好”的企业使命。让市民感受整个北京变得畅通，感觉到首都更美好、更加“繁荣、文明、和谐、宜居”。

北京市地铁运营有限公司

目录

加强管理创新　构建大规模网络化运营管理平台

企业发展部　耿佩诗

摘　要:城市轨道交通在城市运行中的作用日趋重要,随着市委提出建设有中国特色的世界城市的战略目标,北京地铁也必然承载起建设与世界城市要求相匹配的安全可靠、舒适便捷、低耗环保、文明舒心的城市轨道交通网络的重任,这对北京地铁公司的管理水平提出了更高的要求。为了适应新的形势和新的要求,北京地铁必须加强管理创新,深化体制、机制改革。

关键词:发展战略;内涵式发展;外延式发展

0 引言

北京市城市轨道交通已进入一个全新的高速发展时期,按照北京市最新提出的轨道交通建设规划,到2015年,北京市将要建成666km城市轨道交通,北京的轨道交通网络化运营已初步形成。城市轨道交通在城市运行中的作用日趋重要,随着市委提出建设有中国特色的世界城市的战略目标,北京地铁也必然承载起建设与世界城市要求相匹配的安全可靠、舒适便捷、低耗环保、文明舒心的城市轨道交通网络的重任,这对北京地铁公司的管理水平提出了更高的要求。为了适应新的形势和新的要求,北京地铁必须加强管理创新,深化体制、机制改革,并着力在以下几个方面努力开展工作。

1 确立发展战略,明确发展方向

战略解决企业发展的根本问题,没有战略的指引或战略方向发生偏差,将给企业带来致命的打击和伤害。同理,要想从根本上解决企业的长远发展问题,必须首先确立适应企业实际需要的发展战略,明确发展方向。北京地铁公司要坚持瞄准世界先进水平,坚持用优秀的人才,先进的技术装备,现代科学管理的“三轮驱动”,努力打造“安全可靠、舒适便捷、低耗环保、文明舒心”的世界一流地铁,使公司成为政府信任,乘客满意,社会好评,同行称赞的地铁专业运营企业集团。

2 转变公司发展方式,促进公司全面、协调发展

要努力培养以安全、服务、效益三位一体的核心能力,强化树立运营必须安全,以人为本提高服务水平和追求良好效益的观念,注意三者的联动作用,使之形成一个互为补充,相辅相成的有机整体,在确保安全指标不下降的基础上,通过多个层次、多种方式的创新,大力提高服务和效益方面的指标水平,从根本上转变公司从过去只关注安全的发展方式,向安全、服务、效益三个方面全面协调发展。

3 坚持内涵式发展与外延式发展并重

当前,新线建设快速发展的新形势,地铁公司为实现外延式发展创造了优良的条件和广阔的空间,给公司的跨越式发展提供了前所未有的历史机遇,地铁公司要抓紧机遇,善于利用有利条件,最大限度地扩大公司未来线网规模。同时,公司还必须要抓住北京市将城市轨道交通作为公共交通骨干力量的有利时机,积极走内涵式发展的道路,修炼内功,以大规模更新改造后的新设备为依托,通过技术创新和管理创新,充分发挥既有线路的潜在效能,通过进一步缩小行车间隔,实行大小交路套跑,扩大列车编组等方法,努力提高运输能力,要通过不断优化运营组织管理、设备维修管理、生产组织管理,提高员工队伍的管理和技术素质,提高员工的操作技能,努力通过管理创新提高每一条运营线路的运输能力,从而保证线网规模不断扩大,既有线路总体运力不断提高,共同构建适应世界城市要求的城市轨道交通体系。

4 加大管理体制改革力度,构建大规模网络化运营管理平台

为了适应北京市轨道交通线网大规模扩张的要求,扩大公司各级的管理幅度,我们要加大对已经不适应形势发展要求的管理体制和组织形式的改革力度,搭建运营服务平台、维修服务平台和增值服务平台。

一是,要将过去的车辆、客运专业分工管理方式进行业务整合,组建新的运营分公司,基本定位为运营服务商,管辖职责不再按专业进行划分。

二是,按照运营线路进行负责,这是所辖线路安全运营、企业经营管理的责任主体。一个运营分公司管辖4~5条线路,通过成立若干个运营分公司,从而达到有效地扩大了地铁公司的管理幅度的目的。

三是,将负责供电、线路、通信信号、机电设备、建筑维修等各设备公司共同形成了维修服务平台。由于各专业设备维修技术的高度分散性,所以体制与机

构改革在各个分公司内部进行，将原有的按线路设队，队内按专业划分班组为作业单元，单元内各专业分别组织生产操作的形式，转变为设备公司下设综合或专业项目部。设备公司的管理幅度一般为10～12个项目部。每个项目部具有一定的管理职权，通过设置少量的职能部门和专职管理人员来实现项目部对下辖线路和作业班组的管理。项目部是所辖线路设备维修管理的责任主体，一个项目部管辖2～3条线路，项目部下设综合维修班组，在班组内各专业人员协同作业，共同完成各个专业所有设备的运行、维修和管理工作。这样就可以有效地扩大各设备公司的管理幅度，提高维修管理的能力，各设备公司共同形成地铁公司的维修服务平台。

四是，将附着在运营线路上的广告、民用通信、商业文化等各种资源的开发业务，统一整合到地铁公司的资源开发与经营管理事业总部，进行统一规划、管理、设计、招商和监管，事业总部定位为增值服务商，下设综合管理部门，负责整体的经营管理，下设各业态事业部负责具体业务的规划、设计、招商、监管，通过改革要建立运营服务、维修服务、增值服务3个平台，从而共同构成网络化运营管理平台。

5 建立健全各种运行机制，实现科学有效管理

5.1　建立健全内部市场化运行机制

北京地铁公司内部市场化机制是指以契约关系为纽带，运营服务商将设备系统、建筑设施和车辆的维护保养及管理业务委托给各维修服务商，并由运营服务商支付市场化中的相关费用；将对相关资源的开发、经营和管理业务委托给增值服务商，并由运营服务商收取一定资源占用费的形式。通过这种内部市场化的机制，三类服务商之间可以实现战略协同，地铁公司也可以实现对三大服务平台的战略管控。

5.2　建立健全内部竞争机制

竞争是企业持续发展动力的源泉，虽然北京地铁公司由于地域性等因素，未全面参与外部市场竞争，但仍深刻地意识到，只有引入内部竞争机制，才能促使运营分公司和设备公司的各项目部由于工作性质相同、从事业务相同、基础管理范围相当，为彼此在安全、服务和效益等关键指标上进行比较和直接的竞争，创造了良好的条件，也为地铁公司选择不同的运营服务商和运营服务商选择不同的维修项目部提供了基础。通过科学建立和完善公司内部经营管理各方面的指标体系，并以其为依据对竞争者进行科学评价，有利于在地铁公司内部形成良性、有序、高效的竞争。

5.3 建立健全绩效考核机制

要在建立和完善地铁公司以安全、服务和效益为关键点的绩效考核指标体系的基础上,进一步理顺地铁公司和"三商"、"三商"之间的关系,建立地铁公司全方位的绩效考核机制。并确保绩效考核指标体系在各层次的科学分解,通过逐层签订绩效考核责任书的方式,将地铁公司关键绩效指标落实到基层、落实到个人,并与各级管理者和员工的工作业绩直接挂钩,与个人薪酬挂钩,实现绩效考核的最优效果。

5.4 健全质量管理机制

通过持续改进 ISO9001 质量管理体系,始终坚持以乘客需求为导向,不断完善地铁公司的运营服务指标体系,充分利用内部市场化机制,实现多层次、多角度地对运营安全、服务和效益实施质量管理,全面提高地铁公司质量管理能力和水平,确保地铁公司不断提升核心能力。

5.5 建立健全人才培养机制

大力提升员工综合素质、培育符合地铁未来发展需要的高素质经营管理人才、专业技术人才和岗位高技能人才,以各种培训开发的方式培育人、以优秀的企业文化塑造人、以科学的选人用人方式激励人、以有效的绩效管理机制引导人,全面打造培养开发、评价发现、选拔任用、配置交流、激励保障的工作机制,为企业的全面可持续发展提供优秀的人才队伍。

5.6 建立健全对标管理机制

国际地铁协会(CoMET)是由世界上 27 家成员组成的地铁行业组织,在 2008 年地铁业绩综合评比中,北京地铁名列第二位,原北京市委书记刘淇批示:"向世界一流城市学习,提高落后指标,保持先进指标。"在现有形势下,北京地铁需要加强对 CoMET 指标的对标研究和管理,强化对落后指标产生原因的分析研究,积极寻找对策,在保持先进指标的同时提升落后指标的水平,努力使北京地铁的各项运营指标均达到世界一流水平。

5.7 建立健全流程持续改进机制

合适的流程再造,是全面设计面向顾客满意的业务流程,从整体上注重为顾客服务的具体工作,追求价值链的整体最优。在北京地铁的管理体制、组织机构形式、管理模式、维修模式、生产组织方式均进行创新和优化后,需要面对的不仅仅是一次性的流程再造,而是要在具体工作中积累宝贵经验,通过科学的管理方法和分析手段,建立流程持续的改进机制,这种机制应当是动态的,是良性循环的,是永不停息的。

基于战略的北京地铁系统设备管理指标体系研究

设备部　顾庆宜

摘　要：目前国内外地铁行业尚未提出设备管理战略的思想，也未建立完整的设备管理指标体系，在设备管理中主要是评估设备的可靠性和安全性。在国际上最具代表性的 CoMET 和 MOPES 的地铁运营管理指标体系中，前者以运营企业业绩和运行效率为主要评价指标，没有直接的设备管理相关指标；后者以地铁运营的服务性指标为主，其中，仅有引起网络延误的事件指标及可靠度指标与运营设备相关。本文以北京地铁企业发展战略为指导，基于设备管理战略的需求，运用平衡计分卡（Balanced Score Card，简称 BSC）和 RAMS 管理模式，提出了地铁设备管理的多维度指标分析方法，初步建立了基于战略的地铁系统设备管理指标体系，并在北京地铁设备管理的实践中进行了有益的尝试。

关键词：设备管理；多维度；指标体系

0 引言

北京地铁根据城市经济和社会发展的需求，结合自身的使命和优势，瞄准世界先进水平，确立了建设平安型地铁、人文型地铁、高效型地铁、节约型地铁、便捷型地铁和创新型地铁，打造国内领先、世界一流地铁的企业发展战略。在这一战略下，包括地铁设备管理在内的各项工作都面临着新的机遇和挑战。为了适应变化和更好地服务于企业发展战略，进一步提升地铁设备设施系统的技术保障能力和管理水平至关重要。同时，地铁线网规模的不断扩大和网络化运输格局的形成，也对地铁设备设施的管理提出了更高的要求。因此，有必要将设备管理上升到战略高度，围绕地铁发展战略，制订相应的设备管理战略，建立基于设备管理战略的、完整的地铁设备管理指标体系，通过指标体系促进地铁设备管理的标准化、规范化和精细化，从而为实施地铁设备管理战略提供科学可靠的支撑。

目前，国内外地铁行业尚未提出设备管理战略的思想，也未建立完整的设备管理指标体系，在设备管理中主要是评估设备的可靠性和安全性。在国际上最具代表性的 CoMET 和 MOPES 的地铁运营管理指标体系中，前者以运营企业业绩和运行效率为主要评价指标,没有直接的设备管理相关指标;后者以地铁运营的服务性指标为主,其中,仅有引起网络延误的事件指标及可靠度指标与运营设备相关。可见,CoMET 和 MOPES 的指标是从宏观上评价地铁运营系统。由于针对的目标存在差异和层次不同,它们的宏观性难以满足实施设备管理战略的具体要求,而完整的地铁设备管理指标体系则能够适用于此。在铁路行业中,国内外已经开始采用以设备可靠性(Reliability)、可用性(Availability)、可维修性(Maintainability)和安全性(Safety)管理(简称 RAMS)为基础,利用多个指标对设备管理进行评价分析的方法,并推行了相应的管理规范和标准,为铁路的高效安全运行提供了可靠的保障。显然从地铁与铁路的相似性看,在地铁设备管理中引入 RAMS 理论和相关方法建立设备管理指标体系亦将是行之有效的。为此,本文以北京地铁企业发展战略为指导,基于设备管理战略的需求,运用平衡计分卡(Balanced Score Card,简称 BSC)和 RAMS 管理模式,提出了地铁设备管理的多维度指标分析方法,初步建立了基于战略的地铁系统设备管理指标体系,并在北京地铁设备管理的实践中进行了有益的尝试。

1 北京地铁系统设备管理战略与规划

1.1 安全优先化战略

设备管理的首要任务是保证设备的运转安全,应在设备需求、设备质量、设备采购、设备验收、设备试运转、设备运行状态监控、设备维修、设备故障监测诊断与应急处置等各个方面制订严格、科学的安全管理制度,运用科学的安全管理手段,不断保持设备的安全水平,防止因设备故障或管理不到位而导致设备安全事故。

1.2 动态可靠性战略

设备管理的主要职能是保证设备自身能够稳定可靠的正常运转。实行可靠性管理前移,在设备的需求、质量、采购、验收、试运转、状态监控及故障监测诊断等方面建立科学的可靠性检查制度,强化设备动态维修,不断增强对设备的动态管控能力,尽量避免出现因设备可靠性差而导致故障进而影响地铁正常运营的事件。

1.3 全程标准化战略

在设备需求计划、设备设计选型及设备采购方面应遵循标准化、系列化、通用化的原则,参与制订和推行相关技术规范,推广以模块化建设、规模化采购、标准化预算为重点的标准化工作，促进资源的高效配置和互通共享；在设备维修、设备管理的技术及管理流程上实行标准化、规范化、定量化，提高管理的精确性和科学性。

1.4 过程价值化战略

第一是在设备购置前进行技术性、经济性论证，并遵循质量第一、性能价格比最优、综合成本最低的购置原则；第二是安装运行后，使设备与环境之间、设备系统之间、设备和工作任务之间优化匹配，提高设备运行效率，实现高效节能运行，降低设备的运行成本；第三是降低设备的管理成本，推行设备适度集中和专业化使用，实现设备管理的信息化、集成化和可视化；第四是深入开展设备经济技术量化分析。

1.5 创新全面化战略

包括技术创新、管理创新和价值创新三个方面。既要通过引入新技术新设备来提高地铁设备的技术水平和效能，也要注意通过技术组合、技术简化和活用已有技术进行创新；善于借鉴先进的管理思想和管理科学，应用现代科技成果创新管理模式和方法；进行创新经济性分析，通过技术创新和管理创新创造价值，实现价值创新。

1.6 人才专业化战略

设备管理人员的理念、知识结构和水平、专业能力和态度等对实施设备管理战略十分重要。北京地铁经过四十多年的运营，拥有了具有丰富经验的设备专业技术管理团队和专业技术员工队伍，但随着新地铁战略的实施和地铁设备管理环境的深刻变化，实施设备管理战略仅凭经验是不够的。因此，需要制订人才培养与发展的长远、持久的发展战略，培养专业化的管理团队和专业化人才。

上述设备管理战略与地铁企业发展战略、地铁设备管理指标体系的关系如图 1 所示。

由图 1 可知，地铁设备是支撑地铁安全、高效、稳定运营的基础之一，也是实现企业战略的物质条件之一。围绕企业发展战略提出的地铁设备管理战略是：以建立国内领先、世界一流的设备管理体系为战略目标，实现安全优先化、动态可靠性、全程标准化、过程价值化、创新全面化、人才专业化等 6 个战略职能。设备管理战略是企业发展战略的重要组成部分之一，企业发展战略与设备管理战略之间、设备管理战略与设备管理指标体系之间都是动态相互作用和关联的。

实现企业战略是最终目标,实施设备管理战略是为了更好地动态服务于企业战略,而指标体系又符合设备管理战略的需求,支撑其有效地实施。

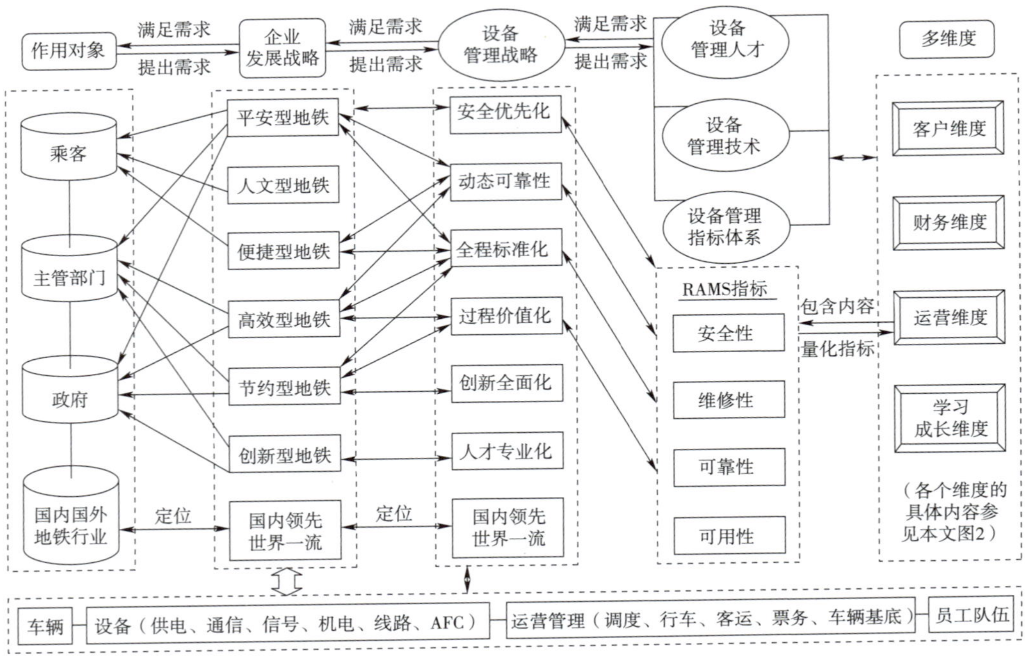

图1 北京地铁企业战略、地铁设备管理战略与指标体系

图1还表明,地铁设备管理战略的前四个方面与企业发展战略的作用与联系最直接,应该是关注的重点。执行安全优先化、动态可靠性、全程标准化、过程价值化战略,首先需对它们进行量化描述。其中,标准化的核心是量化,安全性、可靠性、过程价值也均可以进行量化表述。而管理量化的基础性工作就是建立管理指标体系。因此,下面将围绕设备管理战略进行地铁设备管理指标研究,以建立科学有效的地铁设备管理指标体系。

2 基于设备管理战略的多维度设备管理指标体系

由图1可见,地铁具有发展迅速、系统众多、设备庞杂和关联性强的特点,其设备管理工作及其量化描述均十分复杂和繁琐。多维度的分析方法可梳理不同层次的目标要求,获得设备管理指标体系评价目标及框架;采用RAMS分析方法,综合设备运行过程考核要求,可设计具体的设备管理指标。这里综合运用两种方法,初步构建了较为完整、有针对性、专业化的多维度RAMS地铁设备管理指标体系,简称M-RAMS指标体系。

2.1 指标体系设计原则

地铁设备管理指标体系是针对设备管理和设备技术管理的一套绩效量化指标体系。量化可以是绝对性的,也可以是相对性的。指标体系的建立主要遵从SMART设计原则:

(1)明确的(Specific)。绩效指标要切中特定的工作目标,与战略要有重大的相关性,反应比较紧急的改进方向,具有比较大的改进余地,不是笼统的而是应该适度细化,并且随情境变化而发生变化。

(2)可度量的(Measurable)。指标应具有对标的基准可衡量,绩效指标或者是数量化的或者是行为化的,同时需验证这些绩效指标的数据或信息是可以获得的。

(3)可实现的(Attainable)。绩效指标在付出努力的情况下是可实现的,主要是为了避免设立过高或过低的目标,从而失去了设立该考核指标的意义。

(4)是现实的(Realistic)。绩效指标是实实在在的,是可以证明和观察得到的,是现实的而并不是假设的。

(5)有时限的(Time - bound)。绩效指标中要使用一定的时间单位,即设定完成这些绩效指标的期限,这也是关注效率的一种表现。

2.2 指标体系设计理论基础

北京地铁M-RAMS指标体系以地铁设备管理战略为指导,引入哈佛商学院的平衡计分卡、结合RAMS模式,形成了北京地铁设备管理多维度指标分析方法。并以此初步建立了指向"运营维度"的北京地铁特有的专业性地铁系统设备管理指标体系。

2.3 设备管理指标体系多维度战略分析

根据北京地铁设备管理战略和"为北京地铁提供安全可靠、稳定高效的设备保障"的使命,从企业发展和设备管理战略角度建立多维度管理指标体系框架,具体包括客户维度、财务维度、内部运营维度和学习与成长维度四个维度,如图2所示。

由图1和图2可知,设备管理指标体系框架是以北京地铁运营战略为目标,以设备管理战略为指导的。第一从客户维度来看,地铁运营服务的首要目标是满足不同客户的需求,例如普通地铁乘客、市政部门和业主单位以及使用单位的满意度,以此为目标提高客户整体满意度。第二在财务维度,设备管理要达到合理的财务收支,在满足客户满意的前提下收获效益最大化。第三在内部应用维度,由于针对服务对象的不同,出现明显的分支。对于普通乘客,客用设备是否安全、可用和方便会直接影响乘客满意度,继而推演出运营准时、安全事故、设备可用度和完好率等指标。在服务市政部门和业主单位方面,安全、准时和高效是基本要求,由此引申出安全事故、影响运营 5min 延时次数和设备利用率等指标。使用单位对设备运行的要求是能够可靠的保证生产或应急状态,设备基本保持稳定且及时维修,于是引申出关键设备可靠性、故障率与次数和平均修复时间等指标。

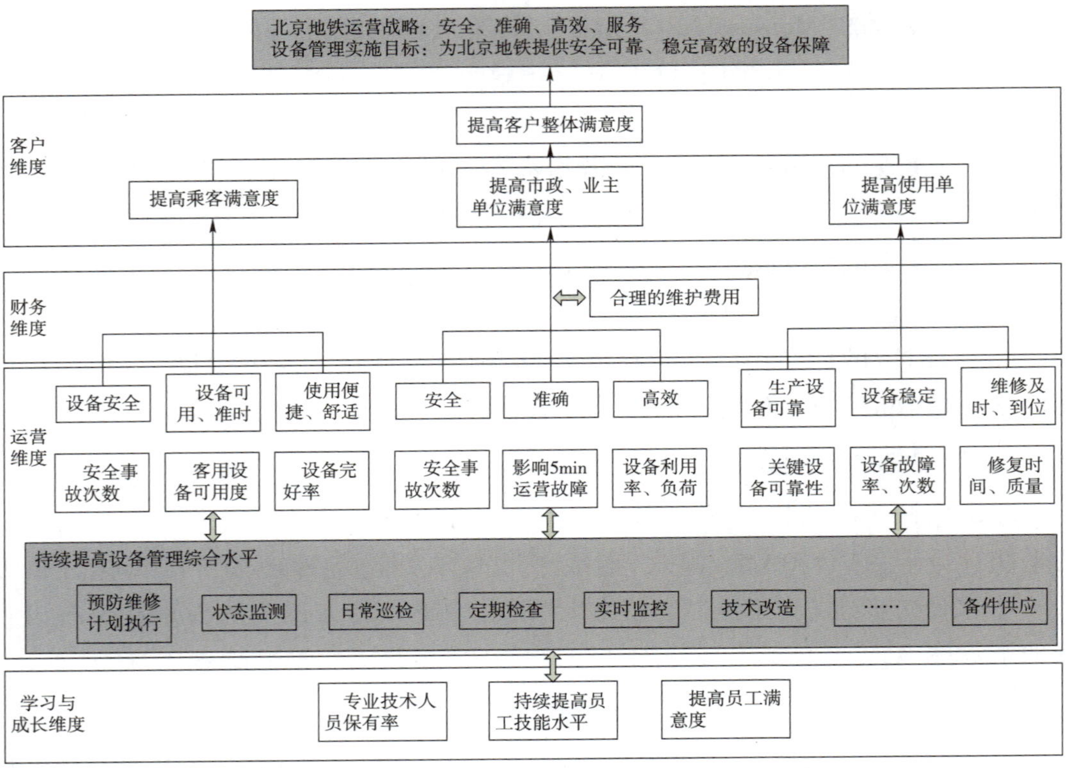

图 2 多维度的 M-RAMS 设备管理指标体系框架

在运营维度指标应用方面,通过运营维度指标的分析有助于持续提高设备管理综合水平,例如完善预防维修计划,指导日常巡检和定期检查等,同时还可以有效辅助技术改造和备件备品管理工作。这就为后续寻找和归纳具体类型提供了方法。在学习和成长维度中,根据企业发展及设备管理专业队伍建设要求提出了专业人员保有率、员工技能水平和员工满意度的指标。从多维度分析可以发现,提升设备管理综合水平需要各个方面共同努力,不仅包括企业发展规划和管理手段革新,还包括运营生产实践和技术创新及研发等方面。

2.4 设备管理指标设计分析

利用 RAMS 分析原有指标，见表 1。在可靠性方面，原有设备指标包括平均故障间隔时间、可靠度和故障率基本完备。在安全性方面，危险故障平均间隔时间、危险率和责任事故次数基本完备。但是在维修性和可用性方面，原有指标覆盖范围为 25%。原有指标需要在可用性和维修性指标方面进行完善，例如增加设备可用性指标、平均修复时间和停机时间以及维护维修到位率等指标。

设备管理指标体系 RAMS 分解 表 1

类 别	说 明	通 用 标 识	单 位	原有指标符合度
可靠性	平均故障间隔时间	MTBF	小时	100
	可靠度		%	
	故障率	λ	故障次数/时间	
可用性	设备可用性	A	%	25
维修性	平均修复时间	MTTR	小时	25
	平均停机时间	MDT	小时	
	维护维修到位率		%	
安全性	危险故障平均间隔时间	MTBF	小时	100
	危险率	$H(t)$	故障/时间	
	责任事故次数		1	

分析发现，原有设备管理指标存在指标考核片面性问题。以机电专业电梯设备和通信专业 AFC 设备为例。原有管理指标使用总路网设备可靠性或完好率描述电梯运行状态。由于电梯和 AFC 设备台数众多，基数过大，单一设备的故障及其影响仅用原有可靠性指标无法体现。但对于一个乘客来说，一台电梯或 AFC 设备的故障或无法使用将严重影响其个体满意度。因此，应对电梯和 AFC 类似设备增加考核指标，例如可用度指标。

2011 年 1—6 月电梯设备完好率和可用度（试验数值）见表 2。从表中可以看到，1—6 月设备完好率均超过考核目标值（99.92%），因此，为了更好地描述电梯设备管理满足顾客使用要求，必须完善相应指标，这里以单台设备可用度为例。对比表 2 中的完好率和可用度可以发现，在 3 月和 4 月中，虽然设备完好率均达到了考核目标值，但是，试验样本的设备可用度较低，说明该月份样本设备出现了较不稳定的运行状态，同时，影响了乘客的使用。通过对比分析关键设备平均修复时间还可以发现，对应 3 月和 6 月的修复时间显著增大，与单台设备可用度相对应，这也表明 3 月和 6 月故障影响较大。总之，使用可用度指标和关键设备平均修复时间指标可以有效补充单一完好率指标的不足。

地铁 2011 年 1—6 月电梯设备完好率统计　　表 2

月份	1 月	2 月	3 月	4 月	5 月	6 月
设备完好率(%)	99.992	99.983	99.983	99.986	99.976	99.968
单台设备可用度(%)	100	100	95.3	100	100	92.1
关键设备平均修复时间(min/次)	34.5	25.8	112	31.2	44.5	154

设备故障原因复杂,影响因素众多,通过进行故障数据统计的关联因素相关性分析,可以深入了解故障原因,获得故障趋势,指导设备管理工作。对 2011 年数据进行统计分析,1 号线和 2 号线的日客运量与设备故障件数如图 3 至图 6 所示。

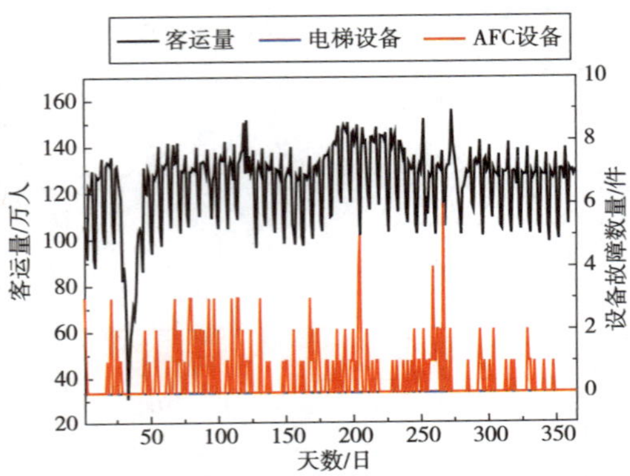

图 3　北京地铁 1 号线日客运量与设备故障件数

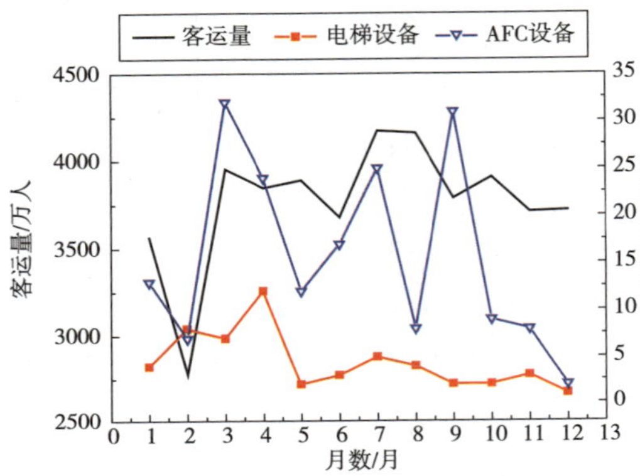

图 4　北京地铁 1 号线月客运量与设备故障件数

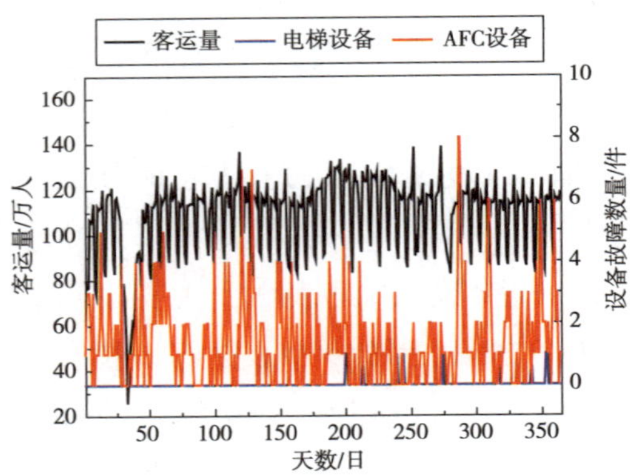

图 5　北京地铁 2 号线日客运量与设备故障件数

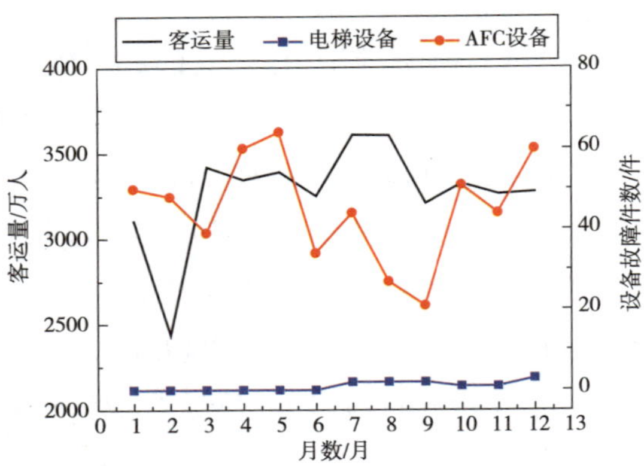

图 6　北京地铁 2 号线月客运量与设备故障件数

对于电梯和 AFC 设备,为了更清晰地了解客运量对设备故障的影响因素,对以上统计数据进行相关性数值分析,结果见表 3。从表中可以看到,统计数据显示的 1 号线日电梯故障数量与日客运量存在相关性,与 AFC 故障相关性分析存在一定的相似性。月统计数据的故障数与客运量相关性数值有所升高。统计数据随机误差被消除。对于1号线和2号线的AFC设备故障数与月客运量相关分析可以发现,两者分析结果具有相似性。

相关性分析结果矩阵　　表3

项　　目	1号线日电梯故障	1号线日AFC故障
1号线日客运量	0.03218	0.08837
项目	1号线月电梯故障	1号线月AFC故障
1号线月客运量	0.56001	0.34009
项目	2号线日电梯故障	2号线日AFC故障
2号线日客运量	0.06196	0.05597
项目	2号线月电梯故障	2号线月AFC故障
2号线月客运量	0.11235	0.35876

对于新线,由于统计数据较少,尚不具备完整的分析样本。但是,以15号线为例,图7和图8所示的日客运量和AFC日故障数可以看到,两者之间的相关性不明显,但是,AFC设备故障数统计结果表现出明显的"浴盆"曲线趋势。虽然原有指标故障统计能够表征出部分设备运行状况,但是,对于进行深入的设备影响因素分析,特别是寻找故障本源及可靠性关键薄弱环节还需要大量的基础数据和相应的管理指标来支撑。

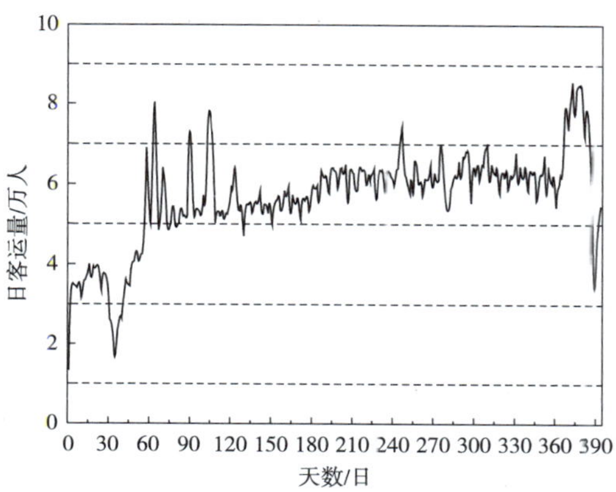

图7　北京地铁15号线日客运量

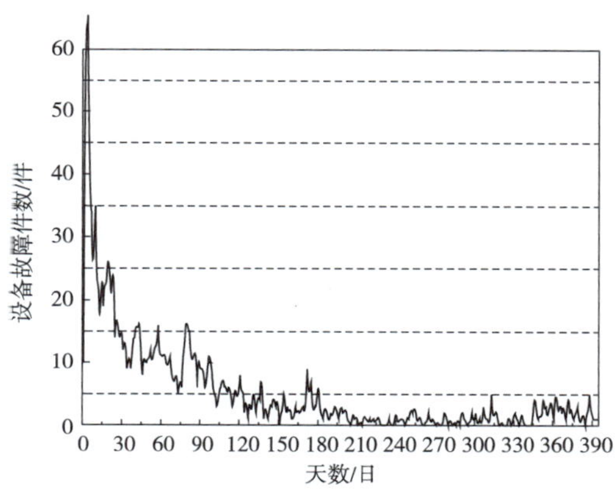

图8　北京地铁15号线AFC设备日故障件数

总之,从故障统计及可靠性分析角度来看,原有指标还存在一些不足,不能满足历史运行数据统计的全面分析。根据前述设备管理战略的指导思想,必须对原有指标体系进行梳理和完善。

2.5　M-RAMS设备管理指标体系构建

设备管理多维度分析为指标体系的建立提供了基本框架。作为针对具体设备设施的管理技术,设备管理指标体系不仅要能够满足企业发展规划要求,还要能够与实际设备设施相结合,指导具体的生产实践。设备管理指标体系在针对具体专业设备设施方面,采用设备健康状态评估的手段,以设备状态监测和数据分析为基础,利用 RAMS 分析方法,完善原有设备管理指标体系,全面、有效、综合地梳理设备管理指标,建立 M-RAMS 的指标体系。它包括客户维度、财务维度、运营维度和学习与发展维度,相应的指标见表 4。其中,运营维度将围绕设备管理具体指标进行逐一展开。通过多维度的指标汇总,可以有效补充指标体系的完备性。

M-RAMS 多维度指标

表 4

分类/维度	考核指标	指标说明/公式
客户维度	目标客户满意度	乘客、业主单位和设备使用单位对设备管理工作的满意度
	百万乘客服务负面事件发生件数	负面事件发生件数统计
财务维度	每车公里人工成本	总人工成本/总运营车公里
	每车公里非人工成本	总非人工成本/总运营车公里
	每公里能耗成本	总能耗成本/总运营车公里
	外委维修费用控制	$\frac{\text{外委维修发生的费用}}{\text{外委维修费用预算}}\times 100\%$
	维修计划强度	$\frac{\text{年度计划维修费用总额}}{\text{年度实际维修费用总额}}\times 100\%$
	维修费用率	$\frac{\text{维修费用总额}}{\text{设备净值总额}}\times 100\%$
运营维度	RAMS 设备管理指标(设备可靠性、可用性、维修性和安全性)	(RAMS 指标分解细化)
学习与成长维度	部门培训计划完成率	$\frac{\text{完成的培训次数}}{\text{计划完成的培训次数}}\times 100\%$
	核心员工保有率	$\frac{\text{期末核心员工数}-\text{期内新增核心员工数}}{\text{期初核心员工数}}\times 100\%$
	员工技能结构	综合评定
	技术人员业务素质	综合评定

在运行维度中,通过 RAMS 分解,建立包括设备可靠性、可用性、维修性和安全性指标的北京地铁的 M-RAMS 设备管理指标体系。具体指标见表 5 所列。

M-RAMS 设备管理指标体系指标 表 5

分　类	考核指标	指标说明/公式	备　注
设备可靠性	设备完好率	$\frac{\text{全部设备完好台数}}{\text{全部设备总台数}} \times 100\%$	原有指标
	设备可靠度	$g(\lambda) \cdot \left(1 - \frac{\text{设备故障时间}}{\text{设备总运行时间}}\right) \times 100\%$	原有指标改进
	系统效率	$\frac{\text{输出电度数}}{\text{输入电度数}} \times 100\%$	原有指标
	系统遥控成功率	$\frac{\text{遥控成功次数}}{\text{总遥控次数}} \times 100\%$	原有指标
	关键设备的平均故障间隔	设备总运行时间/故障次数	补充指标
	失效次数	Cp(设备失效次数,质量控制次数)	原有指标改进
	故障停机率	$\frac{\text{设备系统故障停机台时}}{\text{实际开动台时}+\text{停机台时}} \times 100\%$	补充指标
	设备故障率	$\frac{\text{设备总维修时间}}{\text{设备总运行时间}} \times 100\%$	补充指标
	维修评定合格率	$\frac{\text{维修合格设备数量}}{\text{总维修设备数量}} \times 100\%$	补充指标
	系统配置数据准确性	配置错误点数量统计研判	补充指标
设备可用性	设备综合效能	可用度×设备负荷率	补充指标
	设备负荷率	$\frac{\text{实际负荷}}{\text{设计负荷}} \times 100\%$	补充指标
	设备可用度	$\frac{\text{设备实际运行时间}}{\text{设备应正常运行时间}} \times 100\%$	补充指标
设备维修性	关键设备的平均修复时间	总维修时间/故障次数	补充指标
	维修计划的准确率（维修及时率）	$\frac{\text{规定时间内完成计划维修数}}{\text{设备计划维修完成总数}} \times 100\%$	补充指标
	设备维修计划完成率	$\frac{\text{设备检修作业完成量}}{\text{检修作业计划总量}} \times 100\%$	补充指标
	设备维修的返修率	$\frac{\text{返修次数}}{\text{总维修次数}} \times 100\%$	补充指标
	维修评定合格率	$\frac{\text{维修合格设备数量}}{\text{总维修设备数量}} \times 100\%$	原有指标
	维修到位率	$\frac{\text{维修到位次数}}{\text{总维修次数}} \times 100\%$	补充指标
	外包维修的业务比例	$\frac{\text{外包维修费用}}{\text{总维修费用}} \times 100\%$	补充指标

续上表

分　类	考核指标	指标说明/公式	备　注
设备安全性	责任事故次数	责任事故次数统计	原有指标
	万组公里延误列车次数	$\frac{延误次数}{万组公里总数}$	原有指标
	因信号原因列车运行掉线率	$\frac{信号原因掉线次数}{总掉线次数}\times 100\%$	原有指标

一般地,作为可靠性分析的关键指标,设备可靠度是衡量一个设备满足使用需求的关键指标。可靠度原有指标仅使用设备故障时间与总运行时间的比作为数值,无法体现设备故障率对设备可靠度的影响,因此,在原有指标基础上进行改进,增加考虑了故障率(λ)影响。于是,设备可靠度 a 可以表达为

$$a = g(\lambda)\cdot\left(1 - \frac{设备故障时间}{设备总运行时间}\right)\times 100\% \tag{1}$$

式中,$g(\lambda)$为故障率影响函数,根据设备故障一般“浴盆”曲线趋势,$g(\lambda)$可以表示为指数函数形式,即

$$g(\lambda) = e^{-f(\lambda)} \tag{2}$$

式中:$f(\lambda)$为定量的参数关联性函数,可以通过统计数据的相关性分析获得具体的函数表达式。由此,就可以建立考虑故障率影响因素的设备可靠度指标。

另外,对于设备失效次数指标,原有指标通过对比最大允许失效次数进行研判,为了补充阶梯性的结论分析,这里使用 Cp(设备失效次数,质量控制次数)函数表达判断结果,具体表达式为

$$Cp = \begin{cases} 可接受 & 失效次数 \leqslant n \times 控制次数 \\ 趋势接受 & m \times 控制次数 \geqslant 失效次数 \geqslant n \times 控制次数 \\ 不可接受 & 失效次数 \geqslant m \times 控制次数 \end{cases} \tag{3}$$

式中,m 和 n 为失效次数安全评估系数,它们是通过设备故障综合分析及运营指标要求决定的。对于不同专业设备,安全评估系数会有所不同。

综上所述,M-RAMS 指标体系全面覆盖了设备可靠性、设备可用性、设备维修性和设备安全性。针对具体设备运行状态,可以利用设备健康状态评估进行设备可靠性管理。

2.6　设备管理指标体系对标管理与分析

M-RAMS 指标体系具有完备性、适用性和有效性。具体来说,指标体系以设备管理发展战略为指导思想,利用多维度分析方法梳理了不同目标层次的指标性需求,特别是围绕运营维度进行指标性推演,获得了内部运营管理维度的多个

方面的指标，继而整理获得了针对设备管理综合水平提升及技术能力评价的指标约束，使得指标体系具有良好的完备性。在适用性方面，指标体系采用设备管理技术中的 RAMS 分析理论，以北京地铁各专业系统设备为对象，在原有设备指标基础上进行完善，具有专业性和适用性。综合设备管理实践，建立的指标体系能够全面覆盖北京地铁系统运营服务和设备管理各种指标需求，具有有效性。

与 CoMET 和 MOPES 指标体系对比分析即对标管理可以发现，M-RAMS 设备管理指标体系在设备管理专业化评价指标方面具有优势。M-RAMS 是以设备可靠性为基础，从设备运行情况及健康状态评估角度进行逐一的指标分类整理，并对原有指标进行完善，使得自身体系完整，相应指标具有完备性。同时，它还具有拓展性。由多维度分析可以看到，运营内部维度是以设备管理综合技术水平为基础，由此拓展建立企业自身战略发展的总体指标体系。它对于企业发展，特别是站在发展规划的高度建立具有北京地铁特色的先进、科学的地铁设备管理体系具有重要的基础支撑和基石意义。

总之，基于设备管理发展战略，M-RAMS 设备管理指标体系不仅从地铁运营企业发展多维角度构建总体框架，还结合设备管理 RAMS 分析方法，建立了针对北京地铁系统的专业性的设备管理指标体系。该体系能够较为全面的覆盖了各专业设备设施，有效补充设备综合管理技术在指标管理体系研究上的空白。

3 M-RAMS 指标体系在北京地铁设备管理上的应用

建立的 M-RAMS 设备管理指标体系对提升设备管理水平具有重要作用，不仅体现在系统的综合评价指标上，还体现在它与原有 KPI 管理指标的密切融合。同时，在运营生产中应用该指标体系，有效提升设备管理技术，打造坚实可靠的北京地铁设备系统。本节以分析指标体系与原有 KPI 指标关联性为基础，在设备可靠性评价及综合质量工作中进行应用，提出应用 M-RAMS 设备管理指标体系指导生产实践的建议。

3.1 与现有 KPI 管理的融合

KPI 绩效管理是企业普遍采用的管理手段之一。从战略规划分析可以看到，包括 CoMET 在内的地铁企业运营管理 KPI 绩效指标主要涵盖顾客、财务、内部流程和成长、学习及创新四个角度，即前面描述的四个维度。由于 M-RAMS 设备管理指标体系的出发点就是基于 KPI 绩效指标的着眼角度，因此，指标体系与现有 KPI 绩效管理是紧密结合的，两者之间存在直接的一一对应关系。地铁运营管理 KPI 绩效范围和测量目的见表 6。从中可以直观的看到两者之间的映射关系。

同时,从公司制定的目标可以看到,KPI 指标对地铁运营管理工作的考核目标与各维度相同,这说明 M-RAMS 指标体系与现有 KPI 绩效管理紧密融合,通过指标体系进行设备管理工作指导是对企业管理工作的有效补充。

地铁设备管理指标体系 M-RAMS 与 KPI 绩效管理映射关系 表 6

M-RAMS 指标	绩效范围	KPI 测量目的	服务于 KPI 的目标
顾客维度指标	服务质量 – 客户整体满意度	评估给各方面顾客提供的服务整体质量	地铁应当提供最可靠的服务,以及能够被大多数城区上班通勤人员可接受的旅行环境,特别是在高峰运营时段
	乘客满意度	通过对乘坐地铁出行过程中,乘客使用地铁运营设备满意程度的调查评估,来反馈设备维护和管理是否到位、是否满足最终乘客安全、准确、方便出行的要求	
	市政、业主单位满意度	评估是否满足市政、业主单位对地铁运营设备维护和管理提出的要求	
	设备使用单位满意度	评估是否满足设备使用单位(各运营分公司)对设备维护和管理提出的要求	
财务维度指标	合理的维护费用	评估地铁公司的运营设备合理维护费用绩效。以最合理的维护费用达到最佳的设备运行服务状态	公司财务应自足。也就是说它的商业收入应该能够满足运营花费和投资需求
运营维度指标	运营设备可靠性	衡量设备稳定运行的可靠程度	地铁的服务应当按照计划和期望目标运行,具体是出现最少的中断和极少的因人或设备事故引发的事故。 所有的资产其必须在其生命周期内发挥最大功效或者是能够满足客户需求的最大功效。应当尽量使所有的资源产生收益。 地铁应当是众所周知的最安全的出行方式,能够为公众和员工提供安全的环境
	运营设备可用性	衡量运营设备为顾客提供服务的效率和稳定性	
	运营设备维修性	衡量设备维修服务的及时性以及维修的质量	
	运营设备安全性	衡量运营设备为顾客和员工提供安全服务环境的程度	
学习、成长维度指标	员工技能结构	员工的技能结构是否合理,是否满足地铁设备维护的复杂性、及时性和安全性的要求,是否具有持续性服务的能力	满足企业可持续发展及员工个人发展的目标需求

3.2　对指标体系在运营管理过程中的应用建议

M-RAMS设备管理指标体系从多个维度提出了全面的设备管理指标，给出了从发展战略、企业系统到专业设备的分层次的目标。在具体应用时，由于各专业设备特点不同，规模数量存在差异，特别是设备属性及运营影响关键程度不同，因此必须有针对性地进行专业化分析，对指标体系进一步梳理。第一，以M-RAMS指标体系为基础，继续围绕各设备专业深入细化专业管理指标；第二，建议以指标统计为存量数据资源，依托经验丰富的设备专业技术队伍进行数据统计分析，进而挖掘指标体系管理及其在设备健康状态评价方面的潜力；第三，以安全质量管理矩阵为框架，应用M-RAMS指标体系系统地分析设备可靠性，全面寻找设备运行可靠性薄弱环节；第四，针对指标体系中的大量数据，建立一整套规范的数据统计管理流程及相应的信息化系统，这也是数据深入挖掘的基础。

3.3　基于M-RAMS体系的设备管理技术延伸

M-RAMS设备管理指标体系为设备管理技术延伸提供了可能。根据设备管理科学化发展规划，提高设备可靠性，实施量化管理是设备管理技术的发展目标，即基于可靠性技术实现设备管理水平提升。从专业的可靠性技术角度来说，它包括可靠性预计、维修性预计、可靠性分配、故障树分析、事件树分析和系统可用性分析及维修优化等方面。M-RAMS基础指标能够为它们提供分析的数据来源。这也是实现后续系统可用性仿真、全寿命周期费用分析、故障模式趋势分析和设备故障模式分析的前提。

M-RAMS设备管理指标体系是可靠性量化分析的基础。对系统进行可靠性建模，使用故障模式影响和危害性分析(Failure Mode, Effects and Criticality Analysis，简称FMECA)，对各运行系统的可靠性进行量化管理。基于M-RAMS设备管理指标体系，可以建立设备危害度矩阵，如图9所示，通过危害度和严酷度分析，找到系统设计薄弱环节，进行有目标的系统改造，提高可靠性。

M-RAMS设备管理指标体系有助于开展设备管理维修优化，避免欠维修和过维修。通过功能与故障分析，明确故障因素和后果，再用规范化的逻辑决断方法，确定出预防性对策。通过现场故障数据统计、专家评估和定量建模等手段，在保证安全性和可靠性的前提下，建立以实现维修停机综合损失最小为优化目标的维修策略。在试验样本算例中，通过综合指标体系相关数据进行维修策划优化，如图10所示。从中可以看到，不同的间隔期对费用和危害度有不同的影响，这也是M-RAMS设备管理指标体系在后续基于可靠性理论的设备管理技术发展的重要方面。

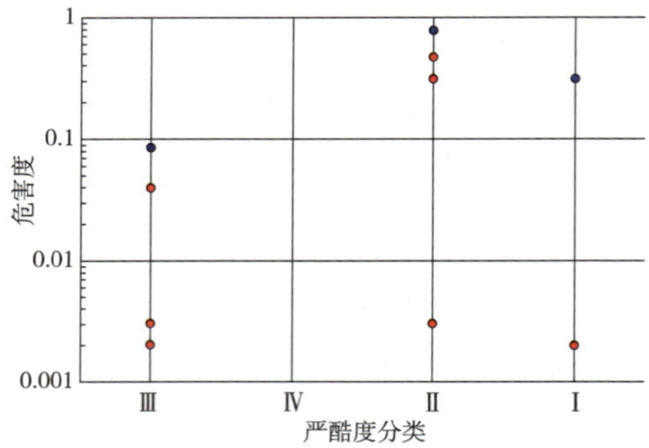

图9 危害度矩阵示例图

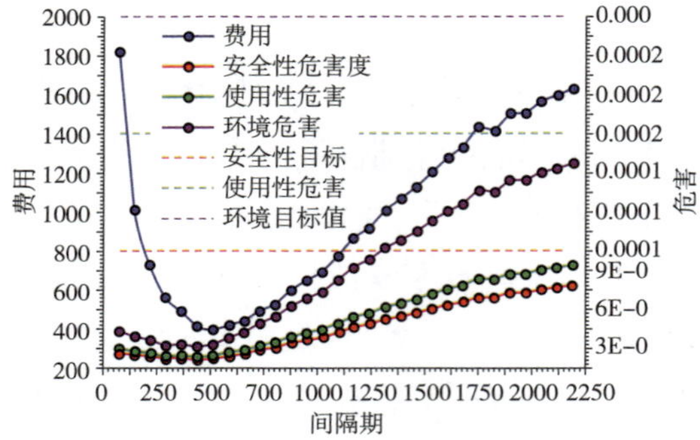

图10 计划维修优化算例结果

4 结论

(1)以服务于地铁企业发展战略为目的、借鉴战略5P模型,结合地铁环境和条件,提出了地铁设备管理战略,对建立设备管理指标体系具有指导作用。

(2)围绕地铁设备管理战略建立的M-RAMS指标体系能够满足北京地铁运营服务多维度,特别是内部营运维度的目标指标性需求,对持续提高设备管理综合水平有重要意义。

(3)以设备管理技术为基础的M-RAMS指标体系具有完备性、适用性和有效性。相比CoMET和MOPES指标体系,它对于以设备稳定可靠运行为目标的设备管理工作更具有技术专业性。

(4)M-RAMS设备管理指标体系能够与现有北京地铁综合质量管理体系密切融合,具有拓展性。该指标有效应用在设备可靠性精细化运营管理上,支撑"提供安全可靠、稳定高效的设备保障"的设备管理工作使命。

(5)M-RAMS设备管理指标体系为定量化的可靠性设备管理水平的提升提供了基础数据,是实施可用性仿真、全寿命周期分析和故障模式趋势分析等工作的基础,促进了设备管理技术的发展和水平的提高。

北京地铁1号线运输能力挖掘研究

客运营销部　潘晓军

摘　要：日益增长的城市轨道交通客流给既有线路的运营组织带来了巨大压力。本文分析了城市轨道交通提高运输能力的主要措施，发现北京地铁1号线通过扩大列车编组数量和缩短列车运行间隔的措施来挖掘运输能力的潜力较小，提出通过非正常的行车组织方式，采用插车方案来提高1号线的运输能力，该方案能够在早高峰时段提高10%左右的运力，使最大满载率将由120%降至110%。经过试验，加开列车能够明显减少站台的滞留人数，实施效果良好，可以为其他线路挖掘运输能力提供思路和经验。

关键词：北京地铁1号线；运输能力；追踪能力；插车方案

0 引言

随着北京市轨道交通路网规模的不断扩大和低票价政策的实施，2007年以来，北京地铁客流以年增长率超过10%的速度大幅增长，部分骨干线路高峰时段供需矛盾突出，高峰小时列车满载率超过120%。日益增长的客流给既有线路的运营组织带来了巨大压力，既有线路的土建结构改造困难，因此，需要通过运营组织技术来充分挖掘线路的运输能力。

目前对于运输能力挖掘的研究主要集中在折返能力及车辆配型等方面，钱丽芳等提出了通过优化限速条件和增加点式环线装置计算速度码来提高地铁运能的方法。王志海分析了不同模式下的折返能力并结合实例，提出了在实际运营组织中利用既有站线提高折返能力的措施。苗秋云和江志彬分析了地铁运输能力的影响因素，指出折返能力是最主要的限制因素，提出了站前折返条件下不同折返模式的能力计算方法。赵晓丽和蔡林沁以天津地铁4号线为例，从运能、乘车舒适度、投资、资源共享等方面对A型车6辆和B型车8辆两种编组方案进行了对比分析。

本文首先分析了城市轨道交通提高运输能力的主要措施，结合北京地铁1号线的特点，研究了1号线的运输能力在扩大列车编组数量和缩短列车运行间隔方面存在的潜力，然后提出了高峰时段非正常的行车组织方式，即利用插车来提高1号线运输能力的方案，并通过相关站台的滞留人数分析了方案的实施效果。

1 提高运力的主要措施

对城市轨道交通而言,运输能力一般指在既有车辆、设备条件下,线路单向高峰小时运送的最大乘客数量。运输能力取决于列车编组数量和最小行车间隔。其中,车站、车辆段土建规模及车辆数量决定了列车编组数量;信号、供电、线路等系统设备综合能力及列车停站时间决定了最小行车间隔。因此,地铁运输能力的提高应根据客流需求,通过采取扩大列车编组数量和缩短列车运行间隔等措施来实现,而这两种措施又受到诸多因素的制约,如图 1 所示。

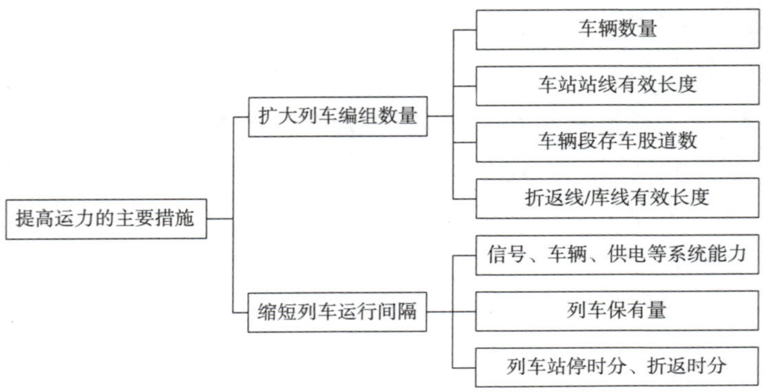

图 1　提高运力主要措施

1.1　扩大列车编组数量

扩大列车编组数量是提高运输能力最直接、最有效、最安全的手段。北京地铁 1 号线一期工程的车站站台长度、折返线及库线、车辆段存车线的长度均是按照 6 辆编组设计。

扩大列车编组数量的方案主要有 6 辆编组改 7 辆编组和 6 辆编组改 8 辆编组两个方案,经过对北京地铁 1 号线土建结构、线路条件及其他设备情况的研究,并通过现场踏勘,发现扩大列车编组数量的措施主要存在以下问题:

(1)6 辆编组改 8 辆编组:八角、玉泉路、万寿路车站主体结构不满足需求,八角、玉泉路、公主坟纵断面竖曲线不满足规范要求,部分站点主体结构扩建涉及地面建筑改移,风险极大,代价极高,方案基本不可行。

(2)6 辆编组改 7 辆编组:方案基本可行,但须对车辆段、库线及部分车站进行改造和扩建,对相关设备系统进行改造升级。经初步测算,项目投资约 30.3 亿元,工期 3.5 年。由于上述改造和扩建将涉及车站设备机房、管理用房拆除和还建,地面建筑的拆除和还建,管线改移,地面交通导改等,施工风险极大,对 1 号线正常运营影响严重,甚至将以部分区段停运手段作为代价以完成改造工程。因此，该方案在短期内不具备可实施性。

1.2 缩短列车运行间隔

列车运行间隔主要取决于信号安全系统能力、供电系统的能力、车辆配置数量。北京地铁 1 号线目前使用的信号系统是 20 世纪 90 年代初进行改造后的信号系统，通过列车运行速度的阶梯控制——超速防护自动闭塞来实现对列车间隔的控制。1 号线各系统设备经过多轮规模不等的改造，供电系统能力、车辆配置数量可支持 110s 运行间隔，能否缩短列车运行间隔进一步提高运输能力主要取决于信号系统综合能力。

信号系统能力是列车在信号系统区间追踪能力、站停时分和折返能力三者综合能力的体现。通过对区间追踪能力的分析，除站停时分外，其他时间标准均与信号系统设计、线路条件、车辆性能直接相关，在不进行系统设备改造的情况下几乎没有调整的余地。而站停时分与客流大小和站台组织相关，现阶段已经通过优化司机操作流程、提高司机业务技能和加强站台组织的方式将折返时间（包括折返站站停时分）压缩到最小，折返能力基本没有再提高的空间。

可见，现阶段 1 号线信号系统能力已基本饱和，通过缩短列车间隔的方法来挖掘运输能力的可行性很小。

2 运力挖掘方案

北京地铁 1 号线既有的线路、信号、车辆条件很难在短时间内提高，无法通过正常的行车组织方式提高运力，因此，需要创新行车组织方式，采用非正常的行车组织方式，深入挖掘内部潜力，充分利用信号系统区间追踪能力，进一步提高运输能力。

2.1 方案描述

高峰时段，1 号线采取非常规行车组织方式，缩减相应限制车站站停时分，缩短列车追踪间隔，下行方向（四惠东至苹果园）从四惠车辆段直接安排列车至四惠站，由四惠站开始载客运行至古城站后清人回段，不进行折返作业，如图 2 所示。

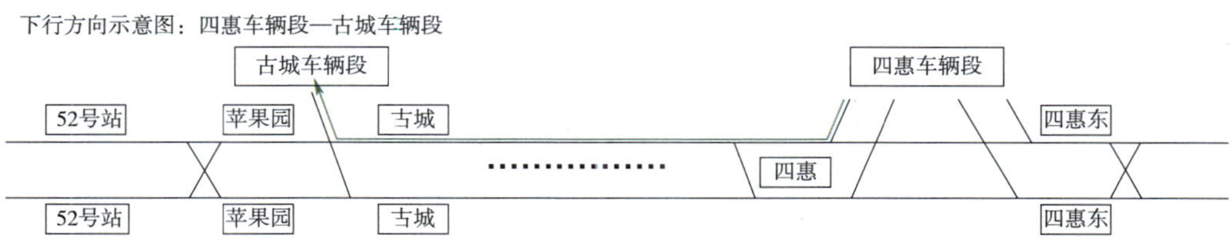

图 2　加车路径示意

2.2 方案实施

1 号线目前正线追踪间隔为 110s,折返间隔为 125s,折返能力小于正线追踪能力。在正常行车组织模式下,线路行车最小间隔限制为 125s。考虑采用非正常行车组织模式,避开折返能力不足的限制条件,尽量消除折返能力对最小行车间隔的影响,使行车最小间隔最大程度趋近于正线追踪间隔 110s。

1 号线下行方向采用插车方式,在正常交路下,由四惠车辆段加开 s 次列车,并直回古城车辆段,中途不参与折返作业,因此 s 次列车与前后列车的最小间隔仅取决于正线的追踪间隔。s 次列车与 $s-1$ 次、$s+1$ 次的行车间隔为 110s。

当图定列车与加开列车比例为 x:1 时,每 x 次折返列车后加开 1 列 s 次列车。则 $x+1$ 次列车的总间隔为

$$t_{\text{tot}}=(x-1)b+2a \tag{1}$$

平均行车间隔为

$$t_{\text{ave}}=\frac{(x-1)b+2a}{x+1} \tag{2}$$

式中:a 为正线追踪间隔;b 为折返追踪间隔(折返车站到达追踪间隔、出入库追踪间隔、出发追踪间隔中最大值);t_{tot} 为一个插车循环列车总间隔;t_{ave} 为一个插车循环列车平均间隔。

1 号线正线追踪间隔 a 为 110s,折返追踪间隔 b 为 125s,因此,有

$$t_{\text{ave}}=\frac{(x-1)\times125+2\times110}{x+1}=\frac{125x+95}{x+1} \tag{3}$$

式中:$x\geqslant1$。

通过函数可知,当 $x=1$ 时,每折返 1 次列车后,插入一列加开列车,此时 1 号线下行平均最小行车间隔可以达到 110s。而当 x 逐渐增加时,既插车频率减少时,1 号线下行平均最小行车间隔趋近于 125s。

由于四惠车辆段的连续出段能力为 240s,当 $s+2$ 次列车过后才能继续进行插车作业,因此图定列车与加开列车最小比例为 2:1,即 x 最小取值为 2。

虽然四惠东站折返能力限制为 125s,但发车追踪间隔为 112s,因此提出此方案:$s-1$ 至 $s+3$ 为一个循环,即 $x=4$,如图 3 所示。此时,四惠车辆段连续出段能力满足要求,且可以完全利用四惠东发车追踪间隔小于折返能力这一特性。

从图 3 可以看出,插车循环总间隔时间为 569s,平均间隔 113.8s。通过此种方案,可以将 1 号线列车最小间隔缩短至 110s,尖峰时段平均列车最小间隔缩至 113.8 秒,运力提高 10%,持续时间为 9min29s。现阶段 1 号线早高峰下行客流尖峰时段为 7:45-8:15,持续时间约为 30min,需要进行 3 次循环插车作业,持续时

间可以达到28min27s，基本覆盖尖峰时段。另外，考虑到减少对图定列车正常行驶的影响，保证正线运营的稳定性，可以在第1次循环过渡适当时间后，再进行第二次循环，以便留出调整余量。

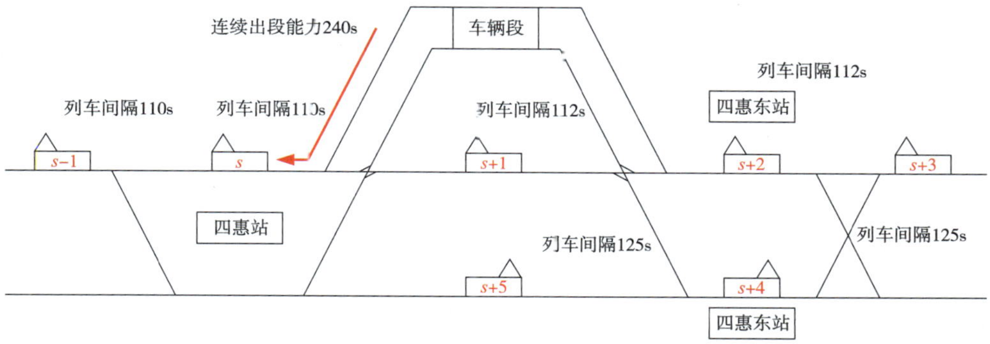

图3　列车间隔示意

2.3　配套措施

为保证插车方案的实施，需从运营组织上采取以下配套措施。

(1)缩减相应限制车站下行站停时分。

大望路站下行、东单站上下行、复兴门站上下行、礼士路站上下行的通过能力是影响整条线路追踪能力的限制点。因此，要实现1号线下行追踪能力到达110s，需对上述车站的站停时分进行调整。

列车间隔缩小后，列车满载率略有下降，可以在一定程度上降低乘客乘降难度，同时通过进一步加强站台乘降组织，部分车站的站停时分具备调整空间。

(2)早高峰时段严格限流。

继续执行1号线东端和西端共8座车站常态限流措施，严格控制进站人数和进站速度，并张贴温馨提示，引导乘客错峰出行。

(3)加强车站客运组织疏导与宣传。

全面完善车站客运组织方案，在车站步梯、扶梯、通道等重点部位增加值守人员，加强宣传、疏导。在站台加强组织力量，引导乘客分散上车，快下快上，有序乘降，提高终点站清车速度，确保列车站停时分。

3 实施效果

采用插车方案后，预计1号线尖峰时间段下行方向运力将提高到45173人次/小时，运力提高10%左右，这一时段最大满载率将由120%降至110%。自2011年12月21日起，1号线早高峰下行方向开始进行试验，在1085次到四惠站后，四惠段至古城段下行加开1501次，在古城站清人后回古城车辆段。8:10－8:15 尖峰时间段,列车最小运行间隔已达到110s。有关车站在加开列车后,站台滞留人数的变化见表1。

插车方案后站台滞留人数变化 表1

车站	列车关门后站台滞留人数						
	1085次($s-1$)	1501次(s)	1086次($s+1$)	1087次($s+2$)	1088次($s+3$)	1089次($s+4$)	1090次($s+5$)
四惠东	450	—	300	360	400	450	450
四惠	600	基本无滞留	180	320	450	600	600
大望路	320	120	160	240	300	320	320
国贸	520	450	480	520	550	530	550

四惠东站:加开列车(1501次)之前正常列车驶离后,站台滞留人数约为450人,由于1085次列车后需由四惠车辆段加开列车,因此1086次列车在四惠东站加长站停时分,1086次列车驶离后,站台滞留人数减少至300人左右,后续列车陆续驶离后,站台滞留人数逐渐恢复到450人左右。

四惠站:加开列车(1501次)之前正常列车驶离后,站台滞留人数约为600人左右。当加开的1501次列车驶离后,站台基本没有乘客滞留情况。在后续列车陆续驶离后,站台滞留人数逐渐增加,至后续第4列车驶离后,站台滞留人数又恢复到600人左右。大望路站与四惠站情况类似。

国贸站:由于加开列车(1501次)在大望路站上人后,车厢内已接近满载,且国贸站是换乘车站,上车的人数在一定程度上取决于下车人数,因此加开列车对减少站台滞留人数效果有限。

由试验结果可知,通过加开由四惠车辆段至古城车辆段的列车,使这一时段1号线下行方向多运送乘客1600人左右,运力提高约10%左右,有效缓解了下行方向四惠站至国贸站区间的客流压力。因此,下一阶段将逐步考虑增加循环次数,以便完全覆盖下行方向的尖峰时段,进一步提高服务水平。另外,考虑在上行方向,采用同样方式,由52号站加开列车至四惠东站,清人后入南库线待命,不进行折返作业,待高峰过后再回段,以缓解上行方向尖峰时刻的客流压力。

4 结论

本文通过改进行车组织模式,深入挖掘运输潜力,提出了充分利用信号系统区间追踪能力缩小列车间隔的方案,针对北京地铁1号线,提出的插车方案能够在早高峰时段提高10%左右的运力,最大满载率将由120%降至110%。试验发现加开列车能够明显减少站台的滞留人数,乘车环境有了一定程度的改善,插车方案的实施效果良好。北京地铁 1 号线对运输能力挖掘的探索与成功实践为其他线路提供了可借鉴的思路和经验。

参考文献

[1] 钱丽芳，谭喜堂，申朝旭. 北京地铁 1 号线运能现状及提高措施[J]. 城市轨道交通研究，2012，2：69-73.

[2] 王志海. 轨道交通终点站折返能力分析及改进研究[J]. 城市轨道交通研究，2012，4：86-89.

[3] 苗秋云，江志彬. 上海地铁二号线运输能力提高措施研究[J]. 上海铁道科技，2006，3：50-51.

[4] 赵晓丽，蔡林沁. 天津地铁 4 号线扩能方案比较与分析[J]. 铁路工程造价管理，2011，26(5)：10-12.

2012年新线开通对既有线的影响分析及对策

客运营销部课题组　潘晓军　黄悦　徐军　蔡宇

摘　要:2012年底将开通6号线一期、8号线二期南段、9号线二期、10号线二期4条城市中心骨干线路,运营里程增加70.15km、51座车站(含14座换乘车站),届时北京轨道交通网络运营里程将达到442km。公司所辖线路达到14条,运营里程将由323km增至393km,车站总数由180座增至231座,换乘车站由24座增至38座。

为此,本文根据新开通线路情况及与既有线换乘衔接关系,对新线客流进行预估,以此为基础,对新线接入对既有线的影响进行分析,从运力与运量匹配、换乘站设备设施通过能力,行车、客运组织等方面提出应对措施。各分公司应依据影响分析及应对措施,制订切实有效的细化方案并认真落实,确保新线开通和路网的安全可靠运营。

关键词:新线;开通;影响;措施

0 绪论

2012年底将开通6号线一期、8号线二期南段、9号线二期、10号线二期4条城市中心骨干线路,运营里程增加70.15km、51座车站(含14座换乘车站),届时北京轨道交通网络运营里程将达到442km。公司所辖线路达到14条,运营里程将由323km增至393km,车站总数由180座增至231座,换乘车站由24座增至38座。

为此,本文根据新开通线路情况及与既有线换乘衔接关系,对新线客流进行预估,以此为基础,对新线接入对既有线的影响进行分析,从运力与运量匹配、换乘站设备设施通过能力,行车、客运组织等方面提出应对措施。各分公司应依据影响分析及应对措施,制订切实有效的细化方案并认真落实,确保新线开通和路网的安全可靠运营。

1 既有线客流基本情况

1.1　客运量持续增长

2012年,受路网规模扩大及客流自然增长影响,客运量持续增长,截至2012

年 6 月 30 日，日均客运量 549 万人次，同比增长 12%；工作日日均客运量 630.64 万人次，同比增长 13.7%；最高日客运量 716 万人次。

1.2 骨干线路高峰时段列车满载率居高不下

高峰小时列车满载率超过 100% 区段主要集中于 1 号线、5 号线、10 号线、13 号线和八通线。部分线路高峰小时列车满载率情况见表 1。

部分线路高峰小时列车满载率情况

表 1

线路	上下行	最大断面客流量(h/人次)	最小间隔(min)	高峰运力(人次)	时间段	最大满载率(%)
1 号线	上行	49009	2′05″	41412	7:30 - 8:30	118
	下行	47968	2′05″	41412	7:30 - 8:30	112
2 号线	外环	30088	2′30″	34272	7:35 - 8:35	88
	内环	33631	2′	38556	7:35 - 8:35	87
5 号线	上行	36851	2′30″	34176	7:30 - 8:30	108
	下行	42181	2′30″	34176	7:30 - 8:30	123
10 号线	上行	36885	2′30″	35232	7:40 - 8:40	109
	下行	38065	2′30″	35232	7:45 - 8:45	113
13 号线	上行	41136	2′40″	32130	7:30 - 8:30	128
	下行	29569	2′40″	32130	17:50 - 18:50	104
八通线	上行	32130	2′50″	29988	18:00 - 19:00	112
	下行	34804	2′50″	29988	7:20 - 8:20	116
昌平线	上行	12198	6′30″	13140	18:10 - 19:10	92
	下行	15466	8′30″	11680	7:15 - 8:15	132

1.3 换乘量进一步增长

受到 2011 年底新线开通直接影响的北土城站增幅达到 175%，望京西站增幅超过 80%。

受自然因素增长及新线开通间接影响的西二旗站增幅达到 48%，宣武门站增幅达到 32%，东直门站、雍和宫站、建国门站、宋家庄站增幅达到 20%。西直门、复兴门、崇文门、国贸等换乘站均有 7% ~ 20% 的增长。

知春路站、芍药居站、西单站换乘量均有 2% ~ 7% 的减少。

1.4 客流分布不均衡

(1) 客流潮汐出行规律明显，早高峰客流主要从分布在线路远端的劲松、回龙观、天通苑、刘家窑、龙泽等大型居住区(高峰小时进站量在 7000 ~ 18000 人)，向西二旗、阜成门、复兴门、朝阳门、大望路等商务办公区、城市中心区(高峰小时出站量在 5000 ~ 15000 人)聚集。

(2)晚高峰客流由城市中心区向外围线路发散。

1.5 路网限流车站增加

为缓解骨干线路运力与运量矛盾,2012 年路网常态限流车站继续增加,由 35 座增至 40 座。

1.6 小结

(1)客运量、换乘量增幅明显;

(2)高峰时段列车满载率居高不下,量力矛盾依然突出;

(3)客流潮汐出行规律明显;

(4)随着客流增长,限流车站数量增加;

(5)新线开通后,将会给既有线带来较大影响。

2 2012 年开通新线基本情况

2012 年将开通 4 条新线,线路总长 70.15km,共设置 51 座车站(含 14 座换乘车站)。

路网增加呼家楼站、公主坟站、朝阳门站、车公庄站、鼓楼大街、宋家庄站、六里桥站、东四、慈寿寺站、白石桥南、平安里站、角门西站、国家图书馆、军事博物馆(暂不换乘)等 14 个换乘站。

2012 年新线接驳情况如图 1 所示。

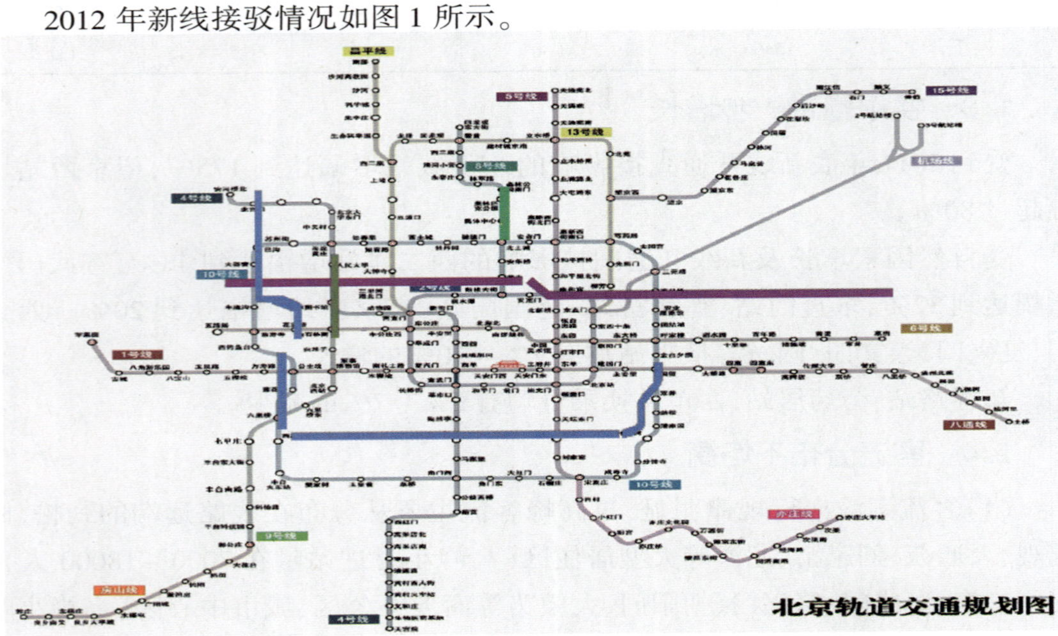

图 1 2012 年新线接驳情况

新线基本情况见表 2。

新线基本情况汇总 表 2

线别	里程(km)	起终点	车站数(个)	设计时速(km/h)	换乘站		车辆段(场)
					站名	换乘方式	
房山线	1.23	大葆台—郭公庄	1	100	郭公庄	同台	阎村车辆段
9 号线	11.2	郭公庄—北京西站	9	80	郭公庄	同台	郭公庄车辆段
15 号线	12.8	后沙峪—俸伯	4	100	望京西	通道	香江北路车辆段、俸伯停车场
8 号线	10.7	森林公园南门—回龙观东	6	80	霍营	通道	平西府车辆段
合计	36	—	20	—	—	—	—

3 新线客流预估

3.1 客流预估主要考虑的因素

(1)可研报告中客流预测结果;

(2)新线周边土地建设、利用变化情况;

(3)相似线路开通时的历史客流;

(4)公交线路布局;

(5)线路分段开通、分段运营;

(6)乘客出行意愿调查结果。

3.2 客流预估结果

新线客流预估情况见表 3。

新线客流修正结果汇总表 表 3

线别	开通初期预测值					可研初期客流预测值	
	日客运量(万人次)	日换乘量(万人次)	工作日客运量(万人次)	高峰断面流量(万人次)	高峰断面区间	日客运量(万人次)	高峰断面流量(万人次)
6 号线	60.27	39.18	69.31	上行:2.2 下行:2.5	上行:车公庄西→车公庄 下行:甜水园→呼家楼	49.9	2.2
8 号线	25.45	18.05	29.26	下行:1.9	森林公园南门→奥林匹克公园	35.2	2.2
9 号线	26.0	15.75	29.9	上行:1.2	七里庄→六里桥	39.4	2.2
10 号线	131.67	85.59	151.42	上行:3.6 下行:3.9	上行:北土城→健德门 下行:太阳宫→三元桥	83.8	2.6

4 新线开通对既有线影响分析

4.1 对1号线的影响分析

(1)对1号线客流的影响分析。

①对1号线上行客流的影响分析。

10号线:主要表现在房山线、9号线客流通过10号线公主坟站汇入1号线,预测约有0.9万人/高峰小时;1号线换乘10号线0.3万人/高峰小时。

9号线:由于军博站暂不能实现无障碍换乘,对1号线影响较小,预测约有500人/高峰小时;1号线换乘9号线200人/高峰小时。

6号线:将分担1号线五棵松至四惠东客流,经对五棵松至四惠东进站乘客调查分析,6号线开通后,1号线上行预计有12%的乘客选择乘坐6号线,主要集中在南北向交通较为发达的五棵松、公主坟、复兴门等站,分流约0.55万人/高峰小时。

综上,高峰小时1号线上行将增加客流0.08万人左右。

②对1号线下行客流的影响分析。

6号线:调查分析,下行乘客有20%选择乘坐6号线,将分流约0.98万人/高峰小时。

10号线:10号线南段开通,将对1号线带来客流增长,1号线下行将增加0.1万人/高峰小时。

综上,高峰小时1号线上行将减少客流0.88万人左右。

(2)对1号线列车满载率的影响分析。

①对1号线上行列车满载率的影响分析。

综合分析10号线、9号线、6号线对1号线客流的影响,1号线上行将增加客流0.08万人左右。早高峰1号线西段上行列车满载率将略有增长。表4为1号线上行高峰小时部分区段列车满载率变化情况。

1号线上行高峰小时部分区段列车满载率变化情况 表4

主要受影响区间	高峰小时最大满载率(%)	
	目　前	开　通　后
公主坟—军博	107	109
军博—木樨地	112	114
南礼士路—复兴门	113	115

②对1号线下行列车满载率的影响分析。

综合分析 6 号线、10 号线客流的影响，1 号线下行将减少客流 0.88 万人左右。早高峰 1 号线上行列车满载率将有所缓解。表 5 为 1 号线下行高峰小时部分区段列车满载率变化情况。

1 号线下行高峰小时部分区段列车满载率变化情况 表 5

主要受影响区间	高峰小时最大满载率(%)	
	目 前	开 通 后
四惠—大望路	107	96
国贸—永安里	118	95

(3)对 1 号线换乘站能力的影响分析。

对公主坟的影响分析如图 2 所示。

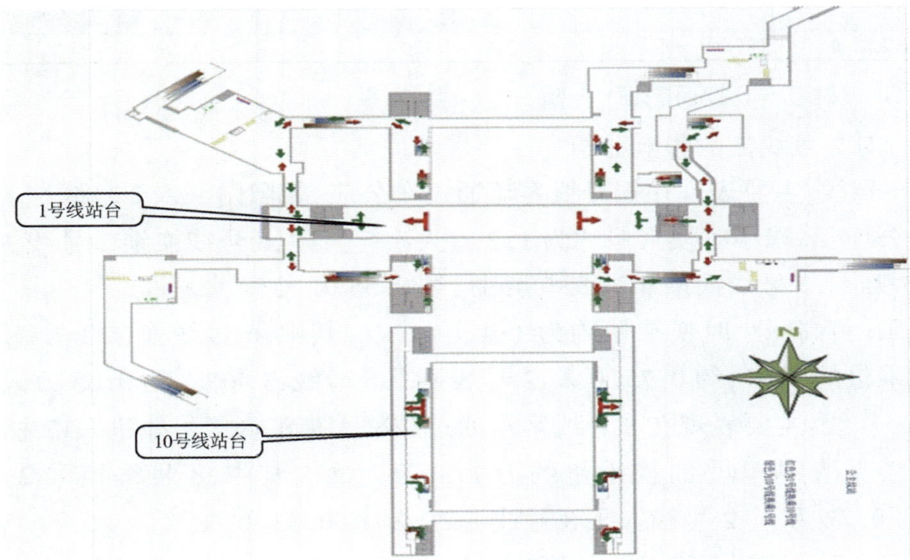

图 2 公三坟站换乘流线图

鉴于《地铁设计规范》中的通过能力是按照理想状态的最大标准计算的，在实际运营中，通过能力无法达到理想状态。通过调查，标准与实际约有 10% 的差异。因此，将按照《地铁设计规范》中最大通行能力的 90%，作为设施饱和度评估的依据。表 6 为公主坟站通过能力分析。

公主坟站通过能力分析 表 6

车站	咽喉部位	设计最大通过能力(人/h)	预计人数(人/h)	设施饱和度(%)
公主坟站	东厅二道台阶	13824	11800	86
	东侧换乘通道	28800	11800	42

经分析，公主坟站通过能力满足。

4.2 对八通线客流的影响分析

(1)对八通线客流的影响分析。

通过调查分析,八通线乘客中有25%左右将选择乘坐6号线,主要集中四惠至管庄等站,早高峰下行分流约0.94万人/高峰小时,晚高峰上行分流约0.78万人/高峰小时。

(2)对八通线列车满载率的影响分析。

由于6号线对八通线有客流分担作用,早高峰八通线下行列车满载率变化较为明显。表7为八通线下行高峰小时最大区段列车满载率变化情况。

八通线下行高峰小时最大区段列车满载率变化情况 表7

位置	主要受影响区间	高峰小时满载率(%)	
		目　前	开　通　后
下行最大断面	高碑店—四惠东	120	93

4.3 对2号线的影响分析

(1)对2号线流的影响分析。

①6号线:主要表现在6号线客流通过车公庄、朝阳门汇入2号线。

车公庄:高峰小时换乘量约为1.2万人次。其中,6号线换乘2号线占54%,约0.65万人;2号线换乘6号线占46%,约0.55万人。

朝阳门:高峰小时换乘量约为1.4万人次。其中,6号线换乘2号线占高峰小时换乘量的54%,约0.75万人;2号线换乘6号线占46%,约0.65万人。

②8号线:主要表现在8号线客流通过鼓楼大街汇入2号线进入市中心。

鼓楼大街:高峰小时换乘量约为1.1万人次。其中,8号线换乘2号线占70%,约0.77万人;2号线换乘8号线占30%,约0.33万人。

(2)对2号线列车满载率的影响分析。

①对2号线外环列车满载率的影响分析。

目前,2号线早高峰时段,外环最大列车满载率88%,开通后升至92%,新增换乘站周边列车满载率略有上升。表8为2号线外环高峰小时部分区段列车满载率变化情况。

2号线外环高峰小时部分区段列车满载率变化情况 表8

位置	主要受影响区间	高峰小时满载率(%)	
		目　前	开　通　后
外环	西直门—车公庄	88	92
	车公庄—阜成门	85	88
	朝阳门—东四十条	64	66
	鼓楼大街—积水潭	72	78

②对 2 号线内环列车满载率的影响分析。

目前，2 号线早高峰时段，内环最大列车满载率 87%，开通后基本持平，新增换乘站周边列车满载率略有上升。表 9 为 2 号线内环高峰小时部分区段列车满载率变化情况。

2 号线内环高峰小时部分区段列车满载率变化情况 表 9

位置	主要受影响区间	高峰小时满载率(%)	
		目　前	开　通　后
内环	鼓楼大街—安定门	52	58
	朝阳门—建国门	46	47
	复兴门—阜成门	87	87
	车公庄—西直门	62	63

(3)对 2 号线换乘站能力的影响分析。

①对车公庄站的影响分析。

早高峰 6 号线换乘 2 号线客流以上行方向换乘 2 号线为主，占换乘量的 75%，由南侧换乘通道换入 2 号线南端站台。图 3 为车公庄站换乘流线图。

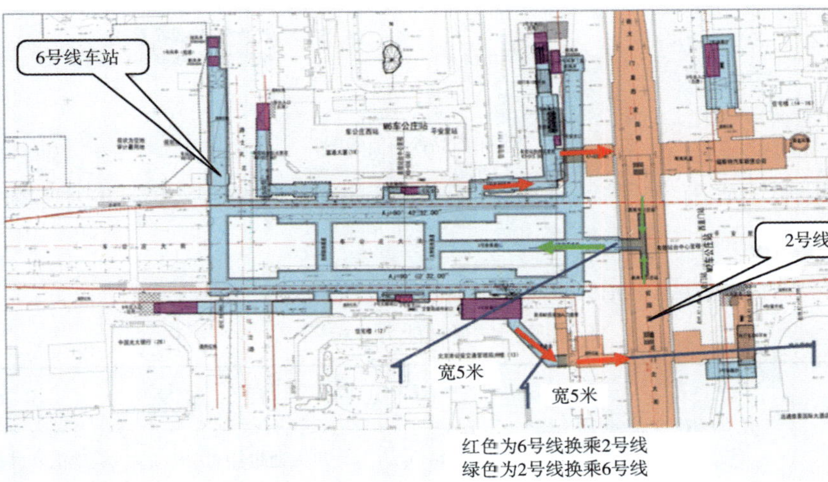

图 3　车公庄站换乘流线图

表 10 为车公庄站通过能力分析。

车公庄站通过能力分析 表 10

车站	预　测			
	咽喉部位	集散量(人)	最大通过能力(人/h)	饱和度(%)
车公庄	2 换 6 步梯	5500	18144	30
	6 换 2 南侧换乘步梯	7000	14400	49
	6 换 2 南侧换乘通道	8875	14400	62

经分析,车公庄站能力满足。

②对朝阳门站的影响分析。

图4为朝阳门站换乘流线图。

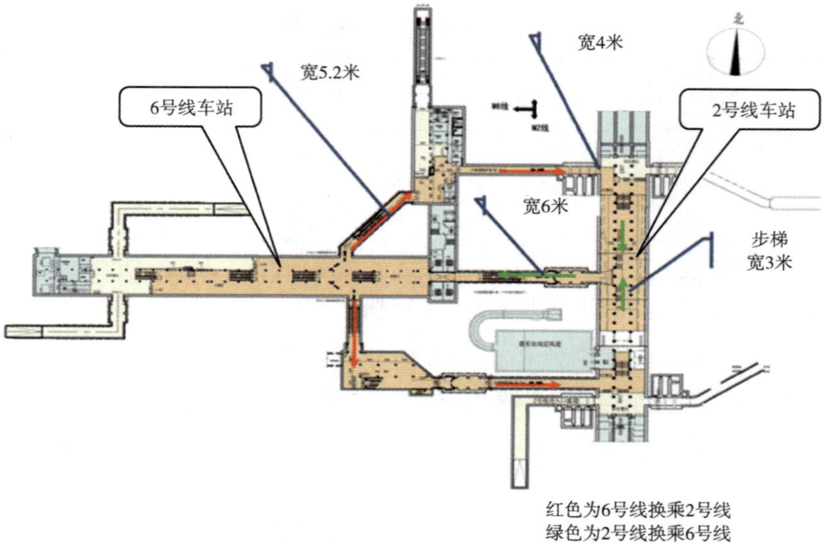

图4 朝阳门站换乘流线图

2号线朝阳门站南北厅客流分布不均衡,北厅进出站客流集中,约占全站的60%。

表11为朝阳门站通过能力分析。

朝阳门站通过能力分析 表11

车站	咽喉部位	预测		
		集散量(人)	最大通过能力(人/h)	饱和度(%)
朝阳门	北厅2道台阶	14550	14688	99
	2换6换乘步梯	6500	19980	33
	2换6换乘通道	6500	24750	26

经分析,朝阳门站能力满足。

③对鼓楼大街站的影响分析。

图5为鼓楼大街站换乘流线图。

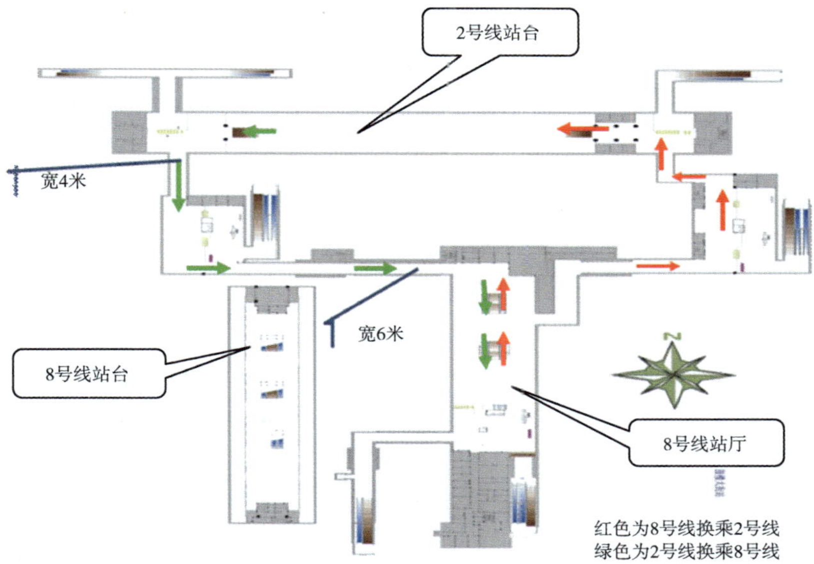

图 5　鼓楼大街站换乘流线图

表 12 为鼓楼大街站通过能力分析。

鼓楼大街站通过能力分析　　表 12

车　站	咽喉部位	设计最大通过能力（人/h）	预计人数（人/h）	设施饱和度（%）
鼓楼大街站	8 换 2 步梯	14400	13600	94
	8 换 2 通道	14400	12400	86

经分析,鼓楼大街站通过能力满足。

4.4　对 5 号线的影响分析

(1)对 5 号线客流的影响分析。

①6 号线:主要表现在 5 号线客流通过东四站汇入 6 号线进入市中心。

东四站:高峰小时换乘量约为 1.3 万人次。其中,6 号线换乘 5 号线占 43%,约 0.56 万人;5 号线换乘 6 号线占 57%,约 0.74 万人。

②10 号线:吸引 10 号线南环客流去往 5 号线上行,预计为 0.66 万人/高峰小时,5 号线换乘 10 号线 0.44 万人/高峰小时;且 10 号线东环对 5 号线上行宋家庄至东单区段有一定的分担作用。

(2)对 5 号线列车满载率的影响分析。

①对 5 号线上行列车满载率的影响分析。

综合考虑 10 号线对 5 号线的客流汇集与分担作用,预计 5 号线南端满载率有所上升。表 13 为 5 号线上行高峰小时部分区段列车满载率变化情况。

5号线上行高峰小时部分区段列车满载率变化情况 表13

主要受影响区间		高峰小时满载率(%)	
		目　前	开　通　后
上行	宋家庄—刘家窑	47	50
	磁器口—崇文门	108	110
	东四—张自忠路	69	66

②对5号线下行列车满载率的影响分析。

东四站位于5号线非高峰断面,经分析,接入6号线后基本对5号线最大断面无影响。表14为5号线下行高峰小时部分区段列车满载率变化情况。

5号线下行高峰小时部分区段列车满载率变化情况 表14

主要受影响区间		高峰小时满载率(%)	
		目　前	开　通　后
上行	惠新西街北口—惠新西街北口	123	123
	东四—灯市口	61	59

(3)对5号线换乘站能力的影响分析。

①对东四站的影响分析。

图6为东四站换乘流线图。表15为东四站通过能力分析。

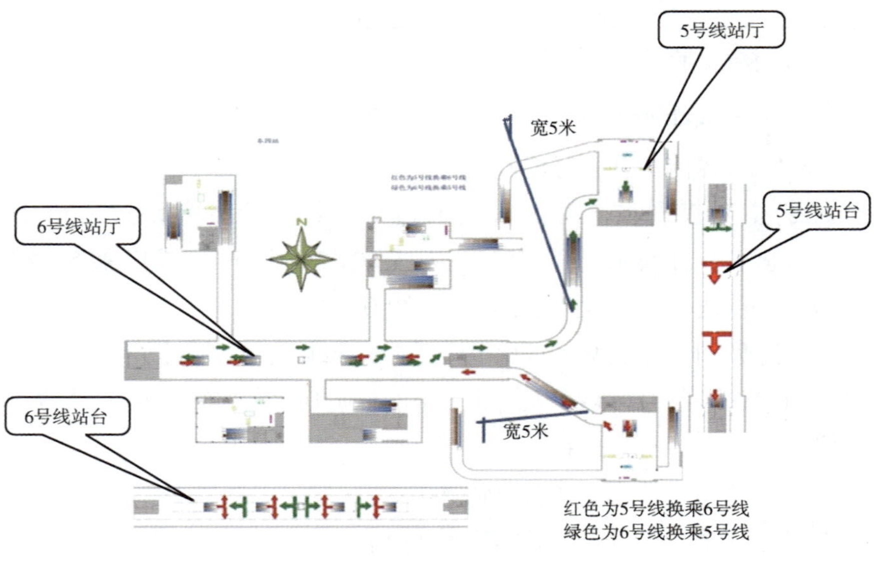

图6　东四站换乘流线图

东四站通过能力分析　　表 15

车站	咽喉部位	设计最大通过能力(人/h)	预计人数(人/h)	设施饱和度(%)
东四	6 换 5 换乘通道	22500	5600	25
	5 换 6 换乘通道	22500	7400	32

经分析,东四站通过能力满足。

②对宋家庄站的影响分析。

图 7 为宋家庄站换乘流线图。表 16 为宋家庄站通过能力分析。

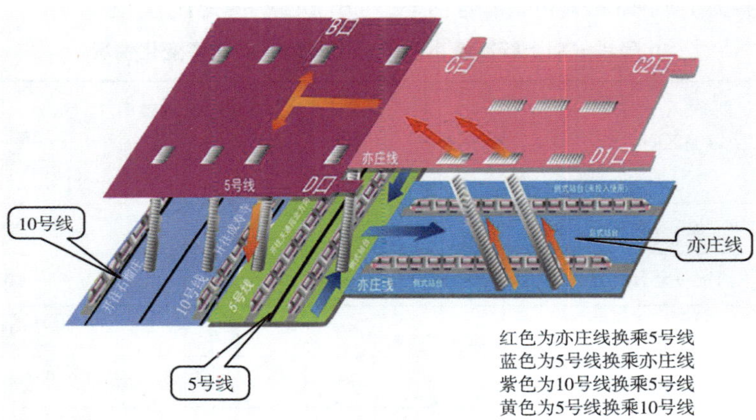

图 7　宋家庄站换乘流线图

宋家庄站通过能力分析　　表 16

车站	咽喉部位	设计最大通过能力(人/h)	预计人数(人/h)	设施饱和度(%)
宋家庄	10、5 换乘步/扶梯	24660	11000	45

经分析,宋家庄站通过能力满足。

4.5　对 10 号线一期的影响分析

(1)对 10 号线客流的影响分析。

①10 号线:由于 10 号线二期东、南段开通,对 10 号线一期东段有客流汇集作用,预计增加 1.1 万人/高峰小时。

②6 号线:早高峰以 6 号线换乘 10 号线为主要方向,吸引 6 号线客流去往东部办公区。同时分流八通线、1 号线东段换乘 10 号线客流。

呼家楼:预计早高峰小时换乘量 1.3 万人。由 6 号线换乘至 10 号线 0.77 万;10 号线换乘至 6 号线 0.53 万。

③8 号线:南延后接入 2 号线,吸引部分从北土城站换入 10 号线客流,目前 8 号线换乘 10 号线约 1 万人/高峰小时,预计将减少 0.1 万人/高峰小时。

④房山线、9 号线:主要表现在房山线、9 号线客流汇入 10 号线。

六里桥:预计早高峰小时换乘量 0.85 万人。9 号线换乘 10 号线约 0.75 万人/高峰小时,10 号线换乘 9 号线为 0.1 万人/高峰小时。

(2)对 10 号线一期列车满载率的影响分析。

①对 10 号线一期上行列车满载率的影响分析。

受 10 号线二期、6 号线客流聚集的影响,10 号线东环上行列车满载率增长。表 17 为 10 号线上行高峰小时部分区段列车满载率变化情况。

10 号线一期上行高峰小时部分区段列车满载率变化情况 表 17

主要受影响区间		高峰小时满载率(%)	
		目前	开通后
上行	劲松—双井	52	83
	国贸—金台夕照	96	101
	呼家楼—团结湖	88	95
	芍药居—惠新西街南口	81	81
	知春路—知春里	74	72
	北土城—健德门	109	103

②对 10 号线一期下行列车满载率的影响分析。

表 18 为 10 号线一期下行高峰小时部分区段列车满载率变化情况。

10 号线一期下行高峰小时部分区段列车满载率变化情况 表 18

主要受影响区间		高峰小时满载率(%)	
		目前	开通后
下行	巴沟—苏州街	11	14
	知春路—西土城	57	55
	北土城—安贞门	78	77
	芍药居—太阳宫	102	101
	呼家楼—金台夕照	58	64

(3)对 10 号线换乘站能力的影响分析。

①对呼家楼站的影响分析。

图 8 为呼家楼站换乘流线图。

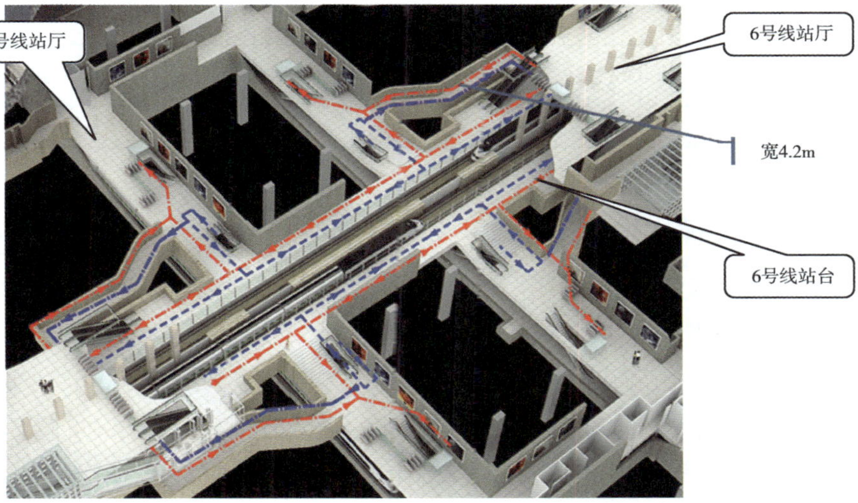

红色为 6 号线换乘 10 号线
蓝色为 10 号线换乘 6 号线

图 8　呼家楼站换乘流线图

表 19 为呼家楼站通过能力分析。

呼家楼站通过能力分析　　表 19

车站	咽喉部位	设计最大通过能力(人/h)	预计人数(人/h)	设施饱和度(%)
呼家楼	6 换 10 步梯	37800	10200	27
	10 换 6 电梯	26280	12300	47

经分析,呼家楼站能力满足。

②对六里桥站的影响分析。

图 9 为六里桥站换乘流线图,表 20 为六里桥站通过能力分析。

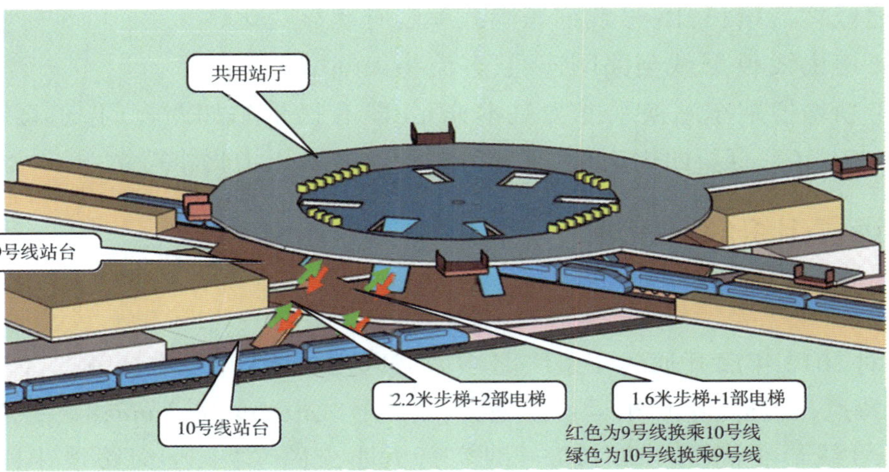

图 9　六里桥站换乘流线图

六里桥站通过能力分析 表20

车站	咽喉部位	设计最大通过力(人/h)	预计人数(人/h)	设施饱和度(%)
六里桥	换乘步梯/扶梯	18234	7800	43

经分析,六里桥站能力满足。

4.6 对13号线的影响分析

(1)8号线的客流分担作用:南延后接入2号线,主要吸引霍营、回龙观站进站去往东直门、西直门站换乘2号线的乘客,预计分担0.3万人/高峰小时,其中分担西直门换乘量0.2万人/高峰小时,分担东直门换乘量0.1万人/高峰小时。

(2)13号线西段上地至五道口上行列车最大满载率由128%降至121%,东段望京西至芍药居下行列车最大满载率由80%降至77%。

4.7 综上所述

4条新线开通后:

(1)6号线对八通线、1号线东段客流有一定的分担作用,高峰时段列车满载率有所下降;对1号线西段影响不明显。

(2)6号线、8号线客流从2号线东环、西环、北环汇入,换入换出客流较为均衡,新增换乘站周边区段列车满载率有所上升。

(3)对5号线南段客流有汇集作用,高峰时段南段列车满载率有所上升;东四站位于非高峰断面,6号线接入对5号线最大断面基本无影响。

(4)10号线东段客流增长,高峰时段列车满载率增幅较大。

(5)8号线南延后,对13号线西段、东段客流有一定的分担作用,但由于昌平线、15号线客流增长,13号线列车满载率没有明显变化。

(6)房山线、9号线与路网连通,客流将大幅增长。

(7)新增换乘车站换乘能力基本充足;既有换乘站如西直门、东直门、国贸、崇文门、宣武门、惠新西街南口、雍和宫站等站换乘压力仍将持续。

5 运营组织应对措施

5.1 列车运行计划安排

针对2012年底开通的4条线路均为城区主干线,开通之初就要经受大客流冲击的特点,合理安排列车运行计划,计划6号线最小间隔3min;8号线最小间隔5min;9号线最小间隔4min;10号线实行大小交路套跑,小交路最小间隔2min 30s,大交路最小间隔3min 45s。

5.2 进一步加强客运组织

(1)对新线车站逐一制定车站客运组织方案及应急预案,达到可操作程度,特别是仔细研究北京西站、六里桥、郭公庄换乘站客流规律。

(2)对既有线客流集中的重点车站和换乘车站,逐一修订完善车站客运组织方案和联动预案;特别是14个换乘站要加强客运组织疏导力量,组织乘客有序进出车站和换乘。

(3)进一步建立健全路网联动限流机制,继续采取严格的限流措施,并根据客流影响情况在新线和既有线增加常态限流车站,完善限流设施。

5.3 加强设备设施建设

(1)在车站重点部位设置导流带、导流围栏等客运设施,理顺安检、进出站及换乘客流。在具备条件的站外限流车站加装防雨雪棚。在站前广场、换乘通道等重点部位加装广播、视频等系统,并配备有效通讯手段,确保联系畅通。

(2)考虑在6号线东段、9号线南段、10号线南段等高密度大型居住区车站地面出入口外增加限流设施。客流高峰期间,采取路网联动限流措施,减少8号线换乘客流对10号线的影响。

5.4 强化培训演练工作

(1)各分公司总结以往新线开通对既有线影响的经验及教训,组织员工对车站客运组织方案、应急预案进行学习、宣贯。

(2)在新线开通前,在新增及受新线影响的换乘站以及重点车站开展应急演练,强化联动机制。

5.5 制定宣传方案

(1)利用制作、发放新线宣传折页、设置新线咨询台、增派换乘引导员等多种方式,方便乘客了解新线乘车信息;并利用运用新闻媒体报道、开展特色活动等方式,营造新线开通氛围,宣传北京地铁品牌形象。

(2)持续加强"文明刷卡"、"文明乘车"、"文明乘梯"宣传,并借助每月"排队日"、"让座日"开展咨询、发放宣传品等特色活动,培养乘客"守序意识"。

参考文献

[1] 8号线二期、9号线一期、15号线一期可行性研究报告.

[2] 地铁设计规范 GB 50157—2003.

新型城市轨道交通通风空调多功能集成系统应用

设备部　顾庆宜

摘　要:随着社会不断发展,对地铁乘车环境的舒适和安全可靠性要求越来越高,致使地铁空调通风系统日益复杂,并导致地铁的土建规模、投资以及运行能耗日益增加。目前正是城市轨道交通快速发展阶段,而传统的通风空调系统的高土建投资及高运行能耗已成为制约其发展的因素,为此研究应用新型城市轨道交通通风空调多功能集成系统,就是确保在满足城市轨道交通各种功能要求的前提下,降低通风空调系统相关造价和运行成本。

关键词:通风空调系统;多功能;集成系统

0 引言

通风空调系统作为地铁中的重要设备系统之一,担负着对地下空间的空气温度、湿度、空气流速和空气品质进行控制的责任;列车正常运行时,为乘客和工作人员提供一个适宜的人工环境,满足其生理和心理上的要求;列车阻塞在区间隧道时,向阻塞区间提供一定的通风量,保证列车空调等设备正常工作,维持车厢内乘客在短时间内能接受的环境条件;在发生火灾事故时,提供迅速有效的排烟手段,为乘客和消防人员提供足够的新鲜空气,并形成一定的迎面风速,引导乘客安全迅速地撤离火灾现场;为地铁各种设备提供必要的空气温度、湿度以及洁净度等条件,保证其正常运转所需的环境条件等多项重要功能。随着社会不断发展,对地铁乘车环境的舒适和安全可靠性要求越来越高,致使地铁空调通风系统日益复杂,并导致地铁的土建规模、投资以及运行能耗日益增加。

在新型城市轨道交通通风空调多功能集成系统应用之前,国内外城市轨道交通采用的通风空调系统形式基本相同,都是区间隧道与车站通风空调系统分散独立设置,系统功能单一。虽然经过长时间的实际应用,工程技术及设备工艺均已成熟,但系统形式构成复杂、控制繁琐,从而导致车站土建规模大、投资高、运行费用高。典型地下车站通风空调机房及土建风道的面积约为 1900m^2,占车站总建筑面积的 20% 左右,土建造价约为 1900 万元。由于系统分散,设备数量多,车站通风空调设备投资较高,每站约为 1000 万 ~ 1200 万元。另外缺乏行之有效的节能降耗手段,系统的运营能耗高、效率低。目前正是城市轨道交通快速发展阶段,而传统的通风空调系统的高土建投资及高运行能耗已成为制约其发展的因素,为此研究应用新型城市轨道交通通风空调多功能集成系统,就是确保在满足城市轨道交通的各种功能要求的前提下,降低通风空调系统相关造价和运行成本。

1 通风空调多功能集成系统构成

1.1 传统的通风空调系统

(1)传统通风空调系统简介。

目前国内城市轨道交通建设,根据当地的气候和轨道交通的运输能力设定,通风空调系统主要采用通风或空调系统(通风结合空调的系统,简称空调系统),传统的空调系统为全空气集中空调,可以分为非屏蔽门和屏蔽门两种情况。目前北京大量采用的正是非屏蔽门空调系统。

传统的非屏蔽门空调系统(以下简称传统系统)由以下几部分组成:

①区间隧道通风系统(兼隧道防排烟系统):在列车正常运行工况下,保证区间隧道内部空气环境在规定标准内;当列车阻塞在区间隧道时,能够对阻塞处进行有效通风,保证阻塞处的空气温度在许可范围内并提供足够的新风量;当列车在区间隧道内发生火灾时,迎着乘客疏散方向送新风。

②车站公共区通风空调系统(兼排烟,以下简称"大系统"):在正常工况下,为乘客提供过渡性舒适环境;在火灾事故工况下,能够迅速组织有效地排烟。

③车站设备管理用房通风空调系统(兼排烟,以下简称"小系统"):在正常工况下,保证各房间空气环境符合规定标准,满足有关专业的工艺要求;在火灾事故工况下,迅速组织排除烟气。

④空调冷冻、冷却水系统(简称水系统):为车站空调系统提供稳定可靠的冷源。传统系统的通风空调系统图及车站机房布置图如图 1 和图 2 所示。

(2)传统通风空调系统运行模式。

①车站公共区通风空调系统正常运行方式。

a. 当室外空气焓值大于空调回风焓值时,公共区空调系统(大系统)采用最小新风空调工况。最小新风量应根据高峰客流量和屏蔽门漏风量计算得出。

b. 当室外空气焓值小于或等于空调回风焓值,且大于空调送风焓值时,采用全新风空调工况,即回风全部排出站外,新风经组合式空调器处理至送风状态点后送至公共区。

c. 当室外空气温度低于设定的空调送风温度时,采用通风方式,冷水机组停止运行。最节能的通风方式为回排风机排风,出入口自然进风。

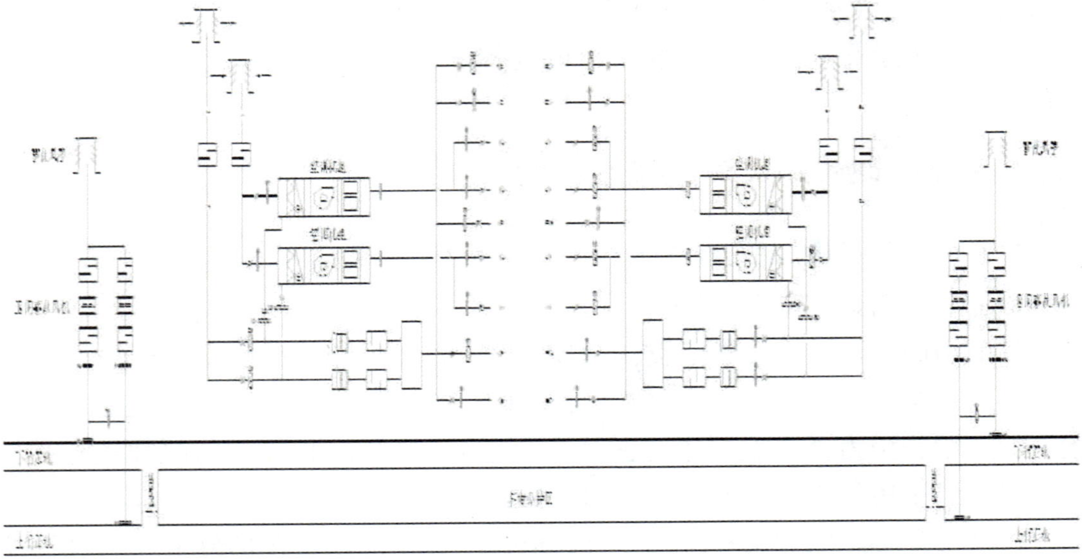

图1　传统系统的通风空调系统图

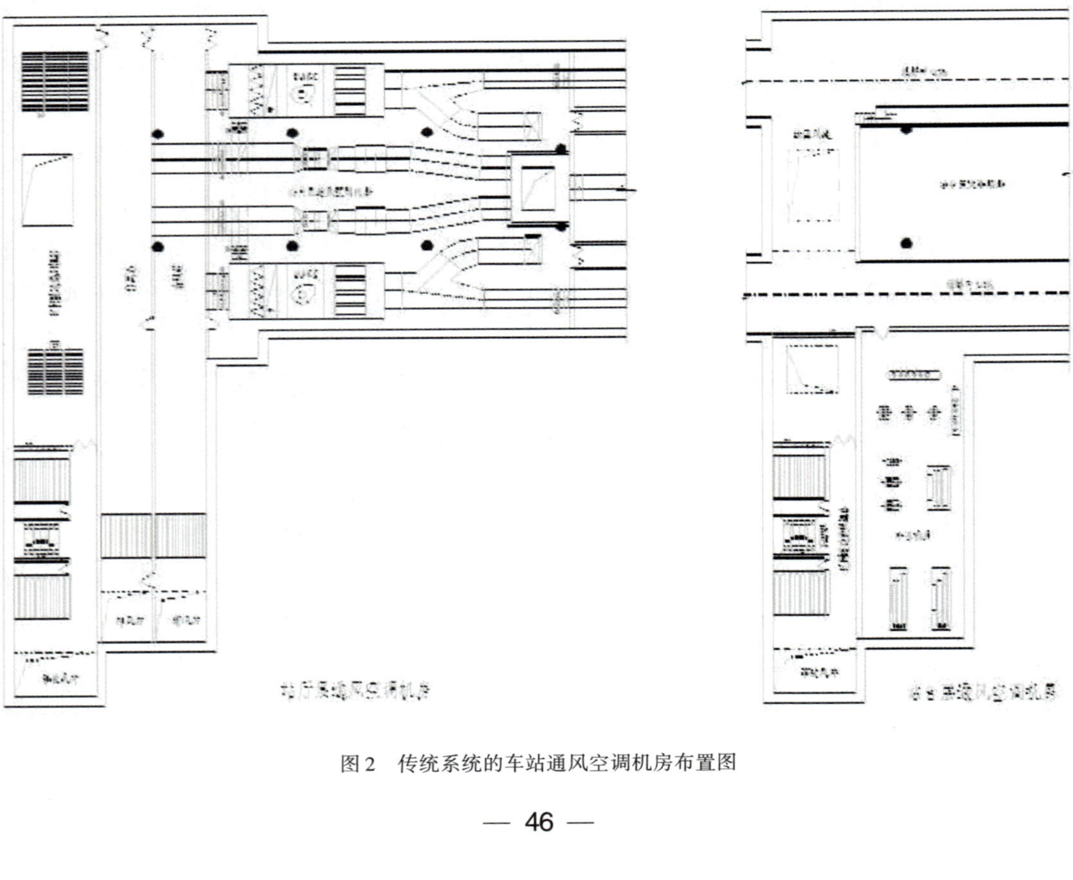

图2　传统系统的车站通风空调机房布置图

d. 冬季采用小新风间歇运行方式。

②区间隧道通风系统正常运行方式。

a. 在气温较高的夏季，开启活塞风道，并启动列车顶、站台下排热风系统，远期需采用隔站排风、隔站活塞风道自然进风的方式组织夜间通风。

b. 在过渡季节，开启活塞风道自然通风，并启动列车顶、站台下排风系统，根据室外空气温度状况、列车的行车密度和隧道内温度状况综合确定风机的转速和频率。

c. 在冬季，早晚室外气温较低且列车运行对数较少时，可停止排热风系统的运行，其他时刻仍然采用与过渡季节相同的运行方式。

③车站公共区通风空调系统火灾排烟运行方式。

当站厅层或站台层发生火灾时，公共区空调系统立即停止，并转为火灾排烟模式。火灾运行模式由 FAS 系统和 BAS 系统发出指令。

a. 当站台层发生火灾时，兼排烟风机的回排风机高速运行或开启专用的排烟风机，组合式空调机组用于排烟补风，关断站厅层回排风管，关断站台层送风管，形成站台层排烟，站厅层送风的模式。如排烟风量不能保证楼梯口 1.5m/s 向下风速，则开启区间隧道事故风机协助排烟，并开启屏蔽门。

b. 当站厅层发生火灾时，兼排烟风机的回排风机高速运行或开启专用的排烟风机，形成站厅层排烟，出入口自然进风的模式。

c. 当停站区域火灾时，处于排热风运行状态的事故风机自动切换至工频，并关闭全部站台板下排风管和另一侧停站区域列车顶排风管，此时还应关闭公共区空调回排风机，开启公共区组合式空调机组补风。

④区间隧道通风系统火灾排烟和阻塞通风运行方式。

a. 当列车因故障停留在区间隧道时，由列车后方一侧的事故风机送风，列车前方一侧的事故风机排风。在区间隧道内形成与列车行驶方向一致的气流，保证列车空调器能够运行，维持车内乘客的新风供给和短时间内能承受的空气温度。

b. 列车在区间隧道发生火灾，应尽量将列车继续行使至车站，若火灾列车被迫停在区间隧道内时，则由区间隧道一端车站隧道事故风机向火灾区间隧道送风，另一端车站隧道事故风机将烟气排至地面，保证区间隧道内的气流方向总是与乘客疏散方向相反。区间隧道内气流速度控制在 2 ~ 11m/s 范围内，以保证既能及时排除烟气，又能指引乘客安全迅速地撤离。

(3)传统通风空调系统存在的问题。

①系统设置构成复杂。

传统的轨道交通通风空调系统的构成复杂,前面提到的隧道通风系统、车站公共区通风空调系统、车站设备及管理用房通风系统和空调水系统,在设置上相互独立,在运行上也具有相对的独立性。系统上存在设备冗余,特别是区间隧道通风系统设备,只在区间事故情况下运行。平时长时间闲置,造成浪费。

②系统占用的地下空间多、导致车站规模大。

由于通风空调系统构成上的复杂性,导致系统对机房面积的需求大大增加,占用了大量宝贵的地下空间。采用传统系统(非屏蔽门系统)的上海及广州地铁通风空调机房面积情况见表1。

传统系统的机房面积表　　表1

项　目	车站通风空调机房面积(m^2)	占车站总面积的百分比(%)
上海地铁二号线	1538 ~ 3307	11.9 ~ 29
广州地铁一号	1950 ~ 2700	55 ~ 60 **

注:* * 广州地铁一号线数据为通风空调机房面积占全部设备管理用房面积的百分比。

③系统运行能耗大。

传统的轨道交通通风空调系统缺乏行之有效的节能手段,系统运行能耗很高。上海地铁一号线通风空调系统小时耗电量为1048 ~ 2579kW;上海地铁二号线为903 ~ 1572kW。广州地铁一号线刚开通时,通风空调系统能耗占地铁总能耗48% ~ 50%,超过了列车的牵引能耗,仅1999年夏季空调系统电耗费用就占到票房收入的2/3。如此巨大的能耗,使得轨道交通的运营费用居高不下,严重影响了地铁运营的经济性。

1.2 集成系统的基本思路

(1)降低系统机房占地面积。

以往传统系统的做法,区间隧道与车站公共区的通风空调系统是完全分开独立设置的:区间隧道通风系统设置专用事故轴流风机,只在区间发生阻塞、火灾事故以及夜间通风时使用;车站公共区设置组合式空调机组及回排风机,仅为公共区的正常通风空调及火灾排烟服务。从工况分析可以看出,区间隧道与车站公共区2个独立的系统不存在同时使用的情况,即车站公共区系统运行时,区间隧道系统是关闭的,反之亦然。而且,车站公共区系统常年运行,而区间隧道系统则长时间的闲置。另外地铁风亭设置要控制在道路红线以外的合适位置,风道少则三四十多米,多则七八十米。传统系统中风道内部的空间不能很好地加以利用,传统系统的区间隧道与车站公共区的通风空调机房一般都设置在车站两端,位置相邻。区间隧道风机的风量约为20万m^3/h,车站公共区大系统风量在12万~18万m^3/h,2个系统的风量相近,采用变频技术可以将2个系统的风机合用,满足风量、风压要求。从2个系统的通风方向看,1个向隧道且方向可逆转,1个向车站有送有排,风机合用后设置在风道内,通过风机及风阀的转换即可实现分别对隧道和车站通风。车站公共区的空气处理设备,如表冷器、过滤器亦可以通过改装后设置在风道中。这样就可以将隧道与车站公共区通风系统完全合并设置在风道中,既解决了隧道风机的闲置问题,又有效地利用了风道内的空间。因此将隧道通风系统与车站公共区通风系统完全合并集成设置在风道中是集成系统的基本思路。

(2)降低系统能耗。

轨道交通通风空调系统的设备一般按远期高峰小时运行情况进行配置,而系统负荷随列车的对数、客流的变化而变化。在运行初期,近期客流及行车对数远没有达到设计水平,因此设备容量有较大的富裕量;同样在非高峰时段的系统负荷较高峰时段也有较大的差距,也存在设备容量富裕的问题。采用变频风机就能很好地适应负荷变化。从空气动力学理论讲,改变通风机转速是最合理的调节方法。因为只改变通风机的转速,通风机的运行点与正常设计工况点空气动力性能相似(即风机的无因次参数相同)。即在管网阻力与流量平方成正比的通风系统中,转速降低,通风机效率保持不变,而功率则由于流量与压力的降低而显著降低,$N_2 = N_1 \times (L_2/L_1)3$。对于电动机来说,变频调速可以保证在较低输出功时有较高的电机效率。另外在相同的流量和压力下,由于采用变频调速调节通风机时,叶轮的转速较低,通风机的噪音相对于其他调节方法要低;同时由于转速降低,叶片所受离心力也降低,这对于延长通风机叶轮的寿命也是有利的。设置可自动开启的风道表冷器是另一个降低能耗的手段。传统系统中组合式空调机组,其内部的表冷器空气侧阻力为150~200Pa,占风系统总阻力的20%左右。在空调季节表冷器对空气进行降温除湿处理,是必需的设备;而在通风季节,表冷器则变成了多余的设备,只能增加能耗。为此在集成系统中引入了可开启表冷器的集成设备。该设备设计为门式,两侧设轴,可以在通风季节电控沿轴开启,降低系统的通风阻力,节约通风能耗。根据实测结果,8万m^3/h的组合式空调机组,表冷器打开前的风机功率为50kW,打开后风机功率降为36.8kW。也就是说,通过表冷器开启,在通风季节能耗可以降低28%左右。对于北京地铁长达8个月的通风季节来说,节能意义非常重大。

1.3 集成系统研发的难点及解决方案

(1)不同系统之间风机参数匹配问题。

集成系统的车站送、排风机在事故工况下——包括车站排烟工况、区间隧道火灾及阻塞工况,兼作为事故通风机。由于不同功能所需的风机风量与风压均有所不同,为了使一台风机满足所有工况要求,以往的作法是按照最大的风量、风压(事故工况)选择风机,导致正常工况下的风量、风压都高于设计值,运行时通过风阀的调节进行节流,造成一定的浪费。以下面的风机选型为例:若正常通风设计工况 A 点为 50m^3/s,800Pa;事故通风工况 B 点为 60m^3/s,1000Pa;风机为工频转速的特性曲线,为了满足事故工况点,正常通风工况会自动调整到 C 点 54m^3/s,1200Pa。显然,调整后的 C 点风量、风压都高于设计工况点 A,能耗增加。图 3 和图 4 分别为未设置、设置变频器的风机选型示意图。

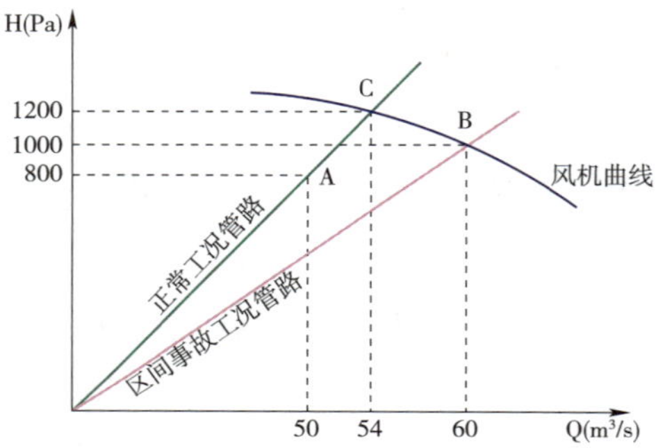

图 3 未设置变频器的风机选型示意图

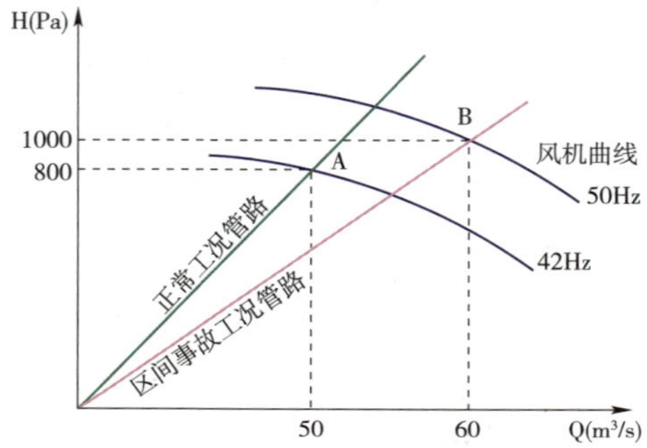

图 4 设置变频器的风机选型示意图

为了解决这个问题,采用风机变频技术,从而改变风机的特性曲线,以满足不同的风量、风压要求。仍然以前面的选型为例,通过变频我们可以得到一组平行的风机曲线,在区间事故工况下,采用额定工频 50Hz,工作点 B 点为 60m^3/s,1000Pa;在正常通风工况下采用频率 42Hz,工作点 A 点为 50m^3/s,800Pa,与设计点重合。因此设置变频器可以大大降低正常通风工况的运行能耗。另外由于集成系统中的车站风机,一机多用,既有正转又有反转,一台风机对应多个不同的管路特性曲线。在以往的系统中,由于可逆风机仅作为事故风机使用,因此在设备选型时,一般要求正转风量、风压与反转风量、风压基本相等,正转效率约等于反转效率。这样,风机的效率较普通的单向轴流风机有所降低,大约降低 8% 左右。但对于集成通风空调系统,风机的正向为正常运转状态,反向为事故运行状态,如果仍然沿用传统系统的风机选型原则,会造成风机正常运转时的效率较低,不利于节能。为了解决此问题,选择风机时,应尽量保证正转的风机效率,对于反向的事故工况效率可适当较低,以保证系统节能目标的实现。同样在正转的各种工况中,也应保证正常的工况风机效率处于较高的水平,而适当损失事故工况效率。集成系统在非空调季可把表冷器移开，以减少通风系统阻力，节省能耗。由于系统阻力特性改变，使风机工作点偏移，因此选择合适的风机和叶片角度，使空调工况风机工作点位于效率最高点左侧，非空调工况下风机工作点位于效率最高点右侧，从而使风机全年总体效率最高，实现可移动表冷器的节能长处。以风机选型为例，若风机的最高效率点位于点 C（C_1、C_2），则空调工况点应位于 C 点左侧，即点 A（A_1、A_2）；而通风工况点应位于 C 点右侧，即点 B（B_1、B_2）。这样才能保证系统的总体效率匹配最佳（图 5）。

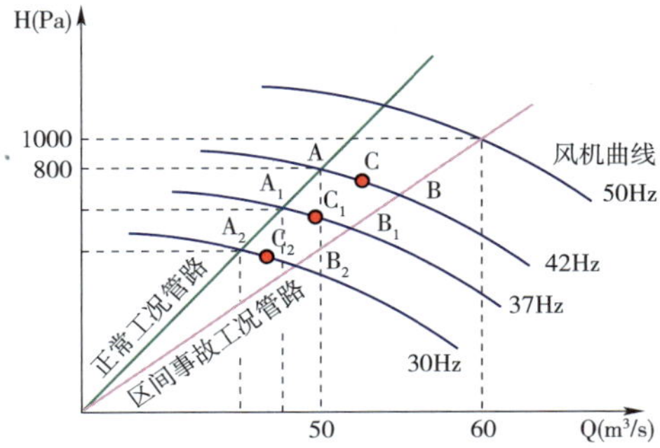

图 5　表冷器开启对变频风机选型影响示意图

（2）可自动开启表冷器设备的研发。

为了实现公共区与区间隧道系统设备的集成，必须将用于夏季冷却空气用途的表冷器移至土建风道中。而表冷器设于土建风道中，火灾排烟时为了避免高温烟气通过表冷器，影响排烟效果，通常的做法是设置旁通风道，通过风阀的切换使烟气绕过表冷器。然而设置旁通风道会增加土建风道的长度和宽度，增大地下工程的实施难度和费用。如果表冷器可以自动控制开启与关闭，就可以省去旁通风道，降低土建规模。而且在通风季节，表冷器打开，还可以大大降低通风阻力，减少风机的能源消耗。经过技术攻关，成功解决了诸如自动开启机构选择；可开启表冷器框架的稳定；表冷器表面风速过高；转动部位的冷冻水密封问题；表冷器冬季泄水吹扫等一系列技术难题。开启表冷器通过了省部级的新产品技术鉴定，并已成功应用于北京地铁 5 号线、10 号线等工程中。

1.4　集成系统的构成

集成系统亦由若干子系统组成，各子系统的具体实施方案如下（其中设备管理用房及空调水系统与传统系统相同，不再赘述）。集成系统的通风空调系统如图 6 所示。从图 6 可以看出，集成系统的隧道通风系统与车站公共区通风空调系统已集成为一套系统。集成系统的通风空调系统的车站通风空调机房布置图见图 7。

（1）公共区通风空调系统。

典型车站在车站两端分别设置一条送风道和一条排风道，每端的送风道内设置可电动开启式表冷器（包括挡水板）和可电动开启空气过滤器，并利用车站送排风道及风道内的送排风机（60m^3/s）、消声器、组合风阀等组成车站公共区空气处理系统。

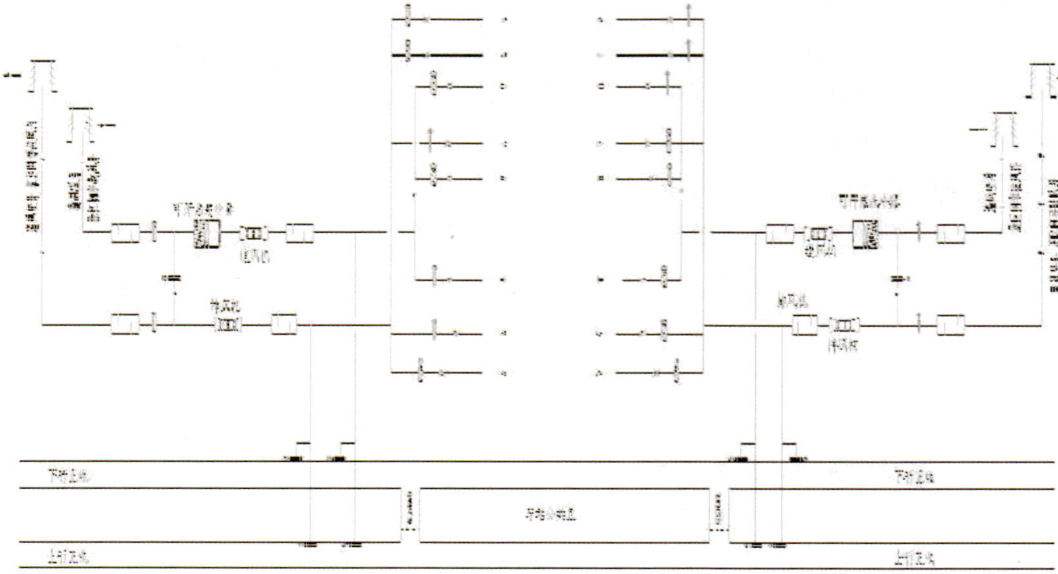

图6 集成系统的通风空调系统图

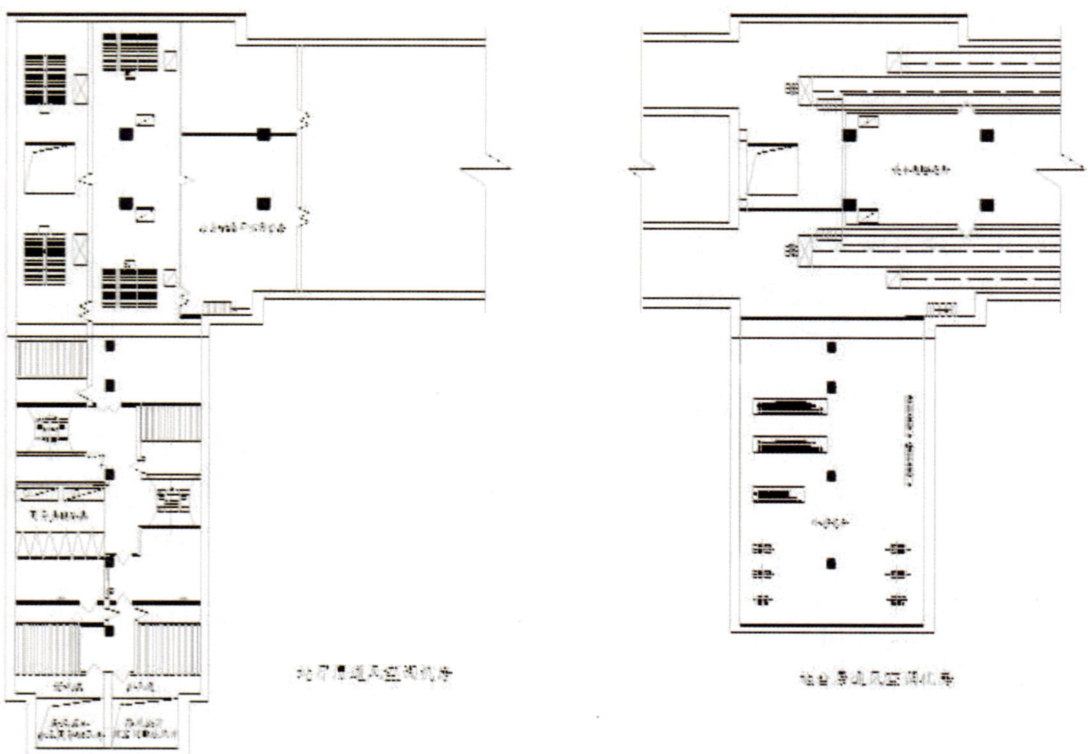

图7 集成系统的车站通风空调机房布置图

通过电动组合风阀的开闭转换及表冷器的开启，该系统能满足公共区空调季节最小新风运行、全新风空调运行和非空调季节通风运行等要求。车站公共区通风空调系统兼做站台、站厅的排烟系统，排风机兼排烟风机。车站送、排风机均为可逆转耐高温轴流变频风机，同时兼作区间隧道的事故通风机。正常运行工况下，通过变频调整至车站所需的空调送、回风量和风压；火灾事故工况下，采用工频运转，满足通风排烟的风量、风压要求。可电动开启式表冷器主要由两扇门式表冷器组成，而每扇门式表冷器是由 3 ~4 个小型模块式表冷器组成，安装在装配式的表冷段之内。整个表冷段在工厂完成加工、测试，现场施工管理方便，冬季可采用高压吹风的方法进行泄水防冻。另外门式表冷器可以电动开启和关闭，开启时间小于 30s，火灾时和非空调季可电动打开，无须设旁通风道，系统简单，节约造价及运行费用。采用可电动开启空气过滤器，在火灾时旋转开启，开启时间低于 30s，形成无阻挡的排烟道。

(2)区间隧道事故通风系统。

如前所述，车站每端总计 4 台车站公共区通风空调系统风机同时兼做区间隧道事故风机，共同组成区间隧道事故通风系统。当区间隧道发生火灾时，4 台风机可以同时对事故区间进行送风或排烟，同时电动开启送风道内的表冷器和空气过滤器，形成无阻挡的送风道或排烟道；当区间隧道发生阻塞事故时，可以继续向表冷器送冷冻水，降低送入阻塞区间空气的温度，对降低夏季阻塞区间的温度非常有利，为采取其他应急措施提供了宝贵的时间。

1.5 集成系统运行模式

(1)车站公共区通风空调系统正常运行模式。

车站公共区空调根据室外气象条件分为空调季小新风、空调季全新风、非空调季节以及冬季运行工况。

①空调季最小新风运行：当外界空气焓值高于车站空调系统回风空气焓值时，采用小新风空调运行，一部分排风排出车站外，另一部分回风循环使用。另外，根据负荷的变化，调节冷水机组的制冷量，并利用变频风机调节与冷量相适应的风量，达到节能效果。

②空调季全新风运行：当外界空气焓值低于或等于车站空调系统回风空气焓值时，采用全新风空调运行，表冷器处理室外新风后送至空调区域，排风则全部排至车站外。

③非空调季节：当外界空气温度低于空调送风温度时，停止冷水机组运行，控制大型表冷器开启，外界空气不经冷却处理直接送至车站公共区，排风则全部

排出车站外界。

④冬季运行模式:冬季室外气温低,采用活塞风从出入口自然换气的方式或采用变风量机械通风,保证车站有足够的新鲜空气,并可保证冬季全线车站温度不低于7℃,但不高于16℃。此时,可通过吹扫将组成大型表冷器的若干个小表冷器中的冷冻水泄空,防止冻裂。

(2)区间隧道通风系统正常运行方式。

①闭式运行:当车站公共区通风空调系统采用小新风运行模式时,开启迂回风阀,采用闭式运行方式,靠列车运行活塞效应携带车站冷空气冷却隧道。冬季室外气温较低时,为保证车站和区间温度不低于设计温度,也采用闭式运行方式。

②开式运行:在全新风空调季节和过渡季节,关闭迂回风阀,采用开式运行方式,加大活塞效应从出入口的有效换气量。

(3)车站公共区通风空调系统火灾排烟运行方式。

①车站站台火灾排烟:关闭空调水系统,通过电动防烟防火阀和电动排烟防火阀的开启和关闭,负责火灾部位防烟分区的车站排风机对火灾防烟分区排烟,同时另一侧的车站送风机向站厅内送风。

②车站站厅火灾排烟:关闭空调水系统,通过风阀的开启和关闭,负责火灾部位防烟分区的车站排风机对该防烟分区排烟,由出入口自然补风。

(4)区间隧道通风系统火灾排烟和阻塞通风运行方式。

①阻塞运行:阻塞区间前方站的4台车站送排风机同时排风,后方站的4台车站送排风机同时送风,同时关闭这2座车站的迂回风道,后方站的空调水系统正常运行(空调季节)。

②火灾运行:列车在区间隧道发生火灾,应尽量将列车继续行驶至车站,有利于人员疏散。此时按照站台层火灾处理。当列车在区间隧道发生火灾并停在区间内时,应根据列车起火部位组织排烟,此时车站大型表冷器和空气过滤器均电动开启,迂回风阀均关闭。

1.6 集成系统的负荷调节手段

轨道交通通风空调系统具有日负荷变化和全年负荷变化均比较大的特点。如前所述,定风量的空调送风方案必然造成大量的能源浪费;通过风机变频调速根据空调实际负荷分时段、分季节、分年段地调整风量,可以达到很好的节能效果。因此集成系统的调节方式首选变风量调节。另外结合室外气象条件,集成系统也充分利用非空调季节室外的天然冷源对地铁内部进行冷却,尽量减少空调系统的运行时间,节约能耗。

2 集成系统经济性分析

2.1 集成系统功能对比

无论是传统系统还是集成系统都需要实现以下几种功能：车站公共区通风空调、车站公共区火灾排烟、区间通风、区间阻塞通风、区间火灾防排烟(表2)。采用传统或集成系统方案，都可以使车站公共区的温、湿度达到所需要的标准。在车站公共区发生火灾时，都能够有效地进行火灾排烟，相互之间没有优劣之分。正常工况下区间环境都能达到设计标准的温、湿度要求。在区间阻塞时都能够对列车阻塞部位进行有效的通风。采用集成系统时，由于兼做区间事故风道的送风道内设有大型表冷器，所以可以在阻塞通风时向区间送入冷风，更容易实现对阻塞区间的温度控制。在区间发生火灾时，都能够有效地进行火灾排烟，相互之间没有优劣之分。

系统功能比较　　表2

功　能	传统系统	集成系统
车站公共区通风空调功能	满足	满足
车站公共区火灾排烟功能	满足	满足
区间通风功能	好	好
区间阻塞通风功能	满足	好
区间火灾防排烟功能	满足	满足

2.2 集成系统的经济效益

城市轨道交通通风空调多功能集成系统能较大幅度地降低轨道交通地下车站的土建规模和工程造价。集成系统的通风空调机房及土建风道面积比传统系统节约500～800m^2，车站长度缩短近20m，同时可节省地面的拆迁费用。集成系统形式简单，通风设备一机多用，每个车站通风空调设备投资可有所降低。因此全面衡量每站可降低综合造价约500万元。按目前采用了本系统的方案并已通车运营的北京地铁5号线、10号线一期的共38座地下车站计算，已实现了节省投资1.9亿元。而本系统正在北京地铁4号线、6号线、9号线、10号线二期及南京地铁2号线的近百座车站应用，即将产生巨大的节省社会资源的作用。集成系统采用“可自动开启风道表冷器”及风机变频等节能技术，可以较大幅度地降低轨道交通通风空调系统的运行能耗。经测算，集成系统每个地下车站的年运营费用可比传统系统减少31万元，仍按北京地铁5号线、10号线一期计算，每年可节省运营费用1178万元。集成系统采用风机变频技术，根据城市轨道交通通风空调负荷的变化来调节通风机的工作状态，在夜间低负荷状态采用低转速运行，设备噪声低,可减少地面风亭噪声对周边环境的影响。集成系统提高乘客在车站候车的舒适程度同时,还可在列车发生阻塞事故时,向事故地点送冷风,提高地铁应对事故的能力,使城市轨道交通成为舒适、安全的交通工具。有利于将地面客流引入城市轨道交通,减少地面交通的污染,缓解道路拥堵,具有一定的社会效益。由此可见,城市轨道交通通风空调多功能集成系统的实施可较大幅度地降低建设期的初期投入,对加快我国城市轨道交通的建设速度、节约有限的国家建设资金有积极作用;同时通过节能手段降低运营成本,可减少国家对本行业的巨额补贴压力,带来巨大的社会效益。

3 结论

新型城市轨道交通通风空调多功能集成系统是一项同时涉及交通运输和建筑领域的集成技术。集成系统研究结合北京地铁 5 号线的工程实践,包含系统功能、构成、运营模式等方面的完整集成系统方案;对系统方案进行计算机模拟和现场实测,对方案效果进行验证;从技术性、经济性、运行成本等方面与传统系统进行综合比较分析。经地铁 5 号线、10 号线和 9 号线等工程实际应用验证得出结论如下:

(1)集成系统将地下车站公共区(站厅、站台)通风空调系统与区间隧道通风系统设备集成设置,提高设备使用率,简化了系统,降低了系统的机房占用空间,充分利用土建风道空间,节省土建造价,降低车站规模。

(2)集成系统在土建风道内其他通风设备组成空气处理系统。引入了可自动开启表冷器的集成设备。该设备设计为门式,两侧设轴,可以在通风季节电控沿轴开启(相当于将表冷器从通风道中移开),降低系统的通风阻力,节约通风能耗。另外也起到了充分利用土建风道空间,节省机房占地空间的作用。

(3)集成系统的车站公共区送排风机(兼区间隧道事故风机)均采用变频控制。一方面,满足不同通风空调工况对通风机的不同参数要求;另一方面,根据季节、时段进行对通风空调系统进行全过程、精细化、智能化控制,实现节能降耗的目的。变频器的应用使得两个系统集成设置的目标得以实现。

综上所述,新型城市轨道交通通风空调多功能集成系统在保证系统功能充分实现的前提下,通过共用通风空调设备的、采用新技术装备、合理利用地下空间,实现了降低城市轨道交通造价、降低城市轨道交通运行能耗的目的。2003 年 12 月地铁通风、空调多功能设备集成系统获国家知识产权局实用新型专利。2009 年 12 月《新型城市轨道交通通风空调多功能集成系统研究》项目获北京市科学技术三等奖。

轨道交通电梯制造单位质量终身负责制度的率先实施

设备部　刘艳荣

摘　要:“在公共交通领域使用电梯率先推行制造单位提供全过程技术服务的电梯质量安全终身负责制度”是一项强化轨道交通电梯管理的重要举措,北京地铁自2013年年初新线电梯开始实施由电梯制造单位负责电梯维保维修工作,短短半年多过去了,轨道交通电梯制造单位电梯质量安全“终身负责”制实施是否顺利,北京地铁在实施中所遇到的主要问题以及实施的效果如何,本文进行了详细的阐述。

关键词:轨道交通;扶梯质量;终身负责制度

0 引言

2011年7月5日,北京地铁4号线动物园站A口自动扶梯在向上运行中突然发生逆转下滑,造成多名乘客受伤,该事故引起了国内外社会公众的广泛关注。“7.5事故”后,国家质检局、市质检局、市交通委、市轨道交通建设指挥部等部门就轨道交通领域电梯产品设计、选型、安装、维修保养等出台了一系列重要规定,其中“在公共交通领域使用电梯率先推行制造单位提供全过程技术服务的电梯质量安全终身负责制度”是一项强化轨道交通电梯管理的重要举措,具体是:轨道交通电梯率先实施由电梯制造单位负责电梯设计、制造、安装、改造、维修和日常维护保养工作。北京地铁自2013年年初新线电梯开始实施由电梯制造单位负责电梯维保维修工作,短短半年多过去了,轨道交通电梯制造单位电梯质量安全“终身负责”制实施顺利吗?北京地铁在实施中所遇到的主要问题以及实施的效果如何呢?

1 “7.5事故”调查简况

2011年7月5日,北京地铁4号线动物园站A口自动扶梯在正常上行运行中,突然发生逆转倒滑事故,造成1人死亡(男,13岁,安徽人),30人受伤(重伤4人,轻伤26人)的严重事故。根据国家电梯质量监督检验中心《WT NET 11－52号技术鉴定报告》、国家钢铁产品质量监督检验中心《(2011)钢测(z)字第72号

分析报告》,此次事故的主要原因是:

(1)驱动主机固定连接产品设计存在缺陷。当主机固定连接螺栓一处发生松动或失效时,导致整个驱动主机发生位移。

(2)产品制造时,驱动主机底座凸台斜面与螺栓紧固接触面未按照设计图纸工艺要求进行表面处理,致使设备运转时产生偏心载荷;且连接螺栓的螺纹长度低于设计图纸要求。

(3)维保人员未按照产品技术要求,及时对扶梯驱动主机固定装置紧固情况进行检查,当主机固定连接螺栓一处发生松动疲劳断裂后,连锁引发主机固定其他连接功能失效,导致驱动主机位移。

(4)由于主驱动断链保护装置电气开关器件位置调整不正确,驱动主机位移后,断链保护装置未能动作停梯,且未触发附加制动器保护装置对失控下滑的梯路系统进行制动,导致扶梯在乘客载荷作用下逆转向下滑行。

此外,制造单位 OTIS 公司,在提供给使用单位电梯日常维保指导文件中,未提出驱动主机固定螺栓的日常维保要求以及驱动主机底座螺栓拧紧力矩的要求,造成维保作业项目欠缺也是造成此次事故的重要原因之一。

2 "7.5 事故"反思

"7.5 事故"让我们深刻地认识到,轨道交通电梯发生故障与其他应用场所相比可能造成人员的更大伤害,尤其是轨道交通扶梯具有使用环境复杂、运行时间长、承载负荷大的特点,更加剧了扶梯安全运行的风险。反思"7.5 事故",其调查结果所反映出的扶梯在产品设计、安装、维保等问题,一定程度上也折射出当前轨道交通扶梯设备问题存在的普遍情况。特别是近年来随着轨道交通的快速发展,越来越多的扶梯设备在轨道交通领域使用,扶梯引发的事故也呈上升趋势,扶梯故障造成乘客伤害已成为地铁安全运营的重大风险之一。通过对近年来轨道交通扶梯设备故障分析,当前轨道交通扶梯在设备质量控制和设备维护质量控制成为电梯设备安全管理的难点问题:

(1)轨道交通扶梯质量控制问题。当前地铁建设项目扶梯设备采购受市场价格竞争的影响,厂家尽可能压低价格,以获得中标机会,而激烈竞争带来的是产品品质的普遍下降。一些生产厂家为追求最大利润,在规范、标准没有具体规定的情况下,尽可能简化设计功能,选择最经济的安全系数,以降低制造成本,而造成扶梯产品质量和品质有所下降。同时新建地铁扶梯采购、安装数量较多,厂家、施工单位受建设工期、安装环境等影响,在短时期内完成大批量扶梯的制造、安装与调试工作，其设备制造、安装质量均难以控制。一些问题导致设备在投入运行后故障频发，也有一些问题现场已难以整改，这不仅降低了扶梯设备本体质量品质，也对设备安全使用埋下了隐患。

（2）轨道交通扶梯维护质量控制问题。当前轨道交通扶梯从设备采购、制造，到设备安装、维保存在多个合同主体，具体情况是：设备采购可以是厂家也可以是代理商；设备安装和维保可以是厂家直属的分公司，也可以是电梯专业安装、维保公司。这种情况下，许多设备问题各方相互扯皮，特别是当厂家、安装、维保是 3 家公司时，责任主体很难界定，常常造成设备问题解决时间较长或问题长期遗留。同时非电梯厂家所属的专业安装公司或维保公司，在从事设备安装和维保时，不能得到电梯厂家有效、快速的技术支持，当发生重大设备故障时，维保公司没有能力解决，需要厂家进行处置，这期间涉及的协调事宜繁琐，往往造成设备不能及时恢复。因此由于设备设计制造生产问题、安装问题、维保问题不能清晰的界定，各方相互推诿，职责不清，造成一些设备问题滞留、隐藏，存在极大的安全隐患。

3 电梯质量安全“终身负责”制度“新政策”解读

“7.5 事故”后，国家质检局、市质检局、市交通委、市轨道交通建设指挥部等部门先后下发了一系列有关进一步加强公共交通领域电梯安全工作的文件，其中在国家质检局[2012]8 号文、市质检局[2011]438 号文、[2012]143 号文、京轨建指[2012]18 号文，均提出在本市公共交通领域使用电梯率先推行制造单位提供全过程技术服务的电梯质量安全“终身负责”制度，该制度规定了以下主要内容：

（1）新建地铁项目在电梯设备采购合同中必须明确应由制造单位负责设备安装、改造、维修和日常维护保养。

由建设单位与电梯厂家签订设备采购和安装合同，同时运营单位与电梯制造单位签订不少于 5 年的设备维保合同。

（2）非制造厂家维保的在用电梯，应由原制造单位对现维保单位技术能力进行确认并对其维保工作进行技术支持与监督，未经确认的，维保合同终止后，不得从事公共交通领域电梯维保工作。

（3）电梯制造单位对电梯安全性能负责，当授权专业公司进行设备安装时，电梯制造单位对设备安装质量负责。

推行制造单位电梯质量安全“终身负责”制度“新政策”充分体现了以下几个

方面:

(1)进一步明确界定了厂家、建设、运营(或称使用单位)各方管理职责,解决了电梯从采购到维保各环节中多个管理主体,存在的责任不清的问题,有效落实了电梯安全管理责任制。

(2)进一步强化对轨道交通电梯实施专业化管理。明确由电梯制造单位实施安装、改造、维护和日常维保工作,提高了电梯安装、维护质量。

(3)实施制造厂家质量终身负责制,明确规定了在正常情况下,电梯寿命使用期内,厂家应始终对产品质量负责,不间断对设备维护,提供技术支持,备件供应,为电梯持续安全稳定运行提供保障。

4 北京地铁电梯制造单位质量“终身负责”新政策的实施情况

北京地铁管辖的14条运营线路,共有电扶梯设备2120台,其中自动扶梯1699台、自动人行步道11台、直升电梯410台。电梯设备厂家涉及迅达、OTIS、蒂森等共涉及国内外11个电梯公司17个品种23种型号的产品。这些产品中有些生产厂家已经无法找到如法国CNIM自动扶梯,还有一些产品已经停产,如LG产品。

在实施电梯制造单位质量“终身负责”制之前,北京地铁使用的电梯设备均采用自主维修方式,由地铁集团公司下属机电分公司负责专业维修。机电分公司具有电梯改造、维修B级资质,从事电梯专业维护人员近300余人,主要承担地铁运营线路电梯的维修保养、运营保障、应急抢修、电梯大修及新线电梯接收等工作。

公共交通领域实行电梯制造单位安全质量“终身负责”制,对地铁集团既有电梯自主维修方式影响较大,需要由自主维修方式转向厂家维修方式的转变,这种转变不仅涉及的电梯数量较多,同时也涉及电梯维修位调整等问题,情况较为复杂。因此为保证维修模式转变过程中电梯设备安全运行,地铁集团公司成立了临时工作组,对既有电梯维修情况进行分析、调研、研究具体措施,制定维修模式转换方案,主要是:近期内既有线电梯设备由厂家委托地铁集团机电分公司继续进行维修,以确保既有线电梯维修工作持续稳定开展;新开通线路电梯设备均由制造单位进行维修。根据此方案,为做好电梯厂家维修委托工作,集团公司制定了《电梯维保授权洽谈攻略》,明确了洽谈的思路和目标。先后与西子奥的斯、迅达电梯有限公司、奥的斯电梯有限公司、上海三菱电梯有限公司、蒂森电梯有限公司、星玛电梯有限公司进行了沟通。LG电梯、通力电梯、富士达电梯和柏林特电梯因在地铁安装数量较少,暂时没有与厂家接触,法国 CNIM 自动扶梯因原制造单位已不存在,无法取得联系。

4.1 通过与电梯厂家洽谈、沟通,得出基本结论

(1)所有电梯厂家都不同意授权给地铁集团机电分公司进行电梯设备的安装改造维修(含日常维护保养)。其主要原因是电梯安全责任大,授权后的主体责任难以划分。这使得机电分公司由于得不到电梯厂家的维修授权,按照“新政策”将不能再从事既有线电梯的维修工作。

(2)厂家不接管既有线电梯设备的维修业务。原因是由于既有线电梯设备设置零散,设备使用年限参差不齐,品牌型号复杂,对设备质量状况不熟悉,尤其是在短时间内接管如此数量较多的电梯设备维修业务,厂家维保人员储备不足,当前条件下不具备接管既有线电梯维保维修的能力。

(3)虽然北京市质量技术监督局和国家质量监督检疫总局都下发了轨道交通电梯设备实施制造单位质量安全“终身负责”制度的相关文件,但电梯生产厂家对“新政策”普遍认识不足,大多数厂家采取不积极的态度,还处于观望、等待状态,使得“新政策”得不到厂家的积极配合。

针对既有线电梯厂家既不授权机电分公司维修,也不接管对既有电梯维修业务的情况,地铁集团公司执行的方案是:既有线 734 台电扶梯设备仍由机电分公司进行维修,其余 1386 台电扶梯于 2013 年开始实施电梯制造单位维保维修,即采用自主维修和厂家维修“双轨制”维修方式;同时随着既有线电梯设备的更新改造,电梯维保维修方式将逐渐转为由厂家维修的单一方式。这也标志着电梯制造单位质量“终身负责”制度“新政策”的实施。此电梯制造单位质量“终身负责”制度实施情况及时向市质量技术监督局等相关上级部门进行了报告。

4.2 在实施电梯厂家维修“新政策”的过程中主要做的工作

(1)与电梯制造单位签订维保维修合同。

根据北京地铁扶梯维保维修要求,与电梯制造厂家签订维保维修合同。在合同中确定设备维保维修质量目标、服务内容、服务价格、作业方式、资质能力、机构配置、总部支持、备件供应、经济惩罚等,同时结合北京地铁运营维保维修服务的特殊性,制定加密维修周期、特殊时期保障、应急响应机制、文明安全施工等具体要求。

(2)建立电梯制造单位维保维修模式下的监管制度。

为强化对电梯制造单位设备安装、改造、维修和日常保养过程中的质量监督与管理,制定集团公司《地铁电梯实施制造单位维保维修监督管理办法》。要求

建立电梯定期检查制度、电梯重大设备故障隐患报告制度以及工作例会制度;建立电梯制造单位技术支持工作机制;开展电梯设备质量综合评价等,以保障电梯制造单位维保维修模式下的监管工作得到有效落实。

(3)对电梯厂家维保维修新模式运转情况调研。

及时解决厂家维修实施过程中的问题,对新模式的运转情况进行现场调研,掌握厂家维保机构建立、人员配置情况;协调维保合同履行中的问题;对计表维修兑现情况、维保质量进行确认;检查厂家维保作业工作机制运转情况,地铁现场监管制度的落实情况,以及厂家故障处置、应急响应、运营保障工作的执行情况等。

目前电梯厂家电梯专业维保维修方式已运行半年多的时间了,总体情况良好,运转平稳,新线电梯设备故障率呈逐步下降趋势,电梯厂家与机电分公司的监管、配合机制经过不断磨合,正在逐步完善。但仍存在一些问题,主要是:厂家人员配置存在不到位的地方,一些维修人员技术水平较低,备件储备不足和费用偏高、故障快速响应不及时等,这些问题综合反映出,在实施厂家维保维修管理还存在漏洞,如与厂家签订的维保合同存在漏项或不明确;维保监管制度执行不严、内容不够完善;同时也反应地铁集团公司电梯监管人员业务能力不足等。这些问题需要逐步完善机制、制度,加快培养素质电梯监管人员,提高电梯监管质量,以最终实现推行“新政策”的目标。

5 结论与建议

轨道交通率先实施电梯制造单位质量“终身负责”制新政策,是强化轨道交通电梯设备质量、实施专业管理的新举措,体现了电梯设备全寿命周期安全质量管理的理念,适应了当前轨道交通电梯设备拥有量的迅速增加的情况。

5.1 实施电梯制造单位设备质量“终身负责”制后,取得了明显改善

(1)电梯厂总部承担内部生产、制造、维保各单位的协调职责,解决了以往电梯厂家内部安装部和维保部之间的职责不清,相互扯皮的情况,加快了遗留问题的整改和解决。

(2)电梯厂总部加强了对现场维保部的质量监管,建立了维保部和总部的技术支持制度,一定程度上提高了厂家电梯维保的质量水平。

(3)电梯制造单位、电梯使用单位各方责任进一步明确,充分发挥各方的专业职责,电梯安全质量管理进一步加强。

但是在电梯制造单位质量“终身负责”制新政策实施过程中,也遇到一些问

题，主要有以下几个方面：

一是在当前北京地铁建设项目实施建设与运营分开的体制下，要求建设时期电梯采购合同中应同时与中标厂家签订至少5年的电梯维保维修合同，在具体执行中，受各厂家企业管理模式的限制，以及产品价格、备件价格、维保方式、人员投入等限制，很难在设备采购时期，在设备维保合同中提前进行约定，即实施厂家电梯质量“终身负责”制度，在建设期约定维保事项、价格实现运营与建设阶段的无缝衔接还需要一定的磨合过程。

二是实施厂家“终身负责”制度，需要厂家总部制定一整套在产品全寿命期内完整的质量保证方案，但目前电梯厂家普遍仍然延续既有的产品销售、生产、维保相互分开的管理模式，没有对产品进行长期质量保证的具体制度和措施，对实施厂家质量“终身负责”制度态度不积极，这也直接制约新政策的顺利实施。

三是在实施电梯制造单位维保维修下，厂家提出的维保维修价格由于缺少市场竞争环节，造成维修成本上升。初步统计，采用制造厂家维修维保方式后，电梯单台平均维修综合成本上升达46%。且当与厂家维保维修价格不能达成一致时，维修备件不能及时采购，将直接影响维修维保工作的顺利进行。

四是在当前实施的由厂家唯一维保的模式下，地铁集团公司对厂家的质量监管、经济惩罚的实效性客观上存在约束力不足的问题，直接影响维保维修合同的高效、顺利履行，对运营服务质量产生影响。

通过对上述问题分析，实施电梯厂家质量“终身负责”制度后，还有一些具体问题需要不断研究、解决。总结半年来的实施经验，认为充分发挥厂家专业维保维修的优势，进一步完善厂家维保模式下集团公司设备质量监管制度，建立厂家和集团公司的良好合作机制，是确保新政策顺利实施、电梯持续安全、稳定运行的关键。

5.2 基本建议

(1)选择一条线一个厂家开展试点工作。

实施电梯制造厂家“终身负责”制度，其关键之一是与电梯制造厂家建立“终身负责”制度有效管理机制，这不仅需要电梯制造厂家维保分公司的配合，更需要电梯制造厂家总部的积极响应与支持。因此，针对北京地铁电梯数量多、对应的厂家多、且各厂家管理模式不统一的情况，选择一条线路、一个电梯厂家先合作开展电梯维修精细化管理试点工作，以通过试点，总结经验、继续完善制度，进行全线推广。

(2)开展电梯质量评估工作。

为提高电梯质量监管水平,适应当前电梯厂家维保方式,在执行电梯质量专项年检的同时,开展电梯质量评估工作,以强化对电梯安全质量监管的实效性。电梯质量评估应不仅包括对电梯本身质量的安全、可靠性验证,也包括对厂家从总部到专业维保公司质量保障体系和机制有效性、人员维修能力、水平等进行综合评估。通过评价,能够对电梯厂家总体维保维修质量管理有一个客观的认定。

(3)进一步完善电梯维保合同。

不断总结运行经验,继续完善电梯维修维保合同标准范本,在新线设备采购合同中进行约定,为今后的电梯维保维修工作打下基础条件。如在设备采购合同中补充约定关键部件的使用寿命期限,以应对设备使用时出现关键部件损坏需要更换成本风险,降低部件更换成本;同时对易损件单价价格给与约定,以实现维保成本的有效控制。

(4)加快电梯维修维保监管专业人员培养。

实施电梯厂家质量"终身负责"制度后,地铁公司主要承担电梯质量维修监管职责。针对目前具备电梯专业质量监管素质能力的员工较少,与新的岗位不适应的情况,加快培养电梯维修维保专业监管人员,以提高在电梯厂家维修维保的监管质量,以有效实施电梯厂家质量"终身负责"新政策下的电梯监督管理。

(5)积极与政府、行业主管部门沟通。

实施制造厂家"终身负责"制度应是一项系统工程,需要相关配套政策、制度的支持,当前情况下,建议:

①新建地铁项目应按照国家新颁布的电梯标准进行工程设计,同时考虑地铁线路的特殊情况,对电梯设备提出高的安全质量要求,全面提高轨道交通电梯设备质量和品质,以从源头控制电梯质量,最大可能地实现设备本体安全。

②建议建立轨道交通电梯生产准入制度,使一些不具备生产轨道交通电梯或经验不足的厂家,特别是不能提供产品终身技术支持与服务、不具备质量"终身负责"的厂家不能进入轨道交通市场,以提升轨道交通电梯生产、制造整体水平,适应制造厂家"终身负责"制度的推行。

③为使电梯厂家遵守长期质量"终身负责"制度,建议政府出台相应的管理细则,以实现对厂家从业行为的有效监管。同时针对厂家维保维修价格偏高问题,建议政府出台电梯维修指导价格,使电梯维护成本得以有效控制,减低企业维护成本。

浅谈集团化管控下法律工作

法规部　陈志文

摘　要:根据理论界对集团化管控模式的划分,一般认为集团化管控主要存在财务管理型、战略管理型、操作管理型等3种集团化管控模式。在集团化管控中,如何选择法律工作的管控模式,没有标准的答案,基本原则应当是根据集团化管控当中风险监控职能的需要,仔细分析2种模式的特点,选择1种更有利于实现集团风险管控和防范目标的管控模式。

关键词:管控模式;职能定位;法律工作

0 引言

随着北京市城市轨道交通快速的发展,到2012年底,北京市轨道交通开通运营里程达到442km,地铁公司作为承担北京轨道交通主要运营管理业务的国有独资公司,运营管理着近400km的轨道线路,也正经历着难得的大发展机遇,全公司员工从数千上迅速增长到近3万人,公司所属包括10家分公司和10家子公司,已经发展成为一个以分公司为主体的地铁集团,集团化管控地铁公司管理的是必然选择。

1 集团化管控的模式

根据理论界对集团化管控模式的划分,一般认为集团化管控主要存在财务管理型、战略管理型、操作管理型等3种集团化管控模式。

(1)财务管理型集团管控模式。财务管理型集团管控模式的特点是以"追求投资回报、资本增值为唯一目标,无明确的产业选择。通过投资业务组成的结构优化追求公司价值最大化"。"以财务指标进行管理和考核,总部无业务管理部门。"集团的主要业务部门是财务部、投资部和法务部,财务部负责对投资回报进行系统分析,而投资部负责根据投资回报及时通过股权转让、并购等方式将集团持有的所属单位的股权进行调整,确保投资回报的最大化。财务管理型集团管控模式主要适用于以投资管理为主营业务的公司,如各类股权投资公司。

(2)战略管理型集团管控模式。战略管理型集团管控模式的特点是“追求多元产业发展,有明确的产业选择,追求公司投资业务的战略组合优化和协调发展,培育战略协同效应”。“以战略规划进行管理,总部具体业务管理部门职能较弱。”在战略管理型集团管控模式下,集团除财务部、投资部之外,主要的业务部室是战略规划部,由战略规划部负责确保集团的战略方向,同时在财务部、投资部、法务部的协助下,对战略的实施进行调整。战略管理型集团管控模式一般适用于主营业务比较突出,而且各业务板块之间联系较为密切的多元化公司。如日本的丰田、松下等。

(3)操作管理型集团管控模式。操作管理型集团管控模式的特点是“以追求战略实施和经营思路的严格执行,有明确的主导产业,各子公司经营行为的统一,公司整体协调成长”。“通过总部业务管理部门对下属企业的日常经营运作行为直接管理。”操作管理型集团管控模式的集团不仅具有战略规划部、财务部、投资部、法务部之外,还根据所属单位的业务相对应地设置了业务指导部门,对所属单位的具体业务操作进行指导、监控。操作管理型集团管控模式适用于单一产业或企业在多元化的初期,由于集团管控能力的天然局限性,操作管理型集团管控模式一般适用于中小型的企业集团。

除上述3种典型的集团管控模式之外,在实践中,还存在根据自己企业的实际情况结合某2种集团管控模式的特点而形成的财务战略管理型集团管控模式和战略操作型集团管控模式。

对照上述集团管控模式分析地铁公司的实际情况,地铁公司以轨道交通运营管理为主营业务,其他各板块业务均围绕主营业务开展,为主营业务服务,初步判断目前地铁公司的集团管控模式是战略操作管理型集团管控模式。但随着北京市轨道交通的快速发展,地铁公司到2015年管理的线路可能超过600km,到2020年管理的线路可能接近1000km,员工数量可能达到接近10万人。集团总部再对运营一线的具体业务进行操作性指导,可能存在较大困难。由于地铁运营属于社会公用事业,根据市委市政府的定位和北京市对轨道交通社会功能定位的需求,地铁公司不太可能选择财务管理型集团管控模式。综合上述分析,我们觉得地铁公司集团管控模式可能会从战略操作管理型集团管控模式进一步发展调整为战略管理型集团管控模式。

从战略管理型集团管控模式的特点看,其有利于抓住战略规划、战略协调、战略调整、战略协同发展等关键要素,迅速将集团做强做大。因此,选择战略管理型集团管控模式有利于地铁公司在北京轨道交通快速发展的阶段获得更大的市场份额。

2 集团化管控的集团总部职能定位

不管在何种集团管控模式下，集团总部作为整个集团管理的中心和源头，是集团管控的核心，集团总部的职能定位直接决定着所属分子公司的管理模式和管理行为，直接影响着集团整体效能的发挥。但是，在不同的集团管控模式下，集团总部的职能定位存在明显的差异，需要结合集团管控的模式对集团总部的职能定位进行系统研究分析，同时结合各个集团所处的大环境确保集团总部的职能定位。

一般认为，在战略管理型集团化管控模式下，集团总部定位于5大职能中心：战略管理中心、投资管理中心、运营协调中心、资源管理中心、风险监控中心。其中，前4个中心均是为了实现战略发展目标而突出的职能，是一种正向职能；风险监控中心职能是为了防止在战略实现过程中，由于不合法经营导致战略无法实现的职能，是一种防范职能。

根据研究可以发现，即使在战略管理型集团管控模式下，集团面临的风险也是在不断变化的。一般来讲，随着集团业务涉及的面增大，或是集团层级增多，各种经营风险就会迅速增加。与此相反，如果集团业务涉及的面较小或是集团层级较少的时候，经营风险就会减小。因此，随着集团的发展，这5大职能中心的作用也需要进行不断的调整和强化，风险监控中心的职能调整是重中之重。公司法律工作作为集团风险监控中心的主要组成部分，在战略管理型集团化管控模式下，随着集团的发展，应当不断加强风险的监控，避免出现重大法律责任危及整个集团的发展和声誉。

同时，在集团化管控的过程当中，不可避免需要集团总部与分子公司之间进行权限划分。一般来讲，集团与分子公司之间权限有以下几种划分标准：一种是具体业务工作由分子公司自行决定，集团总部根据需要进行抽查；二是集团总部制定政策和标准，并推动分子公司落实，分子公司进行具体实施，实施情况向集团总部报告；三是分子公司的重要事项报集团总部备案，集团总部对重要事项进行督导；四是分子公司的重要事项需要报集团总部审批，经集团总部审批后方向实施。上述权限划分是集团管控从松到严的表述。在划分权限的时候最重要的标准，即重要事项的标准，重要事项多，则分子公司的权限较小；重要事项少，则分子公司的权限大。

3 集团化管控下的法律工作

3.1 法律工作的职能定位和职责

总的来讲,企业法律工作在集团化管控中属于风险监控,主要是企业对外经营产生的风险进行防范。一般来讲,风险监控的职能包括法律工作、审计工作、纪检监察工作,同时还可以结合每个集团的实际情况,将集团业务的主要风险纳入风险监控的内容。如对于地铁公司而言,安全是其中最主要的风险监控对象,那么在地铁公司的风险监控职能中集团应当包括安全风险的监控。但是,对于企业法律工作而言,情况可能比审计工作、纪检监察工作等要复杂一些,因为在实践工作中,不仅要突出法律工作的风险监控或防范职能,还需要让法律工作参与到企业的具体业务工作当中去,通过法律审核、法律咨询服务等参与方式,确保企业对外开展各项业务合法合规,帮助业务开展选择更有利的路径,提高工作效率,提升工作效果。

同时,在集团化管控过程中,还需要处理具有风险监控职能作用的各相关工作的关系,尤其是部门如何设置、职责如何划分、工作流程如何协调等等。考察各相关企业的实际情况,大多数集团是在风险监控的整体思路下,在集团董事会设置风险管理委员会进行统一监督协调,对集团的整体风险监控进行评估;在总经理领导下则分别设置法律事务部、审计部、监察部等各相关部室。

根据国务院国资委颁布的《国有企业法律顾问管理办法》及北京市国资委推行总法律顾问制度相关文件确定的内容,一般来讲企业法律工作包括:一是协助企业主要负责人执行法律法规,确保企业运营的合法合规性;二是负责处理法律纠纷案件,代表法定代表人出庭应诉,管理外聘律师;三是负责合同管理,对合同进行法律审核;四是在公司的重大经营决策和重大事项中进行法律审核,提供咨询服务;五是管理法定代表人的授权委托书;六是负责企业内部的法制宣传教育培训;七是办理工商登记、知识产权等相关事项。从地铁公司法规部门的职责看,符合国务院国资委和北京市国资委的要求,同时结合自身的实际情况进行了调整和完善,基本上能够适应地铁公司各项业务开展的需要。

3.2 企业法律风险分析

结合实际情况,我们认为一个集团的法律风险主要存在两类风险:

第一类风险是法律纠纷案件或业务工作本身直接产生的损失和风险。如某某商厦诉地铁公司要求赔偿1386万余元的经济纠纷案。对于此类案件,企业法律工作主要在于通过法律专业服务,充分维护企业的合法权益,尽可能地减轻经济损失。一般来讲，这类风险除非数额特别巨大，否则对于企业来讲，其法律风险是可以预见和可控的，一般不会对企业的整体发展产生较大的影响。

第二类风险是法律纠纷案件或业务工作对企业的发展产生系统性影响，使企业在发展过程中面临长期的不可预见或不可控制的法律风险。如吴某某诉地铁公司人身伤害赔偿案，虽然与某某商厦案相比，吴某某案实际赔偿数额并不大，但地铁运营当中，人身伤害事件的整体数量比较大，在吴某某案判决结果确定之后，后续所有案件的处理均会产生直接影响。当 2008 年 6 月吴某某案确定地铁公司承担 80% 的法律责任并赔偿 80 余万后，经过新闻媒体的报道，在全国范围内产生了广泛的社会影响，后续在地铁里发生的人身伤害案件均要求地铁运营方赔偿数十万元。而在 2010 年吴某某案终审判决确认地铁公司没有法律责任，仅基于人道主义补偿 25 万元之后，后续类似人身伤害案件均下降至数千元至数万元。

在企业法律工作的实践中，法律事务部门一定要针对出现的法律纠纷案件或业务工作进行具体分析，在处理好第一类法律风险的同时，要将法律工作的重点放在防范系统性法律风险之上。

3.3 法律工作的管控模式的选择

在集团化管控的整体管控模式确定之后，还应当结合不同的职能定位和具体的工作部门进行深入研究，探讨确认各个职能定位和工作部门的管控模式。具体到企业法律工作的集团管控模式，从国内外企业的情况看，法律工作的管控模式主要存在以下两种：

(1)横向管控模式：也就是在集团总部和分子公司均设置法律事务部门，集团总部法律事务部门向集团领导负责，人员编制在集团总部，工资由集团总部发放；而分子公司法律事务部门向分子公司的主要领导负责，人员编制在分子公司，工资由分子公司发放。集团与分子公司法律事务部门之间的管控渠道在于要求分子公司法律事务部门接受集团总部法律事务部门的业务指导，集团总部法律事务部门对分子公司法律事务部门的工作进行指导、检查、监督、评价。目前，地铁公司的法律工作管控模式即是此类模式。

(2)纵向管控模式：集团总部和分子公司均设置法律事务部门，但分子公司法律事务部门的工作人员均由集团总部派出，其人员编制在集团总部，工资由集团总部统一发放，人员由集团总部法律事务部统一调配，向集团总部法律事务部负责。只是在具体的工作开展中，分子公司法律事务部门根据分子公司领导或相关部室的需要，为分子公司提供法律审核和咨询服务。目前，北汽集团的法律工作管控模式是此类模式的代表。

从这两种管控模式看,各有特点。一般来讲,当分子公司的业务类型比较多,系统性法律风险比较小而且法律风险点比较分散时,可能更适用选择横向管控模式。当分子公司的业务类型比较单一,系统性法律风险比较大而且法律风险点比较集中的时候,可能更适宜选择纵向管控模式。从两种管控模式看,显然纵向管控模式的风险监控和防范力度要大于横向管控模式。

在集团化管控中,如何选择法律工作的管控模式,没有标准的答案,基本原则应当是根据集团化管控当中风险监控职能的需要,仔细分析两种模式的特点,选择一种更有利于实现集团风险管控和防范的目标的管控模式。

建立特需专家制度　创新公司员工职业生涯管理思路

人力资源部　张毅

摘　要:随着企业对于核心人才需求的日益迫切,员工职业生涯管理已成为企业发展、员工管理的一项重要内容。企业的可持续发展离不开可持续的人力资源,这就需要以高效率的人力资源配置、优化的人力资源结构、合理的人才使用和凝聚政策为保证,企业实现这些目标的重要途径就是构建有效的员工职业生涯管理体系。特需专家制度的建立,有利于公司创新员工管理思路,从而吸纳、激励、稳定骨干员工,提高企业核心竞争力,推进企业发展战略实施,最终实现企业与员工的共同发展。

关键词:特需专家;职业发展;成长需求

0 引言

随着企业对于核心人才需求的日益迫切,员工职业生涯管理已成为企业发展、员工管理的一项重要内容。企业的可持续发展离不开可持续的人力资源,这就需要以高效率的人力资源配置、优化的人力资源结构、合理的人才使用和凝聚政策为保证,企业实现这些目标的重要途径就是构建有效的员工职业生涯管理体系。

在已有的企业员工职业生涯管理中,国有企业的管理职务晋升发展通道设立的较为完备,但随着组织结构逐渐趋于扁平化的影响,企业对于管理人员的需求减少,很多企业中的垂直晋升通道都被压缩了,企业的员工职业发展通道相对单一,不能满足员工发展的需要。

公司总结以往员工管理工作经验,在分析企业发展战略、公司专业性强及不可替代性强的技术特点、公司员工发展特点、以及核心员工职业发展需求的基础上,寻求公司发展与员工发展的契合点,创新员工职业生涯管理模式,提出建立特需专家制度。特需专家制度的建立,为员工开辟了新的职业生涯发展通道,是公司"让平凡者成功,让成功者卓越"人才管理理念在管理制度上的体现,打破了原有的单一职业生涯发展模式,为员工提供了新的职业发展空间。

特需专家制度的建立,有利于公司创新员工管理思路,从而吸纳、激励、稳定骨干员工,提高企业核心竞争力,推进企业发展战略实施;有利于通过有效的管理,培养、开发员工的能力;有利于支持、引导员工在自己的职业生命周期中出色地完成规划、实施、重新认知、调整改进、再实施的职业生涯发展历程,最终实现企业与员工的共同发展。

1 建立特需专家制度,推动公司可持续发展

随着北京城市轨道交通行业的快速发展,北京地铁也进入了超常规发展时期,对人才特别是专业技术和技能人才的需求日益迫切。公司领导班子高度重视员工职业生涯管理工作,经过反复研究,提出在既有管理职务发展通道的基础上,为员工开辟一条新的职业生涯通道,让不同能力成就倾向的员工,在公司都可以找到自己的职业发展方向。

经过反复酝酿,公司领导班子决策,2006 年签发《地铁公司关于特需专业技术职务聘任办法的指导意见》,下发了《特需专业技术职务的聘任程序》和《供电公司特需专业职务聘任办法》,初步建立了特需专家制度。2007 年,公司正式签发《地铁公司特需专业技术职务人员聘任管理办法》,选取地铁车辆、设备以及运营等公司三大核心专业,设立特需专业技术职务,建立特需专家制度。为员工特别是技术和技能能力强的员工,开辟了新的职业生涯发展通道,给员工提供了更为广阔的发展机会。新制度的建立,使得员工的发展融入了企业的发展、员工的发展动机与企业的发展战略相谋和,为公司的可持续发展注入了新的动力,推动了公司的整体发展。现代管理学之父德鲁克曾经说过:在一个团队里,如果能够充分发挥某人在某个领域里的才能,那就等于团队在这个领域获得了提高的机会。

2 新制度,多层级,多方向,员工职业发展的新机会

特需专家制度充分考虑公司技术和技能岗位核心员工职业生涯发展的需求,将特需专家的设置分为两类,即专业技术类和生产操作类。同时,设置了不同的专业技术职务层级,专业技术类包括资深技术专家、资深高级专业主管工程师、高级专业主管工程师、专业主管工程师(图 1);生产操作类包括首席高级技师和首席技师(图 2)。

从图 1 和图 2 中可以看到,无论是专业技术员工还是生产操作员工的发展通道都是多向的。例如,1 名一般专业技术员工既可以成为企业各个层级的管理者,也可以通过技术成就发展通道,成为企业的技术领航者。尤其是具备了相应

技术资历条件的技术人员，甚至可以直接晋升到企业技术领域的最高层级。员工通过哪种职业发展通道来实现自己的职业成就，取决于员工职业生涯规划与企业发展战略的契合度，以及员工的能力、成就愿望倾向，管理型能力倾向员工可以按照管理晋升通道发展自己的职业道路，高技术能力的员工则可以进入技术发展通道实现自己的成就。

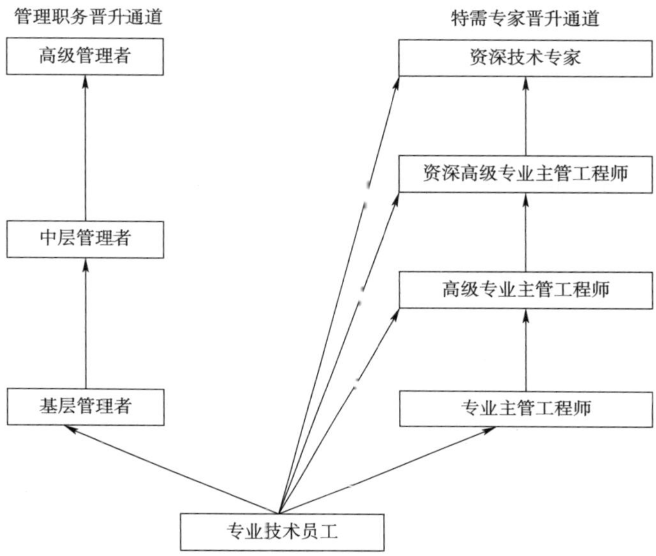

图 1　专业技术员工的职业发展模式

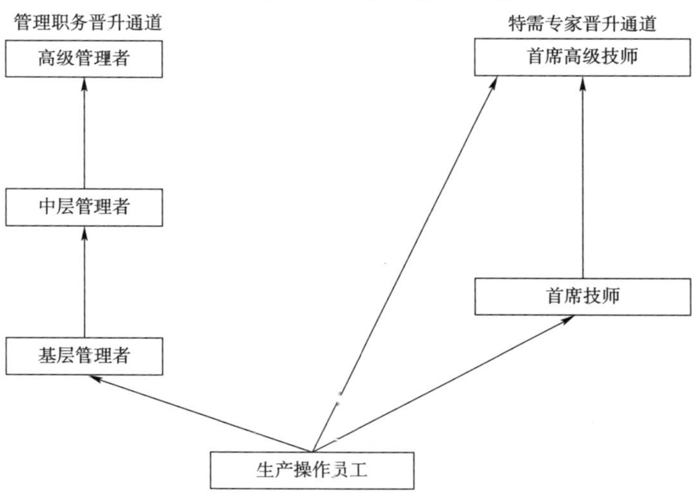

图 2　生产操作员工的职业发展模式

同时，还应注意，图 1 和图 2，只是简要说明了员工在公司的职业生涯发展的基本方向和趋势，采用的是趋势化的一种表达方式，在实际工作中，员工的发展并不是非 A 即 B 的单向选择，如果一名员工在成为了管理人员之后，经过职业生涯的重新定位、调整完善,发现自己的管理能力要弱于技术能力,更适于技术领域的发展,他同样还可以选择在技术通道发展自己,实现自己的技术成就,反之亦然。

从表象上看企业为员工开辟了一条职业发展通道,但在实际实施中,员工获得的职业发展机会却是多维度、多方向的。既有从首席技师、专业主管聘任到科级管理岗位,从高级专业主管工程师聘任到处级管理岗位的情况,也有在任的科级、处级员工被聘任为特需专家的情况,特需专家的聘任是以岗位胜任能力为先决条件,只要员工具备了特需专家的任职能力,就会有新的职业发展机会。

3 慎重决策,有效衔接,严格选拔,聘用优秀人才

由于特需专家制度是公司员工职业生涯管理的一项创新举措,同时关系到公司全体员工的切身利益,公司为慎重决策,2006 年将供电公司作为试点单位,试点开展聘任工作,当年底供电公司聘任 8 名专业主管工程师。

经过 2 年的试点运行,供电公司获聘员工的专业能力在特需专家岗位上得到了充分发挥,同时,对于其他员工也是一种激励,运行效果良好。2008 年末,公司正式启动全公司范围的特需专家聘任工作,经过资格审核、公认度测评、论文评审答辩等环节,共聘任公司级特需专家 11 人、二级单位级特需专家 50 人。2012 年,公司首次启动特需专业技术职务最高级别——资深技术专家的聘任工作,轨道交通行业的权威专家以及知名高校相关专业的教授、博士生导师作为专家组评委参与了竞聘遴选工作,最终聘任资深技术专家 2 人,成为公司专业技术方面的领军人物。

为了保证特需专家制度与公司管理幅度和职能的有效衔接,同时也是对特需专家权责的一种有效维护,公司将特需专家的聘任、使用与业绩考核工作分级管理。综合考虑公司部室与所属单位不同特需专家岗位在工作中的差异,以及对特需专家层级需求的不同,明确规定了公司专业部室设置哪些层级特需专家、所属单位设置哪些层级特需专家,而不是一竿子到底,全部都设置,并结合分级设置对特需专家的使用及业绩考核采取分级管理的方式。充分体现了“企业特需、市场紧缺、按需定岗”的原则。

特需专家是公司不同层级技术领域的导引者,在专业技术领域的作用极为重要。为此,公司坚持“公开、公平、公认,竞争上岗、择优聘用、宁缺勿滥”的原则,制定了严格的任职条件和完备的竞聘选拔流程。特需专家的任职条件由基本任职条件和专业技术任职条件两部分组成,既对员工的职业操守、专业权威

性、业绩考核和履职情况做了基本要求，同时也按层级详细规定了每个特需职务的专业条件。特别是专业条件中，详细规定了每个特需职务的职称资格要求、参与项目的级别以及在其中担任的角色、解决技术难题的程度和带来的效益、对公司技术发展的决策参与程度、掌握行业动态及专业前沿的程度、以及跨专业协作能力、公认度、技术人才培养等方面的内容。同样，公司对于竞聘选拔流程也做了详细规定。资格审查合格的员工，还要通过测评、专业评价、专项会议决策、公示4个环节，才能最终被聘任为特需专家。并设定了聘期，特需专家要能上能下，避免终身制。为保证竞聘的公正性，公司组织竞聘员工的直线领导和专业相关员工对其进行专业能力、工作态度、协作能力等方面的测评，测评公认率要求达到80%及以上；为保证聘任工作的专业性、权威性，公司针对三大核心专业成立了3个竞聘小组，负责特需专家竞聘过程中不同专业的评价。

4 适应社会、企业发展，满足员工群体成长需求

4.1 特需专家制度是一项适应社会发展的员工职业生涯管理制度

从社会因素看，十七大提出“实现国民经济又好又快的发展”，再次强调了集约型经济增长方式的重要性，国家和社会的发展都要求企业要采用新技术、新工艺，改进机器设备、加大科技含量的经济增长方式。这种集约型的增长方式加大了企业对于核心管理人才、高技术、高技能人才的需求，因此，企业势必要加强旨在激励人才、用好人才、留住人才的员工职业生涯管理工作。特需专家制度适应了社会对于技术型员工的需求，是一项为不同成就愿望的员工群体提供更多发展机会的职业晋升制度。

4.2 特需专家制度是一项推动企业整体发展的员工职业生涯管理制度

马克思指出：“人的本质不是单个人所固有的抽象物，在其现实性上，它是一切社会关系的总和。”人的存在本身就是多样性的，不同人的不同性格、价值观推动着社会的多样化发展，如何让推动社会多维发展的多维度的人在社会中找到适于自己发展的方向，宏观的看这是一个社会问题，落实到实际工作中，就是一个企业的人力资源管理问题，就是一个企业如何做好员工职业生涯管理的问题。

从企业发展看，随着社会的不断推进，企业的可持续发展不再是仅仅依靠几名高层精英和精良技术人员就可以带动起来的，越来越多的核心员工对企业的发展起到了推动作用，企业发展对于核心员工群体的依赖性不断加强。如何才能用好人才、凝聚人才；如何使企业战略与员工职业发展有效结合，从而实现企业发展、员工成就的双重目标，是每个企业都要解决的问题，解决问题的核心在

于如何用现有的条件为员工提供更多的发展空间和机会。为此,公司多年来一直重视员工的职业生涯管理,在管理中不断进行研究和总结,并在总结的基础上进行创新,建立特需专家制度。公司通过建立特需专家制度,告诉员工:公司关心员工的职业发展是否成功,员工值得对公司做出承诺,与公司共同发展。

4.3 特需专家制度是一项满足员工成长需要的员工职业生涯管理制度

通俗的讲,职业生涯管理的目的,就是让员工在工作中觉得有盼头。随着社会的发展,员工群体对于自我发展的认识日益趋于成熟,对于企业在员工职业生涯管理方面提出了更高的要求。第一,员工群体的价值倾向较之过去发生了很大的变化,员工在就职抉择中关注的不仅仅是薪酬问题,越来越多的员工在择业时关注的是成就的机会,员工的成就动机日益增强。第二,就业与再就业不再是企业的单方面选择,而是企业与员工的双向选择,由于社会机会的增加,员工主动选择的意识越来越强,缺少职业开发和专业发展机会成为一部分员工离开企业的直接原因。企业与员工在就业选择方面,已经由原来的默契认为"你到企业来吧,企业会照顾你",转变为"我到企业后,企业会提供给我哪些机会?培训?开发?晋升……"。第三,员工自我发展成就的意识提高,随着社会的不断进步与发展,员工对于职业生涯规划的认识也在不断提高,越来越多的员工从意识淡薄,发展为有意识的、主动地规划自己的职业生涯,从原来的"我是一块砖,哪里需要哪里搬",到现在的"我到企业就业后,我的发展与升职空间是什么"以及"做不可替代的人"。第四,员工的职业能力与成就倾向多元化发展。员工的类型是多样化的,其能力与成就发展的方向也各有不同。近些年来,9 型人格被广泛应用到企业管理的领域,正是说明企业的管理者越来越重视针对不同类型员工的管理。

特需专家制度就是通过建立新的职业生涯发展通道,使不同能力成就倾向的员工在企业都能够找到适合自身职业发展的选择。满足了员工的成就动机,满足了员工群体成长的需要,员工才能在最大程度上感觉到被认同,才能够充分地发挥自己的潜能,推动企业和个人职业生涯的共同发展。

5 建立有效的薪酬引导与绩效激励,促进特需专家管理体系化

特需专家制度是一项集人才选拔与使用、薪酬管理、绩效考核为一体的体系化管理,建立有效的管理体系,是特需专家制度长效发展的基础。公司坚持"严格考核,动态管理,激励约束并举"的原则,对特需专家进行薪酬与绩效管理。从薪酬管理方面看,公司为特需专家设置了专门的岗位系数和岗位工资体系,并将其纳入到公司的工资体系中。特需专家的待遇要高于同岗位其他员工的待遇,

体现其在岗位上的重要性。如资深技术专家的岗位工资与副局级岗位工资水平相当，资深高级专业主管工程师的岗位工资与副处级岗位工资水平相当，高级专业主管工程师、首席高级技师的岗位工资略高于正科级岗位工资水平，专业主管工程师、首席技师与副科级岗位工资水平相当。从绩效考核方面看，公司在总结特需专家制度前期运行情况的基础上，建立专门的特需专家绩效考核管理办法，与特需专家签订《绩效考核责任书》，从解决运营生产、新线开通、更新改造疑难问题；主持制定和落实专业发展规划；主持/参与制定技术管理标准或科研项目；指导培养中高级人才数量；发表专业论文数量等方面对特需专家进行业绩评价、考核、面谈与反馈。

人力资源管理中的各项管理内容是相辅相成的，公司的员工队伍规划、培训管理、开发管理、薪酬管理、绩效评价和继任计划等一系列管理工作都对特需专家制度有推动作用。具体来说就是，结合企业发展战略，从员工职业发展需求的角度出发，建立员工队伍规划，合理的规划员工队伍结构；为员工提供广泛的培训和开发活动，帮助员工获得和提高其职业发展所需要的知识和技能；通过薪酬管理体系的完善，对员工的职业生涯规划起到一定引导作用；建立以职业发展为导向的绩效评价反馈制度；有针对性的指导和辅助纳入继任计划的员工的职业生涯发展规划。公司通过各项管理工作的联动，使特需专家制度形成有效的管理体系(图 3)。

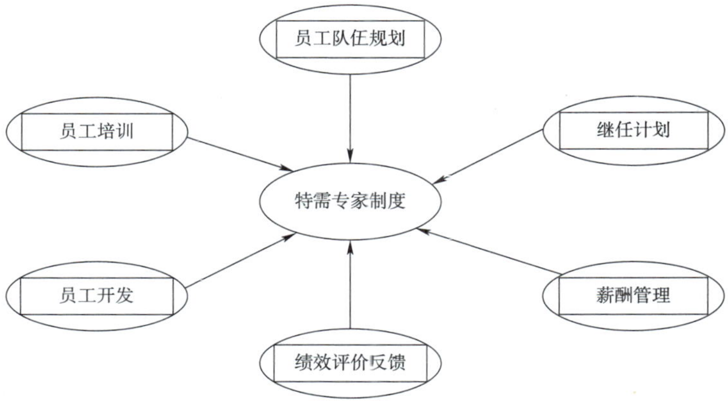

图 3　特需专家管理体系化

6 通过精细化管理，不断完善与提高，推进特需专家制度

通过对近几年特需专家制度运行情况的总结，公司不断完善特需专家制度。

根据公司发展的需要，公司将特需专家管理工作细化为内部聘任和外部引进工作，并将二者整合纳入高层才人才管理工作中，强调高端人才的带动作用，即“加大高级经营管理、高级技术、高技能人才队伍建设力度，用高层次人才的培训开发和引进,带动人才梯队建设;用高层次人才创新能力提升,带动人才队伍竞争力提升;用高层次人才的使用和成果转化,带动人才队伍的整体活力"①。

同时,提出增设高层次经营管理类特需专业技术职务(包括资深管理专家、资深主管、高级主管三个管理层级),为管理类人才提供更为广阔的发展空间。并结合公司安全运营生产的特点,注重特需专家专业的精细化,在原有地铁车辆、设备、运营三大核心专业的基础上,将地铁安全专业纳入到特需专业中。

经过几年的运行,目前公司在聘的特需专家共有 57 人,其中,资深技术专家 2 人、高级专业主管工程师 7 人、专业主管工程师 29 人、首席技师 19 人。多名特需专家不但在专业技术领域表现突出,而且在管理方面也突显了他们的才能,被公司选拔为不同层级的领导者。同时,在不断的竞聘与续聘工作中,又选拔出新的专业技术、技能人才补充到特需专家的队伍中,使得更多的员工得到了职业发展的机会。特别是基层特需专业技术和技能人才的年轻化,既达到了吸引人才、留住人才、推动员工技术、技能进步的目的,同时注重了企业核心专业技术、技能员工的梯队培养,优化了特需专家队伍的结构。

企业的可持续发展与员工职业生涯成就是一个闭环推动的过程,两者互相施力,互相作用。一方面企业的发展势必带动员工的发展,另一方面员工通过职业生涯规划,提升能力,推动企业的发展。特需专家制度是公司与时俱进,适应社会、企业、员工群体发展的需要,针对社会导向、企业战略、员工群体价值导向的种种变化,建立的一项员工职业生涯管理制度;它是企业员工职业生涯管理模式的有效补充,打破了原有多年的单一职业生涯发展模式,为员工提供了新的发展机会;它是公司通过不同的职业生涯发展通道,主动对员工的职业生涯进行规划,留住核心员工群体的一种重要方式;这为加快"六型地铁"建设,全面实施公司规划提供了有效的人力资源保障。

无论是人才的选拔,还是人才的使用,把合适的人放在合适的岗位上,达到人事相宜、人岗匹配、提高员工与岗位的匹配度,一直是公司人力资源管理的重要理念,特需专家制度就是这一管理理念的重要体现。同时,这一制度还契合了公司"十二五"期间,提出的人才工作方针:服务发展、整体布局、高端带动、使用为本、激发活力②。特需专家制度是公司员工职业生涯管理管理工作的创新,促进了公司员工职业生涯管理体系的完备。

---

① 摘自《北京市地铁运营有限公司"十二五"人才发展规划》。

② 摘自《北京市地铁运营有限公司"十二五"人才发展规划》。

新体制运行实践问题和改进建议

运一分公司项目组　董　斌

摘　要：接收新线和保障既有线路的安全运营始终是各项工作中的重中之重。在新体制新模式下，以保持稳定、科学发展为主线，持续提高安全、服务、效益核心竞争力，初步实现运营效益、效率、效果的优化。

关键词：新体制；管理模式

0 引言

2012 年是北京地铁运营一分公司新体制运行的第五年，从 2008 年至今，我们的体制经历了从创建到发展的重要阶段。在此过程中，公司积极投入到新体制新运营管理模式的运行，着重转变思想意识，不断提升员工岗位胜任力，提高管理执行力，在运营安全和内部管理方面创新和强化科学管理，积累了一些宝贵经验。

1 运行总体评价

以保持稳定、科学发展为主线，持续提高安全、服务、效益核心竞争力，新体制新模式在以下几个方面得到了贯彻，初步实现了运营效益、效率、效果的优化：

（1）设备维护的模拟市场化运作，将维护管理和使用管理紧密地结合在一起，改革和创新了设备维护体制，提高了服务质量。

（2）运营分公司一体化管理，统一指挥，集中组织，协调分工，提高了工作效率，这一点在 5 年来各项重点运输任务的圆满完成、突发事件处理的日趋成熟方面得到了验证。

（3）一分公司是站车一体的最早实践者。2010 年 5 月，5 号线单司机实施后，我们不断完善单个车门故障处理流程，加强站车联动突发事件演练，在因车门发生的乘客伤害处理中贯彻“首问负责制”，突破原有的专业界限，大家共同为公司整体利益努力。

（4）发挥“属地管理”优势，现场为第一责任主体，有利于迅速处置，降低对运营的不良影响。

(5)平台、邮箱、网络视频会议的建立使信息传递速度大幅度提升,及时反馈,信息共享。

(6)管理绩效、相关工作指标的细化、量化,提升了整体管理的规范和层次。

2 运行中的问题

2.1 内部市场化推行过程中的问题

(1)因缺乏竞争机制,员工技能和业务素质还不能适应内部市场化的需要,维修方自身对设备的核心技术掌握不够,更多地依赖厂家的技术服务,导致故障处理不及时、设备可靠度不高,这种情况在新线开通初期更为明显。

(2)合同内容不能覆盖全部需要服务的范围,运营分公司对合同履行还缺乏强力监督制约手段,设备设施、保洁服务的质量不能满足要求,各种安全、服务和管理风险增加。

(3)思想观念跟不上,职能转变和利益重新整合中的阻力比较大,部分员工和管理人员不能完全接受这种改变,有的是不理解,有的是不清楚,导致工作中消极被动或者瞻前顾后或者斤斤计较,不能充分行使权利和履行职责。此外,有的设备维护方仍实行四班制,现场维修人员不足,出现故障不能及时到场修复,影响乘客使用,遇节假日在客流大站这种现象更为严重。

(4)不同维保主体之间还缺乏比较明确的工作节点的划分、维保责权的界定等。在具体运作过程中,由于维保环境等变化因素必然导致互相推诿、故障处理周期延迟等问题,存在着一定的管理风险。对各种设备的应急处置还缺乏明确的规定,虽然以尽快恢复运营、尽力减少损失为原则,但使用方和维保方各承担什么样的职责,设备出现何种现象时由使用方处理,处理的方法是什么,处理到什么程度,由此引发后果的承担问题还缺乏具体而明确的规定。

2.2 一体化管理中存在的问题

(1)车站是设备集中的场所,也是突发事件处置的关键点。虽然突发事件的先期处理和抢险组织工作统一由车站负责,但相关人员缺乏专业知识,或者只知其一不知其二,紧急情况发生时恐会难以胜任。

(2)突发事件发生时,信息传递不够及时,覆盖不够全面。车辆设备故障或其他外部因素作用导致长时间无车或区段运营时,车站不能实时了解原因及故障修复时间,不能向乘客及时作出解释,乘客也不能通过 PIS 了解相关信息,会增加事发站及线路中断站的现场组织压力。

2.3 员工队伍年龄结构单一，素质跟不上发展的速度要求

(1)新线开通频繁，对既有线路员工抽调幅度较大，人员流动过快，缺乏归属感，不易于管理；同时新人储备周期短，培训周期也较短，新线人员将在短时间内广泛分布在运营生产的每一个岗位上，且承担的责任重大，业务技能未达到熟练标准便上岗，为生产运营留下隐患。

(2)新模式要求一岗多责，一专多能，对员工的自身素质和岗位胜任能力要求高，因此员工需要不断学习，培训压力和成本增大。

(3)员工的年龄基本在20～30岁，正处于婚育高峰期，婚假、产假期集中，而这两种假又非常难以协调，对现场人员安排带来很大影响。

2.4 车站是外委人员的主责单位，安检、保洁、保安、文明乘车引导员等也就成为了安全、服务重要风险源之一

(1)安检的漏检、服务纠纷、不规范行为时有发生。安检的标准没有确定性、威慑力度不够，对拒检乘客、不配合的乘客没有强制手段，基本上凭乘客的自觉；重点车站、重点时段安检设备、安检人员、警务人员的配备仍显得不够用；安检员受安检公司、站区双重管理，在日常工作中车站承担主要管理责任，但其人事关系、工资关系隶属安检公司，所以安检员对于车站并无归属感，不利于管理。

(2)安检人员、保安员、保洁员流动过于频繁，不利于保持教育和培训的效果。

2.5 管理技术比较落后，不能满足发展需要和竞争需求

先进管理手段使用较少，信息化建设没有涉及运营的重要层面，影响了工作质量和工作效率的提高。施工管理、设备维修维护管理、乘客意见建议管理都停留在人工输入信息、手工填表状态。在规章制度的执行、工作职责的履行方面，缺乏过硬的监控手段，过多依赖员工自觉和现场检查，而管理人员受管理幅度所限，无法实时掌控和监督现场情况。如重要部位的巡视是否执行无人监控；视频监控存在很多死角，重要的工作场所如综控室、BOM房无监控；现有钥匙管理较为繁琐，容易混乱和丢失；门禁系统不能使用或没有覆盖到重要部位。

3 改进建议

3.1 建立以服务为导向的维修理念，按照责、权、利相统一的原则，理顺参与市场化运作的各方接口，控制维修时间，提高设备设施的稳定性，确保安全第一、提升服务、降低成本的目标

(1)随着运营线网全面铺开，地铁更需要在设备、人才方面及时跟上养护维

修的要求。现有内部维护商已不能满足需求,需要从外引进。对外部竞争环境较充分的通用子系统(如保洁、电扶梯等),市场替代能力强,而且这些系统维保过程中也在不断进行"优胜劣汰",所以建议先在此类维保方面完全委托外部维护商,对内部竞争者形成一定的竞争环境和压力,促进其加快改革速度。

(2)适当扩充合同服务范围,完善设备公司对现场设备设施巡视、监控制度,同时强化本公司基层单位合同履行监督管理的职责。

(3)继续加强对管理人员、员工新理念的导入,解放思想,人人参与,破除"不愿干、不想干"的惰性思想,使市场化运作、一体化管理深入人心。督促维修方真正履行职责,在重点运输阶段的重点车站,设备使用频率高故障率高,为保证乘客使用,维修人员应驻站值守。

(4)必须明确维保各方的业务分工、维保业务的接口管理、维保资源的共享与维护责任、不可预见风险的分担、故障类型的划分与责任认定等。为此,进行维保节点划分过程中,尽量优化联合维保的管理机制,开展操作性维护和技术性维修,简化维保业务的接口衔接程序,细化接口的责权关系,加强不同维保主体之间的信息沟通。

3.2 通过人员培训、完善应急管理等环节,保证一体化管理机制的运行,使资源得以充分利用,管理得以提升,员工得以锤炼

(1)对值班站长、站区领导等运营人员进行相关专业培训。包括发生突发事件时各方的职责、抢险工作内容、投入的抢险人员数量等,强化指挥人员的专业能力,提高救援能力,改善应对复杂局面和突发情况的心理素质。

(2)完善应急处理机制,提高快速反应能力;尽快建立信息发布和管理运行机制,突发事件时,加强应急信息发布,及时告知乘客,减轻现场组织难度,提高服务乘客水平。

3.3 按照精简高效、学以致用的指导思想,造就一支综合素质高、结构优化的员工队伍,为实现新线开通目标提供有效的人员支持

(1)新线设备使用随之而来的是技术的更新,模式的改变。合理设置运营线上新老人员比例,提前启动组织架构的调整和人员储备工作。以流程优化和制度保障为主线,配套相应的部门,做好接口管理的专项工作。人员保障方面应进一步加强校企合作,确定培养标准,全过程介入委培生培养,对相关委培院校的在校委培学生的学历教育与培养进行跟踪,确保学校培养的人才适合地铁岗位需求。强化到岗新员工岗前培训,加强过程控制,促进新人快速成长。

(2)充分发挥公司培训基地的作用,给员工创造一个实地动手、实地演练、实

地学习的良好设施条件,改善培训效果,突出安全主线,定时定期地强化行车人员的实际操作能力。对关键岗位人员持证后,必须安排一定时间的实习期,同时积极推动各专业、工种间的岗位交流,互相学习,通过轮岗、锻炼等多种方式,培养一专多能的复合型员工。

(3)定编中坚持精简、合理、够用、节约的原则,设置合理的备用率。

3.4　加强与公安、安检公司的配合,理顺管理关系,监督安检公司履行职责

(1)针对漏检、拒检行为,应该增加配合安检的醒目提示,为保证安检秩序,将安检点的围栏按照美观耐用的标准更新,在ISCS车站广播中增加提醒乘客安检的广播词,在重点车站增加安检设备和安检人员。为调动安检员的积极性,明确车站对安检员的管理地位和作用,增强归属感,需要监督安检公司是否在工资中落实了站区对安检员的奖惩考核。

(2)要求和监督安检公司配合一定的预备人员,以防安检员流动过快造成缺员。

3.5　借力科学管理手段,达到规范管理秩序、优化工作流程、提升工作效率的作用

随着新线开通频繁,风险源、风险隐患的数量递增,安全防控的任务繁重。需要在施工管理、设备维护维修管理、车站运营管理中加强信息化建设。夜间施工只在运营结束后几个小时内完成,并且有很多的限制条件,施工管理系统的应用可以减少工作冲突,合理安排有限资源,提高工作效率。通过设备管理系统对维护维修活动做出合理安排,提高设备有效使用率。在综控室、BOM房、换乘通道、工作区通道内等增加监控摄像装备,将应急疏散门纳入门禁系统,提高监控能力。通过应用PDA系统加强巡检的准确性,发挥好日常安全巡视检查的作用。应用钥匙管理系统取代现有人工管理钥匙,提高自动化程度、保证使用安全规范。

未来几年仍旧是地铁发展的黄金阶段,接收新线和保障既有线路的安全运营,始终是我们各项工作中的重中之重。作为一分公司,肩负着实践地铁公司改革构想的重任,我们有信心有能力通过不懈实践,完善运营管理模式,提高运营水平,为公司最优先被选择目标的实现而不断努力。

运用现代化信息手段　实现向高效运营方式的转变

运二分公司课题组

摘　要：随着首都经济社会又好又快发展、以更高的标准推动"人文北京、科技北京、绿色北京"建设，这促进了北京地铁的高速发展，同时也带来了更大的挑战。如何优化基层工作程序，向高效运营方式转变成为我们运营公司亟待解决的问题，所以"1 号线乘务中心乘务员出退勤管理系统"应运而生。公司员工在使用这套系统过程中，也对这套系统的设计和构想以及它的可操作性给予了肯定。

关键词：管理系统；数字化；自主创新

0 企业概况介绍

北京市地铁运营有限公司运营二分公司（以下简称"二分公司"）成立于 2009 年 6 月 15 日，是北京地铁运营有限公司下属二级分公司，是从事轨道交通运营服务的专业运营服务商。目前，二分公司主要负责北京地铁 1 号线、八通线、房山线、9 号线的运营服务、客运组织、行车管理、车辆管理、车站管理、生产管理、安全管理、票务管理、营销管理、人力资源管理、财务管理、设备设施维修和环境卫生委托业务管理。现运营管理线路全长 92.3km（其中，1 号线 31.3km，八通线 19km，房山线 25km，9 号线 17km）。

二分公司前身是有着 40 多年车辆运营维修经验的北京地铁车辆一公司。自 2009 年 6 月 15 日公司改革重组后，二分公司组织机构设置 14 个职能部室，22 个基层单位。管辖范围为 1 号线、八通线、房山线，9 号线 55 座车站和古城车辆段、四惠车辆段、土桥车辆段、阎村车辆段、郭公庄车辆段 5 个段区。每日有 109 组列车运营，日均客运量为 200 万人次（含 1 号线、八通线、房山线、9 号线）。

二分公司成立以来，始终以专业化、规范化、高效化的管理方法和管理手段，坚持以建设"平安型地铁、人文型地铁、高效型地铁、节约型地铁、便捷型地铁、创新型地铁"为战略目标，强化安全管理，发挥技术优势，落实服务质量标准，提高服务水平；加强基础管理，发挥职能作用，提高经营管理能力，通过扎实有效的工作，增加乘客满意度、赢得媒体和社会各界好评。

1 课题背景

随着首都经济社会又好又快发展，以更高的标准推动"人文北京、科技北京、绿色北京"建设，这促进了北京地铁的高速发展，同时也带来了更大的挑战。如何优化基层工作程序，向高效运营方式转变成为我们运营公司亟待解决的问题，所以"1 号线乘务中心乘务员出退勤管理系统"应运而生。

以"高效节能、便捷管理、自主创新"为核心的北京地铁 1 号线乘务中心乘务员出退勤管理系统，目的是解决在收集、查询、调配乘务员信息时出现的数量过多、操作繁琐、不易筛选、无法共享等问题，同时，在此基础上向各个方向延伸，从员工的管理、调配、培训、激励等多个方面建立一个重实效、上下联动、易于扩展、信息共享、实用性强的系统管理平台，使乘务中心的基础性管理得到良好的保证，实现向高效运营方式的转变。

该系统由一线员工完全自主研究、设计实施，这更能贴近运营需要，它具有很强的实用性，在解决繁琐的信息处理问题和基础管理方面取得了良好的效果。

1.1　首都建设世界城市对轨道交通安全运营的高要求

瞄准世界城市目标，加快建设"人文北京、科技北京、绿色北京"，这对北京地铁提出了更高的标准和要求。作为首都北京重要窗口的北京地铁，我们不仅要紧跟世界城市的建设步伐，快速提高地铁的运营管理和服务水平，而且应当走在各行各业的前列，率先实现世界一流的目标。肩负客流最大、任务最重的 1 号线乘务中心，面临着工作任务繁重而又要求细致、准确、定量化的管理难题。为进一步提高综合管理效率、水平和质量，我们需要构建一套"功能模块化、操作人性化、数据标准化、信息实时化"的信息平台系统。

1.2　运营方式的转变带来的管理和培训问题

为了适应地铁快速发展的需求，提高人员使用效率，北京地铁的运营模式由包乘制转变为轮乘制。所谓的包乘制就是将 1 组列车分配给固定的乘务组。每个乘务组设司机长 1 人。包乘组在司机长领导下，负责列车的运用、安全、保养等工作。这种制式的优点，提升了乘务员对列车的责任心，有利于车辆的保养工作，乘务员熟悉列车的性能特点，便于钻研和发挥操纵技术，这为车辆管理工作提供了方便的条件。包乘制的主要缺点是当车辆进入修程或在段内长时间停留，其乘务组就只能担当预备任务，造成了人员的浪费，降低了人员使用率及劳动生产率。轮乘制是根据运营需要将乘务员分成若干个轮乘组，按轮乘计划安排表，依次轮流值乘。以 1 号线乘务中心为例，乘务员在完成一次的运营任务后休息几分钟继续值乘下一次的运营任务，不固定车。这种制式的优点很明显，大幅减少了使用员工的数量，乘务员不参加检修工作，减少了乘务员非生产性工作时间，改善了乘务员劳动、休息条件，提高了劳动生产率，实行轮乘制后，乘务员根据轮乘计划表预先知道任意时间的乘务情况，对其工作、学习和生活都能更好的安排。在乘务员管理上能合理调整乘务员交路，保证劳逸正常，避免了包乘制劳逸不均的情况，有利于安全生产。它的缺点是乘务员不再对车辆进行自检自修保养等工作，从而影响了乘务员对车辆知识的学习，加大了教育培训难度。

例如，在轮乘的管理方面，1 号线乘务中心现有 2 个运转室、2 个轮乘站，承担着 1 号线每日 55 列线上运营列车，725 个车次的运营组织任务。每天担负着将近 600 人次的出退勤、请销假、替换班和临时任务。中心减员增效后，运转室与信号楼合并成为乘务调控中心，原运转室人员配置由原来的每班 2 人减为 1 人，他们在承担起繁重的运营组织任务之余，难以顾及 1 号线古城、四惠两段及轮乘站大量的人员出退勤任务，容易造成人员管理方面的混乱。

在培训方面，乘务员只能利用乘务员夜班收车回段后的时间展开培训。乘务员这时的体力和精力都进入低谷期，学习效率受到一定的影响。1 号线现有两大类车型，操作及应急故障处理方法不尽相同，除了正常驾驶外，乘务员没有足够的时间和精力去掌握各车型的特点。

由此可见，运营模式转变后，我们面临的主要困难就是人员的管理和培训。

1.3　客流显著增长，乘务人员增加带来的人员管理上的困难

地铁 1 号线是北京最早的城市轨道交通线路，承担着长安街沿线繁重的交通任务和巨大的压力。随着北京地铁迎来高速发展阶段，路网逐渐形成，随之而来的是客运量的不断攀升，乘客对乘坐地铁的安全要求、服务要求也越来越高。为缓解运量与运力之间的矛盾，1 号线逐步缩小运营间隔至 2 分 05 秒，在增加车组数提高发车密度的同时增加了乘务员数量。为了实现如此密集的发车，并保证运营安全、秩序稳定，更需要提高值班员对正线轮乘人员的现场管理能力和时时管控能力。而随着基层改制的深入，值班员岗位数量也有所缩减。在这种情况下，迫切需要一套高效的管理系统，协助值班员及时了解人员在岗情况，及时调度，以应对纷繁复杂、机动多变的运营情况，确保 1 号线平稳、安全、有序地运营。

1.4　运营信息量大，查询难，人工处理困难

在该系统实施前，乘务人员需要在当日退勤后根据出退勤时刻表、倒班顺序表、组号、运行图等各种表格，计算第二天的出退勤时间及地点，耗费了许多时间和精力，有时也可能出现差错，给安全行车工作造成了极大的影响；而负责乘务

员管理工作的行车、运转室值班员，在查询乘务员信息及轮乘信息时，只能在各种表格内逐个地寻找。这既浪费时间，又不能够集中精神工作，无法做到一心专用。尤其在遇到紧急情况需要联系乘务员时，传统的手工计算给工作效率造成了极大的影响，降低了工作质量和水平，不利于行车工作整体的组织和调配。这种情况下，就需要将信息的收集和查询筛选方法进行改进，做到快捷查询，信息准确。

1.5　安全高效的服务，要求员工有较高业务素质和技能水平

随着北京地铁的不断发展和网路拓宽，开通的新线越来越多，线路的增多就意味着人才的需求，越来越多的岗位需要技术精良、业务过硬、素质良好的员工来担当，扎实的基础知识是保证工作顺利可行的关键。作为北京地铁1号线乘务中心，对乘务员的要求也逐步提高，随着新员工的不断加入，员工的业务水平也都参差不齐，这就要求员工有主动的求知欲和较高的学习自觉性。1号线乘务中心年轻员工较多，35岁以下青年员工高达90%，学习容易松懈，在实际工作中容易出现错误，需要时常对知识系统进行整理和巩固。然而，作为运输量最大、任务最为艰巨的地铁1号线来说，仅靠中心每月固定的培训还是不够的，需要每日都对乘务员进行提醒和督促，保证其以清醒的头脑和积极的心态投入到紧张严谨的工作中去，用竞争意识武装个人，保证岗上的运行质量，这就是在出退勤系统中更新出勤前考试系统的最主要原因。

2 课题内涵

“北京地铁1号线乘务中心乘务管理系统”是一套完全自主研发的协助轮乘管理人员及时了解人员在岗情况，及时调度人员配置，以积极正确应对纷繁复杂、机动多变的运营情况，保证轨道交通平稳、安全、有序运行的人员管理系统。它基于Visual Basic程序设计语言技术，配合输入和关联中心人员信息、班次情况等数据详细准确的数据库，达到对信息的整合和管理的目的。“北京地铁1号线乘务中心乘务管理系统”由乘务员出退勤系统、可视触屏班次查询系统、轮乘站二次出退勤系统及出勤前答题系统四大主要模块组成，其中还包括二次出勤前语音提示系统、辅助车公里计算系统以及乘务员联系信息查询等辅助系统。通过对此套系统的操作，乘务人员可进行实时的出退勤信息录入及传输，并进行同步更新，还可以自助查询本人的工作时间表、排班表，以便第一时间安排好日程管理；轮乘中心人员可以及时查询相关乘务员信息及考勤情况，做好调配准备工

作,在发生突发事件时,也可以用最快速度、最优方案采取相应措施,减少对运营的影响,保证列车运行的正点无误。“北京地铁1号线乘务中心乘务管理系统”可快速准确地实现信息管理的自动化,进一步保证车辆运行及人员组织的安全有序。

3 系统实施

“北京地铁1号线乘务中心乘务管理系统”(以下简称“乘务管理系统”)包括乘务员出退勤系统、可视触屏班次查询系统、轮乘站二次出勤提示系统、出勤前答题系统以及调控中心专用的车公里计算工具软件。

以上系统均采用 Microsoft Visual Basic 6.0 编制,数据库采用 Microsoft Office Access 数据库。

3.1 出退勤系统介绍

出退勤系统是乘务管理系统的核心,囊括了乘务工作管理中所需的方方面面。

图1为调控中心值班员在使用系统进行人员安排。

图1 调控中心值班员在使用系统进行人员安排

主要功能:

(1)能够自动生成每日上班人员名单,当日各轮乘组所担当的轮乘图号,从而有效降低了值班员手抄名单的劳动强度及人工推算各轮乘组轮乘图号可能出现的错误率。

(2)能够办理乘务员请销假并自动记录,乘务员请假后能够直观的在当日出勤名单内突出显示,以便于值班员及时安排替班人员,从而有效保证了轮乘组人员齐整,确保运营秩序稳定。

(3)乘务员出勤时自动记录出勤时间及出勤晚点时间。退勤时自动显示下个班出勤时间地点,便于乘务员的核对。

(4)能够及时查找当日每名乘务员的各种运营信息,如出勤时间地点、退勤时间地点、是否请销假情况、联系电话、当日所担当的交路等。

(5)能够根据要求及时查找乘务员所操纵的车组号、车次、轮乘图等运营情况。

(6)出退勤系统除了在人员管理方面的应用外,还有一个重要功能就是记录运营生产中的各种信息,如车辆维修记录、运营动态统计等,便于运营数据的统计分析。

其功能如图 2 所示。

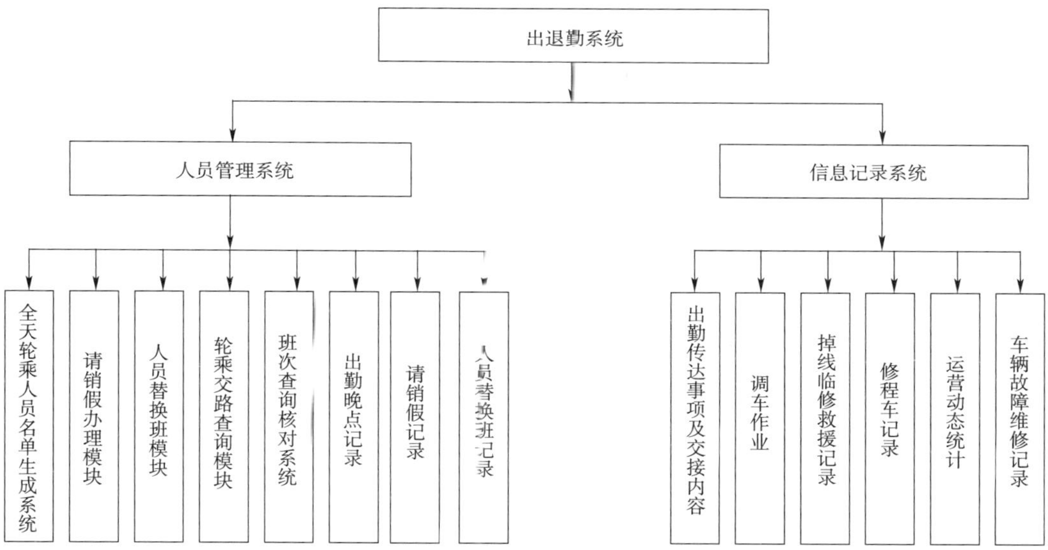

图 2　出退勤系统功能结构图

出退勤系统开发成功使用至今,期间经过了数次修改完善,早期版本由于代码不完善,造成有时系统不稳定,名单生成时间比较长。为了解决这些问题,对相关代码进行了优化,删除了部分无用代码,优化了班次计算部分代码,从而提高了计算速度;在使用过程中,对于操作人员发现的问题、好的建议,进行了修改及功能补充。如:在人员替换班模块,旧版本只能对单个乘务员进行办理替换班,有时会有整组进行替换班的情况,使用者建议增加整组替换班,虽然只是小小改动但也提高了效率减少了劳动强度。由于乘务员人数多,随着新线的不断开通人员流动也比较快,新员工不断增加,值班员对许多乘务员不熟悉,使用者建议增加照片显示功能,根据建议增加照片显示功能,出退勤时自动显示乘务员照片,更为直观。因此出退勤系统的不断完善也来自使用者的好建议。

出退勤系统设计时的理念就是,使用简单明了、高度智能化、鼠标操作多余键盘操作、响应速度快,后期制作配套使用的系统也按此理念设计。其核心程序就是班次计算,即:根据每日轮乘图号计算出对应的组号,再根据组号找到对应的乘务员,这一过程可以生成每日名单表,显示在电脑屏幕上。反之根据组号计算出轮乘图号,这一过程可以查询乘务员任意日期的轮乘图号。在进行下一步讲解前,先介绍一下轮乘制及轮乘计划。

3.2 出退勤系统功能模块

目前1号线的轮乘运营组织工作,由2个轮乘站及2个调控中心负责,调控中心负责人员安排及段内乘务员的管理工作,轮乘站负责1号线乘务员的轮乘工作,4处地点同时使用出退勤系统,因此在设计时充分考虑到所担负的职责,使用地点不同,功能也略有不同,因此在登录时首先是使用地点选择界面(图3)。

选择地点后,进入登录界面(图4)。

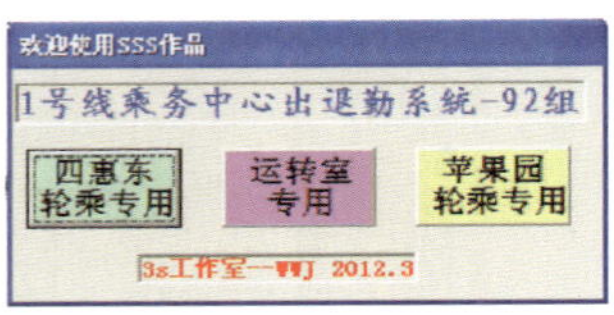

图3 使用地点选择界面

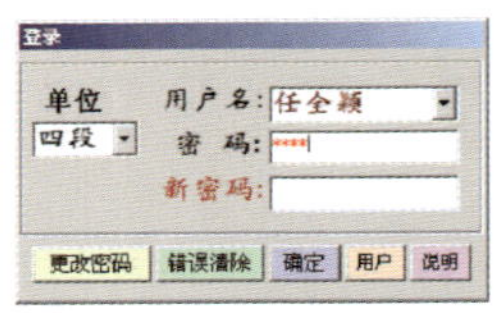

图4 出退勤系统登录界面

在此界面选择用户名,添加密码后登录系统,进入功能界面(图5)。

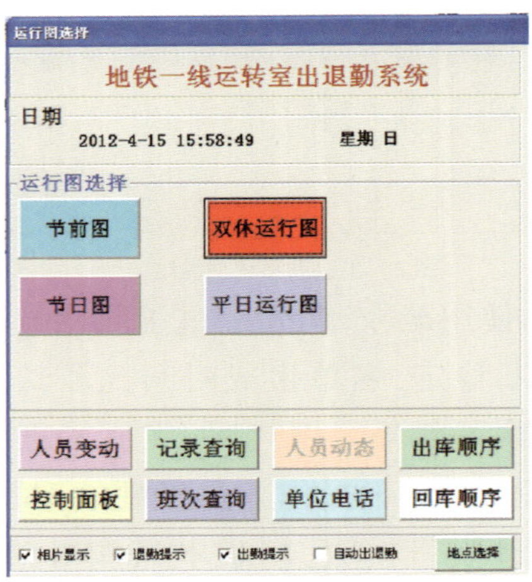

图5 功能界面

在此界面可进入各个功能模块。

运行图选择,目前1号线使用的运行图有平日图、双休图、节前图、节日图4

种。运行图不同，乘务员的出退勤时间地点等轮乘信息也相应不同。

选择运行图后即可进入人员名单主界面。图6为四段早班名单。

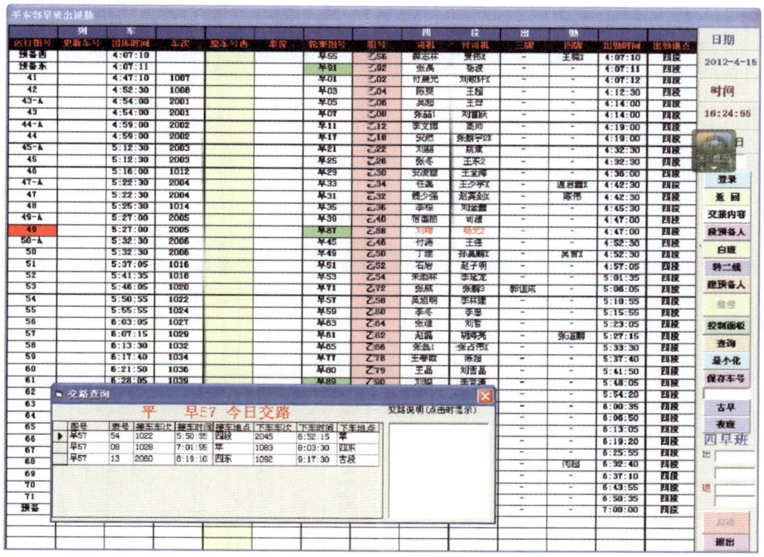

图6　四段早班名单

根据班制及发车地点，将每日出勤人员名单分为4个页面显示，各处可以根据需要切换至所需界面。

(1)古段早班名单：显示早班时在古段出勤的轮乘组，以及所值乘的车组号。

(2)四段早班名单：显示早班时在四段出勤的轮乘组，以及所值乘的车组号。

(3)白班出勤名单：显示当天上白班乘务员的名单。

(4)夜班出勤名单：显示当天上夜班乘务员的名单。

4个名单页面右侧各种功能按钮，可以方便的进入各个功能模块。

在出勤名单页面，单击轮乘图号，即可查询其轮乘交路，如图6“早57”交路。

白班出勤页面与夜班勤页面基本相同。

在人员名单显示页面，姓名颜色有三种显示方式：

(1)黑色：表示未出勤。

(2)红色：表示已出勤或不在本处出勤。

(3)蓝色：已退勤。

乘务员出勤时单击其姓名，其姓名颜色由黑色变为红色代表已出勤，退勤时单击其姓名，其姓名由红色变为蓝色代表已退勤。颜色区分为使用者提供了极大的便利，使其对于人员情况一目了然。

这4个人员名单显示页面在功能上分为早班出勤页面，包括古段早班和四段早班;白夜班出勤页面包括白班出勤和夜班出勤。

在早班出勤页面显示的名单为,早晨从古段及四段开车出段的轮乘组;其页面包含轮乘组号、轮乘图号、人员姓名等人员信息,更重要的是还包含了早班每个轮乘组所对应的表号、车辆信息,包括表号、车次、出库时间、车号。

在白夜班名单页面,只显示人员及轮乘信息,包括轮乘图号、组号、姓名、出勤时间、出勤地点。

图7为白班名单显示页面(夜班基本相同)。

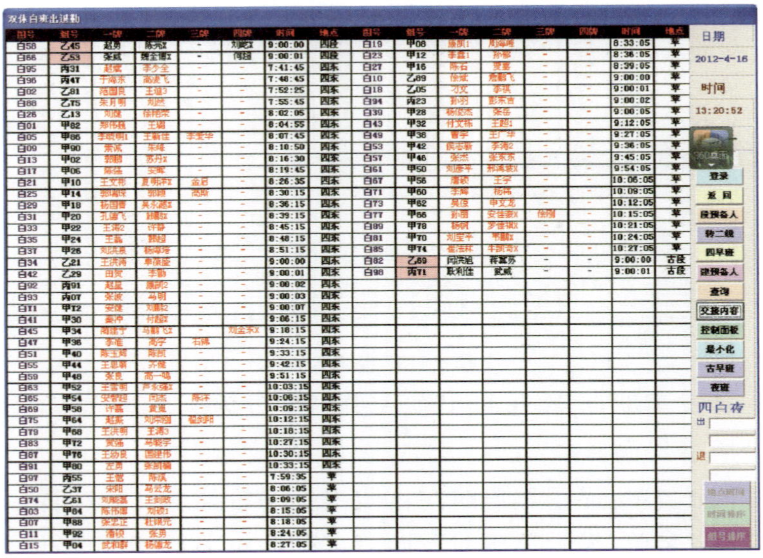

图7　白班名单显示页面

此4个名单显示页面是出退勤系统常用页面,在其上可以完成轮乘及人员管理的大部分工作。

因为目前北京地铁采用轮乘制,每个轮乘组按轮乘计划安排上班,每日出勤时间地点都不同,因此在编制出退勤系统时,确保每日各轮乘组所担当的轮乘图号必须正确,即名单显示必须与实际相符。因此确保班次计算百分百正确是首要任务,班次计算模块也是出退勤系统的核心,这个问题解决不了,出退勤系统也就不会开发成功。

在开发出退勤系统时,就把班次计算模块作为首要任务进行研究;经过研究分析,发现轮乘制各轮乘组出勤先查找倒班顺序表当日的轮乘图号,确定位置后,其后面的轮乘图号就是次日要担当的轮乘图号,确定次日担当的轮乘图号后,再根据出退勤时刻表查找出勤时间地点。图8为倒班顺序表和出退勤时刻局部表。

92组倒班顺序表

位置	位置	位置	位置	位置	位置
白01	夜01	早01	休	白02	休
白03	夜03	早03	休	夜04	早04
白05	夜05	早05	休	夜06	早06
白07	夜07	早07	休	夜08	早08
白09	夜09	早09	休	白10	白92
白11	夜11	早11	休	夜12	早12
白13	夜13	早13	休	夜14	早14
白15	夜15	早15	休	夜16	早16
白17	夜17	早17	休	白18	白93
白19	夜19	早19	休	夜20	早20
白21	夜21	早21	休	夜22	早22
白23	夜23	早23	休	夜24	早24
白25	夜25	早25	休	白26	休
白27	夜27	早27	休	夜28	早28
白29	夜29	早29	休	夜30	早30
白31	夜31	早31	休	夜32	早32
白33	夜33	早33	休	白34	白94
白35	夜35	早35	休	夜36	早36

PR1201（平日）出退勤时刻表

图号	表号	出勤时间	接车车次	接车时间	接车地点	下车车次	下车时间	下车地点
白01	53	7:23:35	2043	7:43:35	四东	2206	14:09:40	苹
白02	48	7:08:35	2037	7:28:35	四东	2200	13:48:10	苹
白03	04	7:25:40	2044	7:45:40	四东	2207	14:14:20	苹
白05	41	7:25:40	1049	7:45:40	苹	1206	14:00:34	四东
白07	05	7:29:50	2046	7:49:50	四东	2209	14:22:00	苹
白09	55	7:31:55	2047	7:51:55	四东	2210	14:24:50	苹
白10		9:00:00			苹		16:00:00	
白11	18	7:38:10	1055	7:58:10	苹	1210	14:12:42	四东
白13	45	8:05:10	1067	8:25:10	苹	1220	14:44:00	四东
白15	71	8:07:20	1068	8:27:20	苹	1221	14:47:05	四东
白17	51	8:13:35	1071	8:33:35	苹	1222	14:51:10	四东
白18		9:00:00			苹		16:00:00	
白19	50	8:19:50	1074	8:39:50	苹	1224	14:59:30	四东
白21	41	8:24:10	2072	8:44:10	四东	2226	15:15:45	苹
白23	65	8:28:20	2074	8:48:20	四东	2228	15:21:45	苹

图 8　倒班顺序表和出退勤时刻局部表

如当日担当“早 04”，次日经查担当“白 05”，确定轮乘图号后，在出退勤时刻表中找到“白 05”查看出勤时间及地点。

经分析确定解决思路：

（1）出退勤时刻表包含了每日所有的轮乘表号，每个轮乘表号对应一个轮乘组。

（2）通过轮乘表号来计算轮乘组号，这里需要用的“初始位置表”如图 9 所示。

92组倒班顺序表(3月12日)

位置		位置		位置		位置		位置		位置	
白01	丙01	夜01	甲02	早01	乙02	休	丙02	白02	甲01	休	乙01
白03	丙03	夜03	甲04	早03	乙04	休	丙04	夜04	甲03	早04	乙03
白05	丙05	夜05	甲06	早05	乙06	休	丙06	夜06	甲05	早06	乙05
白07	丙07	夜07	甲08	早07	乙08	休	丙08	夜08	甲07	早08	乙07
白09	丙09	夜09	甲10	早09	乙10	休	丙10	白10	甲09	白92	乙09
白11	丙11	夜11	甲12	早11	乙12	休	丙12	夜12	甲11	早12	乙11
白13	丙13	夜13	甲14	早13	乙14	休	丙14	夜14	甲13	早14	乙13
白15	丙15	夜15	甲16	早15	乙16	休	丙16	夜16	甲15	早16	乙15
白17	丙17	夜17	甲18	早17	乙18	休	丙18	白18	甲17	白93	乙17
白19	丙19	夜19	甲20	早19	乙20	休	丙20	夜20	甲19	早20	乙19
白21	丙21	夜21	甲22	早21	乙22	休	丙22	夜22	甲21	早22	乙21
白23	丙23	夜23	甲24	早23	乙24	休	丙24	夜24	甲23	早24	乙23
白25	丙25	夜25	甲26	早25	乙26	休	丙26	白26	甲25	休	乙25
白27	丙27	夜27	甲28	早27	乙28	休	丙28	夜28	甲27	早28	乙27

图 9　初始位置表

（3）初始位置表是确定轮乘开始第一天时，各轮乘组所担当的轮乘图号，根据此表能够推算之后任意一日各轮乘组的位置，这就是解决问题的关键。

（4）将轮乘图号及对应的组号分别放入 2 个数组中，计算出间隔天数，首先在轮乘图号数组循环查找要计算的轮乘图号，找到后根据循环次数，在组号数组内确定计算的组号存于数据库相应位置。

经过对组号计算代码的优化完善，提高了运算速度，对于每日 200 多个轮乘图号能够快速准确地计算出其对应的组号存于对应数据库中。组号计算出后，根据组号就能够查找到对应组号的乘务员的姓名等相关信息。

出退勤系统的核心编制成功也就代表了出退勤系统已经成功，但还有一点就是请销假及替换班的办理。

当有人员请假时如何在系统中体现出来，并让使用者能够直观地看到，及时安排人员替班，保证轮乘组的完整，确保运营秩序的稳定。经过认真的考虑最终确定请销假模块(图10)。

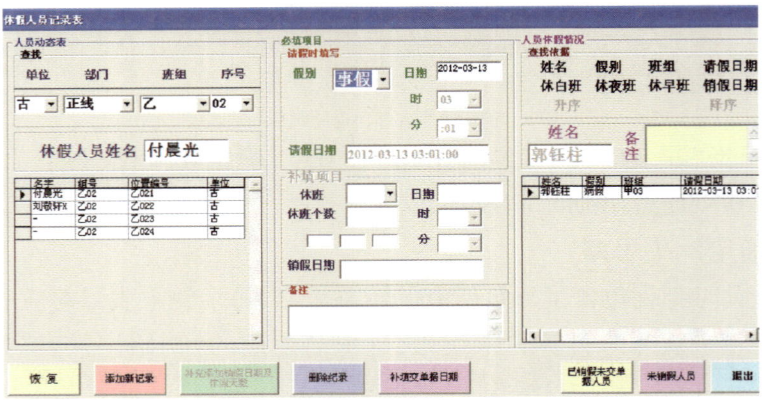

图10 请销假模块

所有假别的办理用鼠标即可实现，请假人员及时显示在右侧未消假人员记录表中及存于数据库内。

请销假记录系统有如下功能：办理人员的请销假、假条回收情况、个人合同医院等与请销假及假条有关的内容，简单实用。

人员请假后安排替班方法如下：

在请销假界面办理完相关手续后，单击退出按钮，进入替换班系统(图11)。

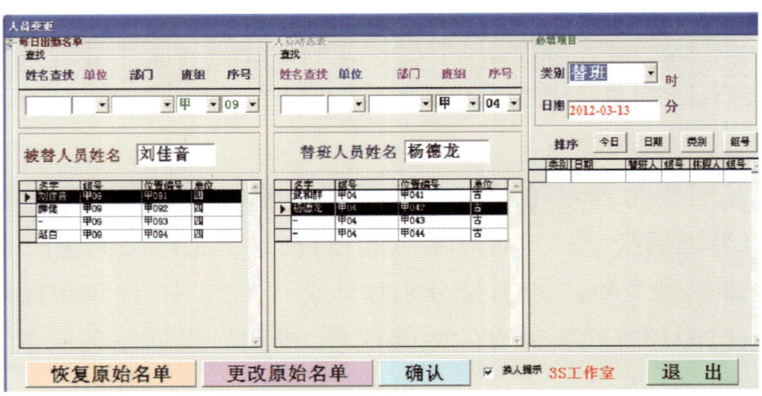

图11 替换班系统

在此系统中可以办理乘务员替班、换班工作，所有替换班记录存于数据库中，替换班完毕返回人员名单页面(图12)。

早73	甲61	郑刚	张杨	-	-	3:53:45	古段
早83	甲71	温倩	杜辰磊	-	-	3:53:46	古段
早13	甲01	郝玉坤	徐晨X	-	-	3:53:47	古段
早67	甲55	李立明1	贾玉龙X	-	-	3:53:48	古段
早15	甲03	-	杨犇	-	-	3:57:45	古段
早69	甲57	刘子健	冯显涵	-	-	3:57:46	古段
早23	甲11	张博	段萌	-	-	4:01:45	古段
早27	甲15	刘长春	李鑫	-	-	4:01:46	古段
早41	甲29	李哥	苍松	-	-	4:06:00	古段
早43	甲31	张磊2	王爵	金晶	-	4:11:00	古段
早47	甲35	姜志鹏	孔德光	-	-	4:14:00	古段
早79	甲67	丁长亮	车杰X	-	-	4:18:00	古段
早81	甲69	韩超	李晓明2	-	-	4:22:00	古段
早75	甲63	张琦	范林2	金鹏	-	4:25:45	古段
早85	甲73	冯凯	马光	-	-	4:25:46	古段
早76	甲66	孙丽	安佳豪X	徐刚	-	4:29:50	古段
早78	甲68	王洪明	王涛3	-	-	4:33:45	古段
早90	甲80	左勇	张凯楠	-	-	4:33:46	古段
早16	甲06	陈强	安晖	-	-	4:37:50	古段
早86	甲76	王幼良	国建伟	-	-	4:41:20	古段
早62	甲52	王雪明	卢永强X	-	-	4:46:15	古段
早72	甲62	吴倞	申文龙	-	-	4:46:16	古段
早08	甲90	秦诚	朱峰	-	-	4:50:20	古段
早48	甲38	曹宇	王广华	-	-	4:55:50	古段
早44	甲34	蔺建宁	马鹏飞X	-	刘金东X	4:59:50	古段
早32	甲22	王涛2	许静	-	-	5:06:00	古段
早36	甲26	刘洪泉	杨海增	-	-	5:06:01	古段
早30	甲20	孔德飞	韩鹏X	-	-	5:10:20	古段
早24	甲14	郭瑞琛	郭颖	高斯	-	5:16:50	古段
早20	甲10	王文彬	夏明洋X	金启	-	5:23:20	古段
早12	甲02	-	苏丹X	-	-	5:29:10	古段
早06	甲88	张忠正	杜银元	-	-	5:38:40	古段
早04	甲86	李晓明1	王新佳	李爱华	-	5:44:20	古段

图12　人员名单

在图12中可以看出有两个轮乘组姓名处高亮显示没有姓名，原因是办完请假后，未安排人员替班；在程序设计时考虑到这一点，在数据库中设计有2个名单表，一个是原始名单、一个是每日名单，这两个表结构完全相同，不同之处在于：原始名单固定不变，每日名单是随着请销假替换班而变化的，比如：甲01张××替甲05李××，办完替班后在每日名单库中甲05李××就到了甲01张××的位置，而原始名单甲01处还是张××没有变化。

在名单显示页面，显示的是每日名单，在刷新名单显示时，每日名单与原始名单进行比对，不同处高亮显示，提示使用者这名乘务员在替班或换班。

班次查询核对系统如图13所示。

此系统功能是：乘务员退勤时，值班员与其核对次日出勤时间、地点。

单击组号或姓名，弹出班次查询对话框及照片，点击查询按钮一次，系统自动累加一天，自动计算出该轮乘组次日所担当的轮乘图号及出勤时间地点，退勤时间地点。

以上内容简单介绍了出退勤系统在人员管理方面的主要功能。

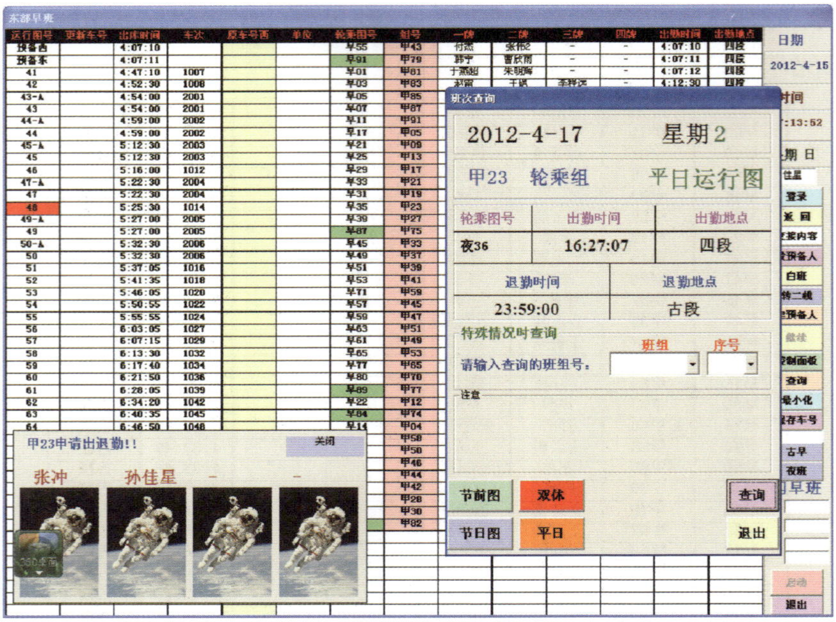

图 13 班次查询核对系统

段内调控中心还担负着段内生产作业组织协调工作，各种运营记录需要留存。鉴于此，为乘务管理系统专门设计了信息记录系统，可以记录有关车辆信息，如图 14 所示。

内容包括如下：

(1)调试、替表、加开、回空记录(图 15)。

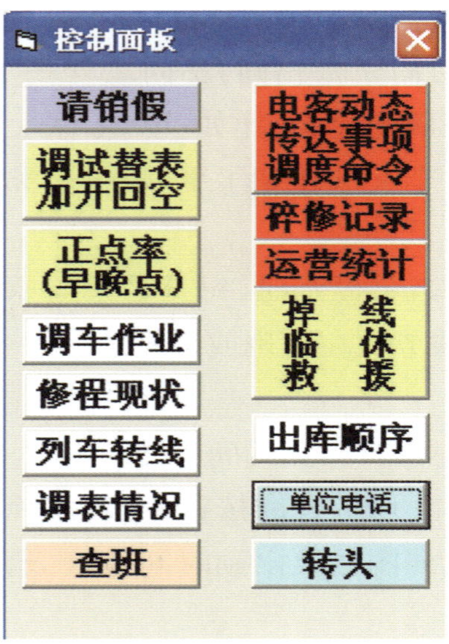

图 14 信息记录系统

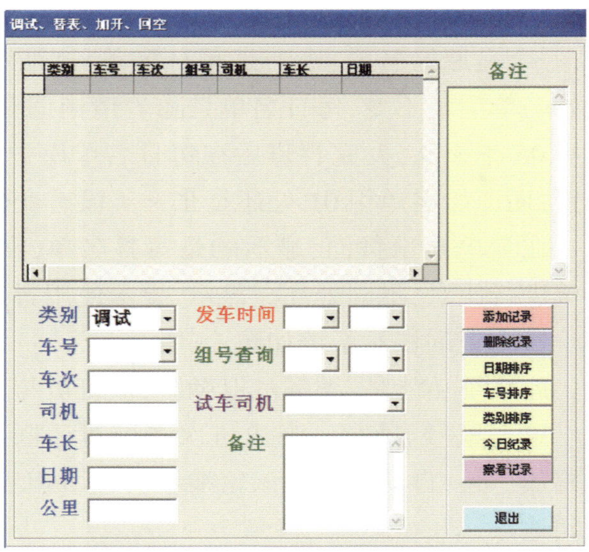

图 15 调试、替表、加开、回空记录表

（2）正点率统计（图16）。

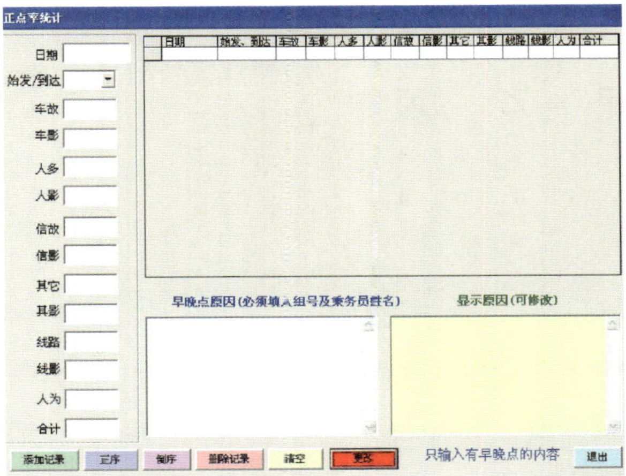

图16　正点率统计表

（3）碎修记录表（图17）。

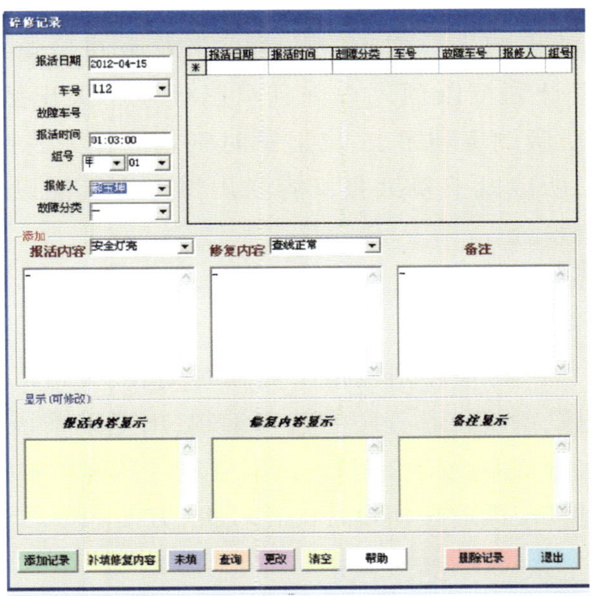

图17　碎修记录表

以上只是列举了几个数据输入界面。在设计这些界面时，充分考虑了使用者的计算机文字录入水平，尽可能地将一些常用的语句名称等文字预存于系统数据库中，使用时以选择的方式自动添加，从而加快录入速度。

3.3　可视触屏班次查询系统介绍

出退勤系统开发成功后根据轮乘需要又开发了乘务员触摸屏班次查询系统。

(1)班次查询系统(图18)。

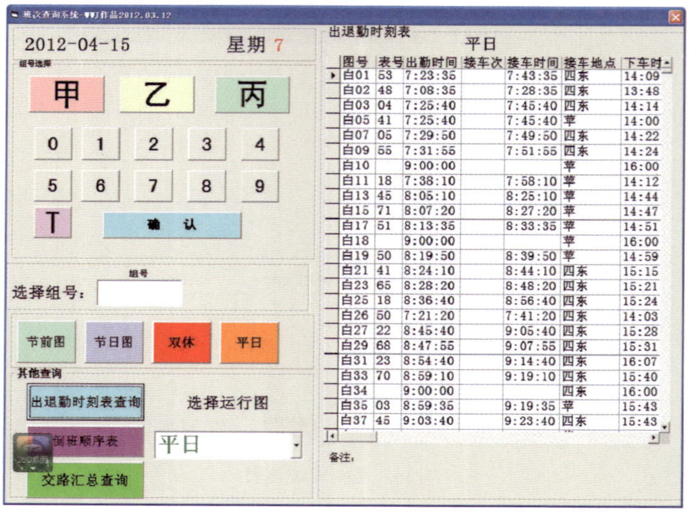

图18 班次查询系统

班次查询系统的作用十分实用。前面讲了轮乘制是轮乘组按轮乘计划值乘,每个轮乘组根据计划可以预先查询到自己任意一天出勤时间地点等信息。过去查询完全靠纸质版倒班顺序表、出退勤时刻表等相关表格相互对照查找,因为完全是人工查找,所以既浪费纸张又容易出错。为保证班次查询的准确性及节约纸张,开发查询系统。

(2)班次查询系统作用。

①可以查询任意轮乘组任意一天的班次。

②显示所有运行图轮乘计划包括出退勤时刻表、交路汇总表、倒班顺序表。程序设计时,以出退勤系统核心程序为蓝本编制,出退勤系统是根据轮乘图号计算对应的组号,班次查询系统恰恰相反,是根据组号计算轮乘图号。

考虑到使用触摸屏,因此按钮设计的比较大,方便触摸。

3.4 轮乘站二次出勤提示系统

二次出勤提示系统如图19所示。

二次出勤提示系统,为轮乘站专用系统,由于轮乘站负责日常轮乘组织工作,当运营秩序发生紊乱时,轮乘站值班员需要以最快的速度查到某个车次的交接情况,及时通知相关乘务员轮乘计划变更情况等信息。以目前2分05秒间隔来说,值班员必须在2分钟之内查到相关乘务员的联系电话、轮乘图号等相关信息,及时联系乘务员,指挥其轮乘工作。过去要找到担当某一车次的乘务员,需要根据车次排序表,找到轮乘图号,再根据轮乘图号、大账记录找到组号,找到乘务员，再查阅联系电话本，找到乘务员联系电话，经过以上这些步骤才能与乘务员取得联系，很容易错过联系时机，造成运营秩序不能尽快调整正常。鉴于此，设计编制轮乘站二次出勤提示系统。

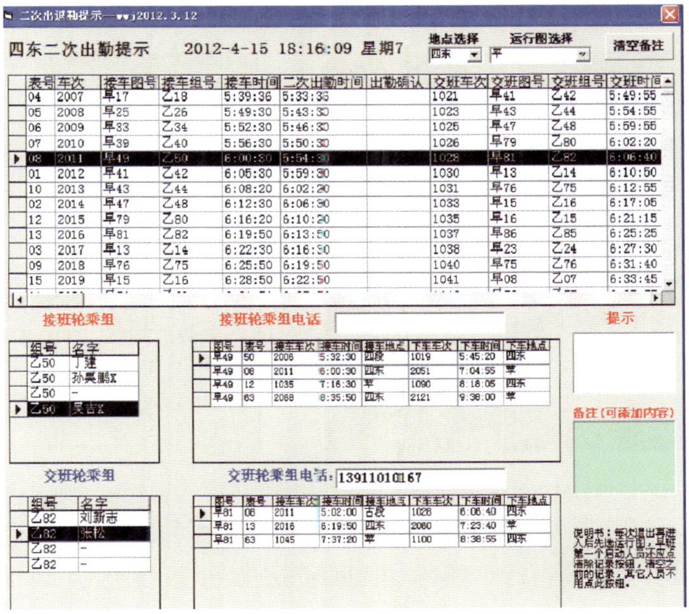

图 19 二次出勤提示系统

轮乘站二次出勤提示系统，配合出退勤系统使用，调用出退勤系统相关数据库；使用时选择地点、运行图后系统自动计算出组号，并存入数据库中，并按时间顺序由早至晚排序显示。1 号线规定乘务员提前 6 分钟向轮乘站值班员二次出勤，到二次出勤时间未出勤系统将提示并自动记录晚点时间，值班员能够及时提醒相关乘务员接车，以免发生漏乘造成运营秩序紊乱。查找相关轮乘组信息时，单击车次，系统将显示该车次交班及接班轮乘组组号、姓名、轮乘图号及当日交路；单击姓名将显示其电话号码，便于及时与其联系。若需要提示某个车次乘务员注意事项时，可单击相关车次，在备注栏为添加提示内容，当该车次乘务员二次出勤时，自动弹出提示信息，值班员能够及时提示乘务员。

轮乘站二次出勤提示系统一经推出得到了轮乘值班员的热烈欢迎，为轮乘组织工作提供了极大的便利，特别是运营秩序紊乱时，为轮乘秩序尽快恢复正常提供了莫大的帮助。

3.5 出勤前答题系统

轮乘制的缺点除人员管理困难外，还有就是对乘务员技术业务培训的困难。鉴于此，为了提高员工业务知识，补充教育培训时间的不足，更好地巩固所学知识,研发了答题系统,此系统为触摸设计。

图 20 为乘务员在出勤前使用答题系统进行答题。

答题系统分为两部分,登录部分和答题部分。

登录界面如图 21 所示。

图 20 乘务员在出勤前使用答题系统答题

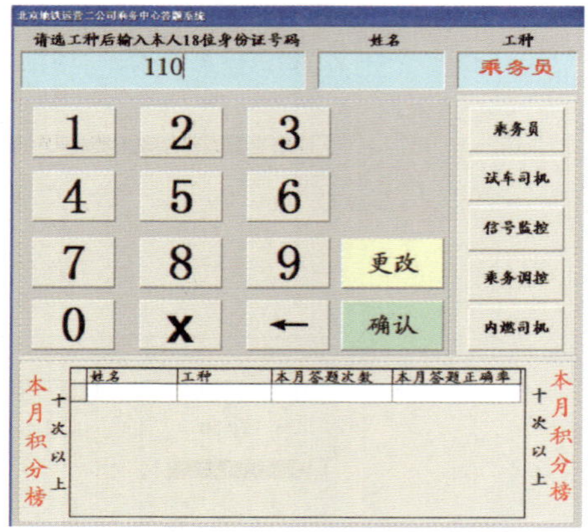

图 21 答题系统登录界面

如图 21 所示,答题人员使用本人身份证号进行登录,输入正确后显示照片。该系统包括了乘务中心各工种题库,根据所选工种系统将自动筛选所选工种题目。下半部分是本月积分榜,只显示每月答题次数在 10 次以上的人员,此设计能够激励员工学习的热情。

登录后进入答题部分,如图 22 所示。

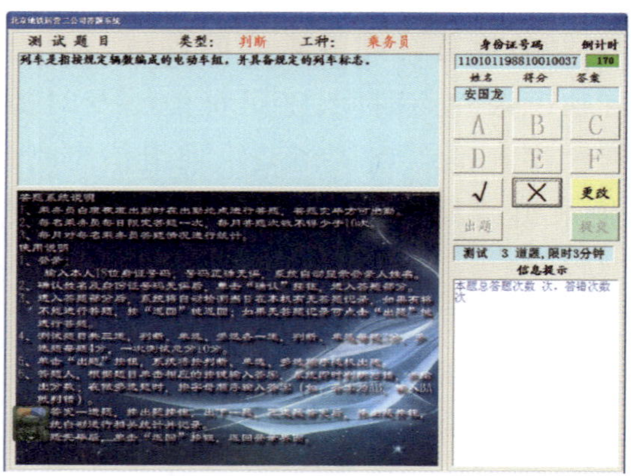

图 22 答题界面

答题部分左侧上半部为题目显示窗口,下半部分进入此界面时显示使用说明,当有识图题时,在此处显示图片;右侧显示答题人信息,包括姓名、身份证号,以及所选的答案、得分及倒计时。

右侧中间按钮为答案输入按钮。右侧下半部分为信息显示框,显示内容为判断对错、答错后显示正确答案、显示得分及正确率等相关信息。

设计时规定题目类型分为 3 种,判断题、单选题、多选题。每次各类型题目各随机出 1 道,总计 3 道,答题用时为 3min。答题开始,进行倒计时,时间到未答题目按错误处理,答题完毕后,系统将自动记录得分及本月正确率。系统规定每日只能答题一次。

4 实施效果

通过在北京地铁 1 号线各轮乘站、运转室的“以‘高效节能、便捷管理、自主创新’为核心的北京地铁 1 号线乘务中心乘务管理系统”的有效运行，全面提高了人员信息的数字化管理，节约了资源消耗。公司员工在使用这套系统过程中，也对这套系统的设计和构想以及它的可操作性给予了肯定。总体来讲，“以‘高效节能、便捷管理、自主创新’为核心的北京地铁 1 号线乘务中心乘务管理系统”有以下几个方面的作用和优点：

(1)确保信息准确性，实现高效运营。该系统通过技防手段有效防止人员缺岗、漏乘和人工操作带来的失误等情况，并且能够快速查询任意日期人员的使用状况，提高人员管理的可控性，还可通过查询找出人员使用中存在的不足，以便及时改正方法，达到运营组织的最优化。

(2)减少值班员人数的配置，节省人力成本，提高工作效率。值班员由原来的 2 人一组转为了 1 人制度，在便捷快速掌握乘务员信息的同时，还可专注于运营组织工作，提高工作效率，提高信息化管理精准度，随时掌握人员动态，做好调配准备；按 4 个出退勤地点每班节省 4 人计算，4 班可节省 16 人。

(3)功能完善，操作简单，具有较强的推广性。“北京地铁 1 号线乘务中心乘务管理系统”经过不断完善修改，采用模块化设计，只需将地铁各条线路的倒班方式、轮乘计划数据库进行更换，即可在本线路使用，有很强的移植性，应用前景广阔。该系统的出勤前考试系统已广泛应用于二分公司所属各条线路，促进了员工间的互相学习，提高了业务素质和技术水平，培训效果明显，满足了现今乘务员岗位的培训需要。

“以‘高效节能、便捷管理、自主创新’为核心的北京地铁 1 号线乘务中心乘务员出退勤管理系统”是 1 号线乘务中心员工技术与智慧的产物，完全自主研发，为企业节省了大笔研发经费，可靠实用，提高了工作的时效性和准确性，成为了现今北京地铁 1 号线乘务工作中必不可少的信息化管理工具，为公司整体走向信息数字化，无纸化时代开创了先河、夯实了基础。它满足了“六型地铁”的要求及需要，赢得了良好的经济效益和社会效益，提高了北京地铁的核心竞争力，保证了北京地铁安全有序的运营，为北京地铁的建设作出了重大的贡献！

（该项目 2012 年被北京市企业管理现代化创新成果评审委员会评为“北京市第二十七届企业管理现代化创新成果一等奖”）

“科技创安”理念在地铁运营安全管理实践中的应用

运三分公司课题组　王华东

摘　要：近年来，随着新线的陆续开通，地铁已经形成了规模化运营网络，市民出行乘坐地铁的需求大幅度增长，对其依赖性显著增强。这使得地铁的客运量屡创新高，列车满载率居高不下，给地铁运营安全增添了新的难度。同时伴随着管理体制、运行机制的变化，也给各级管理者在运营安全管理理念及手段的更新和创新提出了全新的要求。

关键词：安全运营；管理体制；“科技创安”

0 公司简介

北京地铁运营三分公司是北京市地铁运营有限公司下属的二级单位，目前公司承担着2号线、8号线、10号线、13号线四条线路的车辆维修、行车组织、客运组织、设备运行等综合运营服务业务，为乘客提供出行服务。公司管理着5个车辆基地、89座车站及140km的运营线路。

安全是地铁的生命线，在管理体制、运行机制发生巨大变化的同时，如何更好地保障运营安全，进一步为乘客提供便捷、高效的出行服务是公司面临的重大课题。为此公司进行了全方位的调研，在已有安全管控措施的基础上，加大科技力量投入，通过实施“科技创安”工程，实现了运营安全管控手段从“人防”向“技防”的转变。2009年运营三分公司4条线路全年累计开行列车60.4766万列，完成走行公里8868万车km，实现年客运量6.8679亿人次，运行图兑现率平均值为99.98%，实现了安全年。

1 课题背景

近年来，随着新线的陆续开通，地铁已经形成了规模化运营网络，市民出行乘坐地铁的需求大幅度增长，对其依赖性显著增强。这使得地铁的客运量屡创新高，列车满载率居高不下，给地铁运营安全增添了新的难度。同时伴随着管理体制、运行机制的变化，也给各级管理者在运营安全管理理念及手段的更新和创新提出了全新的要求。内外部环境的变化为运营安全带来了不容低估的风险挑战。

1.1 面对安全运营标准持续提高带来的考验

地铁公司事故处理规则大幅提升了各项安全管理标准。公司管理具有所辖线路多、运营里程长、换乘站点多、运营环境复杂且处于枢纽地位的特点,增加了管理的难度。同时由于地铁的安全文化理念,地铁公司考核指标的每一次提升对我们的运营能力和安全风险承受能力都是一个考验。一些过去行之有效的安全控制办法和措施已经不能满足新的管理需要,需要创新思路,改进提高。

1.2 面对管理体制、运行机制改革带来的考验

由于地铁线路规模不断扩大及网络化运营的需要,2009年公司重新组建后,管理模式、乘务制式也随之发生了改变。公司管理幅度、运营业务范围大幅扩充,而管理人员比例较改制前大幅减少。作为地铁公司运营业务的核心公司,如何在体制变革后,特别是实施单司机制后,进一步加大管理力度,持续保持安全运营生产好的势态,实现精干高效是我们面临的巨大挑战。

1.3 面对新设备、新人员带来的考验

地铁行业的特殊性,决定了专业技术人才的社会通用性差、替代性弱。一是新线陆续开通带来公司人员分流,公司技术骨干力量被迅速摊薄;二是2008年后乘务员社招员工大幅增加,行车经验匮乏,心理素质、技能各方面存在一定的缺陷,形成潜在隐患;三是地铁电动列车置换新车,新老员工同样面临着重新学习、培训、认识和提高的过程。如何开拓思路,创新培训手段,解决乘务人员操作技能及故障处理能力,是我们面临的重要课题和挑战。

2 成果内涵

"科技创安"的内涵是确定安全隐患风险点,运用大量科技手段为运营安全保驾护航,借助高科技工具,实施从"人防"向"技防"转变的科学管理方式。"科技创安"管理模式是以先进的安全文化为引导;以科学的管理方法为指导;以现代化的科学技术为支持;通过科学的理念来识别安全风险,采取科技手段,预防安全事故的发生。

它包含以下内容:

(1)风险源的识别。采用ABC管理法,通过科学的技术方法,检测手段,确

定可能存在的安全隐患,并根据程度归类。

(2)由“人防”向“技防”转变。在工作中,人是质量意识提高和稳定的决定性因素,但同时人也会随着一些外界环境的变化而变成不可靠因素。因此我们依靠技术力量,将人从简单繁琐的重复性工作中解脱出来,在安全管控措施上由传统的“人防”为主转变为科学的“技防”为主,变被动为主动,努力降低不可靠因素。从2009年开始陆续投入重点部位视频监控、模拟答题系统、行车语音提示系统、站台滞留乘客监控系统、车门与屏蔽门观测系统等,降低不可靠因素影响。

(3)配套的规章制度。加装的新设备需要有完善的规章制度、操作规范为支持。包括《安全汇编》《技术规程》《操纵规程》《列车应急故障处理》及《突发事件应急处置预案》等。

(4)员工培训。目前,在公司所管辖的四条运营线路上,乘务人员中有50%为2007年对社会招录的人员,还有一定数量是近两年来招收的技校生、大专生,专业知识、行车经验匮乏及不稳定的心理素质直接威胁到地铁全线网络的安全运营。需要进行全面的培训以提高人员素质。

(5)评估手段。使用安全风险考核体系对科技创安的实施过程进行监控,检验改造效果,以便于进行及时调整。

3 成果实施

公司进行全方位调研,确定安全隐患风险点,在已有安全管控措施的基础上,大量研究、运用科技手段为运营安全保驾护航的可行性,采用借助高科技工具实施管理的方式,加大科技力量投入,从“人防”向“技防”转变,消除安全运营隐患,实施科技创安。

2009年开始,公司结合运营生产实际,为提高车辆设备、人员的可靠性,与研发单位共同设计开发多项技防成果,陆续投入使用了重点部位视频监控系统、乘务员模拟答题系统、行车语音提示系统、站台滞留乘客监控系统、车门与屏蔽门观测系统等设备设施和由模拟驾驶器、综控员模拟操作台、AFC模拟系统、制动及风动系统模拟台、门机构模拟台、电化教育设施等组成的培训体系,为安全运营保障以及培训高素质的员工队伍提供了可靠基础。

3.1 以“安全第一、预防为主”的安全文化理念为引导

安全是发展的基础,是企业的第一责任。员工素质、维修质量、服务质量和企业稳定,直接关乎北京地铁的运营安全、社会的安全稳定和国家财产的安全。

改制后,公司面临着管理体制、运行机制改革、安全运营标准持续提高等诸多因素带来的挑战,安全在运营生产中的重要性尤为凸显。

3.2 运用重点管理法,识别风险源

公司传统的管理方式是按部就班、各项工作基本同时进行,因此经常出现工作同时上马,甚至有时会出现冲突、丢项落项或工作落实不到位以及执行力不强等现象。随着公司管理幅度的不断扩大,管理效率低下的矛盾十分突出。面对纷繁杂乱的处理对象,如果分不清主次,鸡毛蒜皮一把抓,其效率和效益是不可能提高的。而分清主次,抓住主要的对象,却一定可以事半功倍。我们借鉴了现代管理学中的 ABC 管理法(ABC Analysis),以指导公司安全隐患治理工作。

ABC 管理法是根据事物在技术、经济方面的主要特征进行分类排列,从而实现区别对待区别管理的一种方法。该分析方法的核心思想是在决定一个事物的众多因素中分清主次,识别出少数的但对事物起决定作用的关键因素和多数的但对事物影响较少的次要因素。公司在科技创安管理工作中借鉴 ABC 管理法,根据工作的重要程度,抓住主要矛盾,分清重点与一般,从而有区别地采取更具体的管理方式(表 1)。为了确保安全运营,逐项列举可能存在的安全隐患,具体详细分析各项隐患的安全程度和与工作之间的关联性,将所面临的急待解决的隐患分为三类:A 类是管理的重点,列为高风险;B 类是次重点,列为较高风险;C 类是一般风险。A 类工作是必须马上解决的问题,如防止列车车门夹人走车事故;B 类工作是亟待解决的问题,但解决起来会需要一定的时间,如乘务员的技能培训;C 类是一般安全问题,如对人员值岗情况、设备运行情况的监控(表 2)。

安全隐患治理 ABC 管理法应用分析 表 1

隐患内容	隐患分类	存在部位	运用的手段	拟达到的效果
通过定期评估确定影响运营安全的问题	根据对运营安全造成的影响确定风险类别(A 类、B 类、C 类)	确定隐患存在的部位、线别等	为弥补或改善缺陷而采取的方法,包括:技防措施、监控方式以及教育手段等	目标化管理,达到预期的效果

通过 ABC 管理法的指导,使工作明确化,重点化,所有的工作有专人负责,所有工作人员都十分明确自己的职责,理解自己职责的重要性,起到了环环相扣的作用,真正实现联动机制。通过工作的检验,得到很好的效果。

运营安全风险一览表 表2

隐患内容	后果	隐患分类	存在部位	运用的技术手段	拟达到的效果
动车前,单个司机无法确认站台乘客是否处于安全位置	夹人夹物行车,造成人身伤害事件	A类	2号线 13号线	安装列车后部监视设备,有效监控车辆后部及站台情况	杜绝夹人夹物
不易确认屏蔽门与车门之间的状况			8号线 10号线	注重细节管理,确保监控无死角。在站台后部加装LED灯,提高尾部门间隙的照明条件,起到良好的参照性作用	便于单司机观察门间隙无异常状况
车场没有技防设备,车载设备故障单个司机无法应答	发生各类行车事故	B类	2号线 8号线 10号线 13号线	通过加强过程控制确保规章制度的落实。在重点区段安装行车语音提示系统	在各重点作业环节中对单司机进行有效安全提示
年轻乘务员行车经验欠缺;技术业务薄弱	车辆突发故障情况下处置不当造成延误运行		2号线 8号线 10号线 13号线	加装司机驾驶模拟系统、安装答题系统,加强系统培训,提升乘务员应对突发事件的应急处置能力	全员进行技术业务培训、考试、定期对员工专业业务知识掌握情况进行抽查、评估
员工执行标准化作业程序不到位	员工违章违纪,操作不当,造成各类事故的发生	C类	2号线 8号线 10号线 13号线	在重点部门安装视频监控系统,便于监控、分析员工日常操作行为	规范员工值岗行为,提高员工执行标准化作业的自觉性

3.3 运用现代化的科学技术,预防隐患

公司运用现代化的科学技术手段,加大科技投入,配备先进、成熟、适用、可靠的技术装备。利用先进的检测、监测设备有效控制设备运行,为科学管理提供原始数据;同时加强数据分析、总结运行规律,为故障判断提供准确的定位信息,对可能出现的问题进行预防和超前处置,实现安全关口前移,提升服务能力,满足车辆、设备管理和安全运营的需要,克服各种不利因素带来的挑战,确保安全运营工作持续稳定提升。

采取科技创安的手段,先后开发制作并投入使用了地铁行车安全视频监视系统、行车语音提示系统、乘务员培训辅助系统、屏蔽门防夹监视设备及地铁列车驾驶仿真系统等。

(1)增加技防设备设施的投入。

加入国际地铁协会后,通过与CoMET指标对照,北京地铁的每公里定员、车公里和人公里等指标尚未达到国际同行业的一流水准。2009年北京地铁运营公司提出实施乘务制式改革,要在2号线、8号线、10号线依次推广单司机轮乘制。

这是北京地铁提高劳动生产效率,与国际一流接轨迈出重要意义的一步。为此公司提出要规范基层单位人员的配备标准,拟定了电动列车乘务员定员标准,并在历年安全运营经验的基础上,参照CoMET组织先进工时利用率,确定既有线路由正副司机制向单司机轮乘制改革,将现有司机副司机制2人操控列车改为由1名乘务员独立承担,在满足“新地铁”高标准的前提下,提高工作效率,降低人工成本。

随着北京地铁2号线、13号线实行单司机制运营模式后,列车启动后对站台进行有效监控的风险加剧,虽然已在站台端头加装后视镜,但受客流量大及后视距离短等短板制约,此隐患未能根治。

随着全社会安全意识的普遍提高,地铁的安全运营已经成为政府、市民和社会各界关注的热点,地铁运营过程中发生的任何意外事件都会被快速传播。如2010年7月5日18时左右,上海2号线一地铁列车在中山公园站进行开关门作业,车门即将关闭之际,一女子欲强行上车致使手腕被夹,由于事发下班高峰,客流量大,站台滞留乘客较多,乘务员没能及时发现被夹乘客,列车正常启动后带动该乘客致使其与站台防护栏发生撞击后身亡。2010年11月韩国地铁也发生类似惨剧。

原司机副司机制乘务模式时,是由司机、副司机二人共同完成电动列车运营作业,其中关门后车辆起动时后部安全探试工作由负责关门操作的乘务员完成。而单司机制乘务模式改由乘务员一人负责电动列车的运营作业(图1)。

a)单司机制　　b)司机副司机制

图1　单司机制和司机副司机制

为继续有效执行后部安全探视制度、提高站台乘客的乘降及候车安全,通过系统的调研,确定在电动列车上加装行车安全视频监视系统,该系统由室内监视器和室外摄像机组成(图2),乘务员通过司机室的显示屏可以清晰看到车侧站台的情况,有效地提高了安全可靠度,防止发生险情,提高了乘务员的工作质量。该系统的应用可以使乘务员实时监控和确认站台情况,提高乘务员的日常作业效率,遇有危急情况发生及时采取有效措施,以保证列车启动安全,有效规避人身伤害事件发生。

a)加装的司机室外摄像机

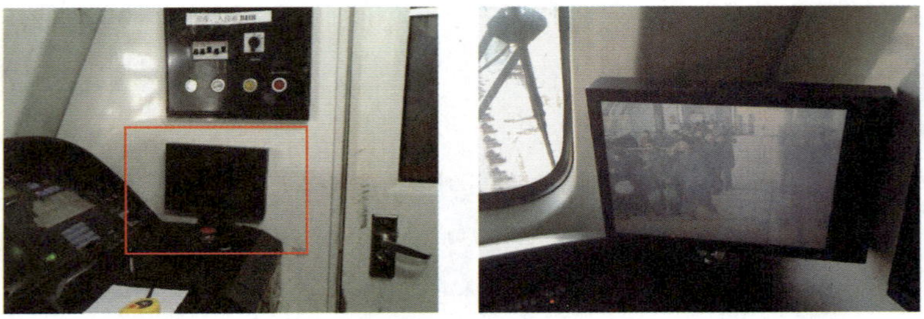

b)加装的司机室内显示器

图2 地铁行车安全视频监视系统

首都经济的发展促进了市民出行需求的持续增长,城市轨道交通以线网覆盖面大、方便快捷以及市政府惠民政策等多重优势成为了老百姓出行的首选,市政府28项缓解地面交通拥堵措施的出台势必将造成地铁出行需求的进一步增长。仅地铁10号线自2008年7月19日开通时的日均38万客流量已增长到目前的日均85万人次,客流增长幅度达124%。10号、8号线开通试运营后,车站屏蔽门系统在带给乘客候车安全的同时,也给我们的运营工作带来了安全隐患。2009年、2010年共发生3起车门与屏蔽门间隙中留有人员和物品危及行车安全的情况,均被乘务员防止,未造成人员伤亡事件。虽然加装有屏蔽门,但由于高峰时段客流量很大,屏蔽门与车门间隙狭小、光线昏暗,且站台长度在120m以上,这样的条件不利于乘务员观察,难于第一时间发现异常情况,一旦发生人或物在上下车时夹在屏蔽门和车门之间,又没有及时发现,会对乘客人身安全和行车安全造成极大损害。为此,公司研制和开发了安装在站台尾部屏蔽门与车门间隙处的LED灯防夹监视设备(图3),乘务员通过LED灯柱显示可以即时判断是否存在异物。

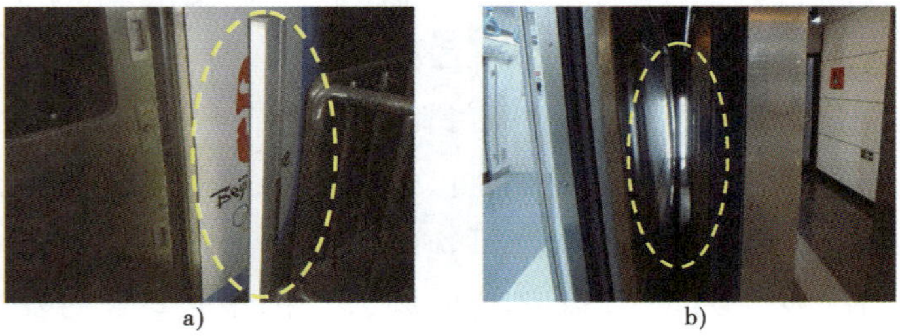

a) b)

图3 屏蔽门防夹监视设备

此设备是配合实行的地铁单司机运营管理制度建设的配套管理设备，提高了尾部门缝间的照明条件，在乘务员确认门间隙时起到良好的参照性作用，大大提升了屏蔽门与车门的安全系数，确保了乘客的乘降安全，规避了行车风险。

(2)加大培训设备设施的投入，加强系统培训，提升乘务员应对突发事件的应急处置能力。

地铁行业的特殊性，决定了专业技术人才的社会通用性差、替代性弱。随着路网规模的扩大和运营里程的快速增长，人才素质的提升存在着瓶颈。一是新线陆续开通带来公司人员分流，公司技术骨干力量被迅速摊薄；二是公司所管辖4条运营线乘务人员中，有50%为社招人员，特别是10号线和8号线的社招乘务员达到了66%以上，还有一定数量是近两年来招收的技校生、大专生，进入运营一线岗位时间短，专业知识、行车经验匮乏，心理素质、技能各方面存在一定的缺陷；三是电动列车更新使用，新老乘务员工同样面临着重新学习、培训、提高的需求。只有采取有效的教育培训手段，通过强化乘务员培训，以缩小技术业务能力与目前安全运营的要求存在的差距，提高员工的可靠性，减少人为差错的发生，消除潜在行车安全隐患。

公司根据新型电动列车实际，建立了北京地铁列车驾驶仿真系统(图4)，通过司机驾驶模拟训练(电声教室)，模拟实际线路运营情况，突发事件的模拟处置，实现模拟乘务员在开车前列车检查和列车运行中应急故障处理。

a)　　b)　　c)

图4　地铁列车驾驶仿真系统

为了提高乘务员综合业务能力素质，我们研发了乘务员培训辅助系统(图5)。该系统预先将《安全汇编》《技术规程》《操纵规程》《列车应急故障处理》及《突发事件应急处置预案》等制度内容编制成题库，储存在培训辅助系统内，在乘务员每日出勤前，通过指纹识别随机抽取题库对乘务员进行上岗前考试，并统计培训合格率，既可以作为培训效果的考查，又为基层单位日常考核管理提供了依据，实现了日常培训的制度化。该系统也可在各个行车重点阶段有针对性进行重点提示，形成电子看板。乘务员培训辅助系统的投入使用，提高了乘务员的安全责任意识和专业知识水平,既改变了以前乘务员“考前突击”“考完就忘”的情况,又成为了乘务员随时提醒自身安全防范意识的载体,同时也为基层管理者有针对性的随机对乘务人员进行抽考,检测乘务员单司机技术业务水平,查找员工不足,采取防范、补救措施,弥补教育不到位造成的缺失提供了管理平台。

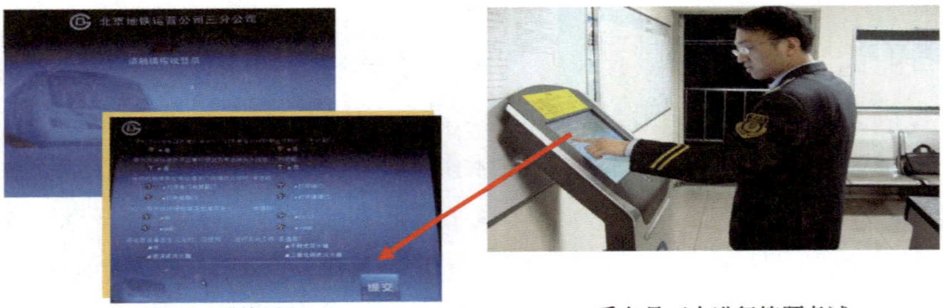

a)系统界面 b)乘务员正在进行答题考试

图5 乘务员培训辅助系统

(3)通过加强过程控制确保规章制度的落实。

乘务员在驾驶列车过程中极易受到各方面因素影响,经过总结、分析以往事故教训得出的结论为:90%以上的行车安全事故是由于乘务员责任心不强或违章操作所造成的。如运营中未严格执行呼唤确认制度,没能确认信号显示及道岔状态,盲目动车导致挤道岔事故的发生;运营中精神不集中,未能及时发现列车仪表的各类显示,致使错过制动时机造成冒进出站信号机等等。而且在统计中,类似的低级人为失误均重复出现未能得到有效消除。

为在单司机值乘作业中,继续有效执行呼唤应答制度、提示乘务员达到安全行车的目的,公司研发了语音提示系统,避免单司机作业因人为疏忽造成误操作,导致意外事件的发生。列车在车场运行,车载设备发生故障时由于没有技防设备易发生事故,在运营线路和车场安装行车语音提示系统和司机室内录音设备(图6),将不同提示内容的标签放置在轨道不同的标志点(如出入库信号机、进出站信号机、道岔防护信号机等),提示乘务员认真确认各重点作业环节,防止发生行车安全事故。例如当列车运行至进站信号机前,车载接收装置自动提示“注意进站,严守速度”;当列车运行至防护信号机前,车载接收装置自动提示“注意信号,确认道岔开通方向”。乘务员对车载提示内容进行复诵、呼唤、确认,通过录音设备对乘务员呼唤应答及行车通话状态进行记录,达到运营中对乘务员的过程控制,督促乘务员有效落实规章制度。

(4)加装监控设备,强化重点岗位监督。

公司组建运行后,管理幅度、运营业务范围大幅扩充,而管理人员较改制前大幅减少。为更有效地提高对重点部位、重点岗位的安全管控,监控及分析设备的运行情况,加强员工落实标准化作业、执行规章制度的自觉性,公司针对要害部门、重点岗位加装了视频监控设备。

a)语音提示系统车内播报器

b)语音提示系统重点区段电子标签触发器

图 6　行车语音提示系统

信号楼加装监视设备,监控值班员操作使用设备及作业制度的实施情况,确保车场各类作业的安全;司机室加装监控装置,监督单司机制下乘务员规章制度的执行情况、标准化作业及呼唤应答执行情况;车站综控室内加装视频采集系统,对各类服务设施、行车、服务、BAS、FAS 作业标准进行监控、进一步规范综控员落实标准化作业。

通过以上 3 种方式,监督监控要害部门、重点岗位员工安全作业行为,防止因违规作业存在的隐患引发安全运营事件,改变了过去对于重点部门和重点岗位作业过程关键环节、关键节点的监督手段,起到了提升安全管控能力的作用。

4 课题成效

公司在已有安全管控措施的基础上,通过采取把现代科技技术植入公司安全运营管理的方式,从“人防”向“技防”转变。在消除公司安全运营隐患,实施科技创安实践活动中,取得了预期的目的,公司安全服务水平稳步提升。

2010 年全年发生由于车辆故障造成延误运行 5min 以上事故仅 1 件,造成运营影响的事故比 2009 年同期下降 50%,反映出在车辆运行稳定性、车辆故障处理和有关培训上达到了预期的效果。2010 年全年事故统计见表 3。

2010 年度事故统计表　　表 3

项　目	类　别	事件数
延误运行 5min 以上	运营影响(车故原因)	1

运营影响造成的事故与 2009 年相比下降了 50%,与 2008 年相比下降了 78%,呈现连年下降的良好趋势,如表 4 和图 7 所示。

2008—2010 年影响运营事故对比　表 4

年度	车故引起的延误运行折算 A 类一般事故统计数	与上年同期相比
2008 年	0.9	—
2009 年	0.4	下降 56%
2010 年	0.2	下降 50%

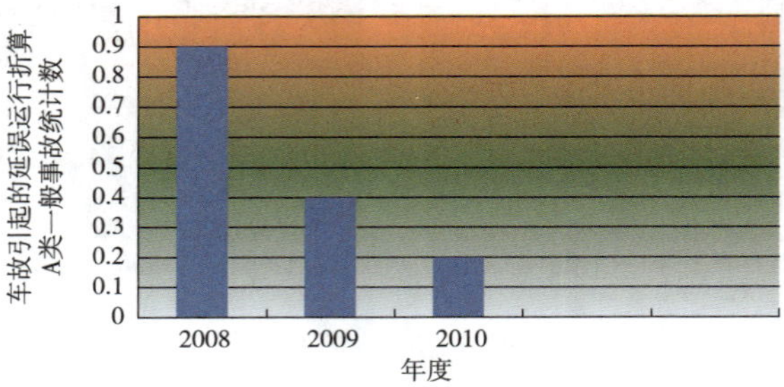

图 7　2008—2010 年车故影响事故统计

4.1　2010 年与 2009 年同期指标对比

(1)2010 年走行公里完成 8963 万车公里,2009 年 8882 万车公里,同比增长 0.91%。

(2)2010 年客运量 81895 万人次,2009 年 68595 万人次,同比增长 19.4%。

(3)2010 年共计开行 612364 列,2009 年 604770 列,同比增长 1.26%。

(4)2010 年平均正点率 99.98%,与 2009 年持平。

(5)2010 年平均运行图兑现率 99.99%,高于 2009 年 0.01%。

通过指标对比可以看到,公司在管理模式、乘务制式发生变化后,在管理幅度明显增加的前提下,通过实施科技创安工程,公司的安全、服务指标均有所提升,特别是安全指标上升更为显著。

4.2　社会效益

2009 年国庆运输保障任务是改制后运营三分公司接受的最大挑战和考验,通过公司全体干部职工的共同努力,实现了“万无一失、绝对安全”的工作目标,各项工作及指标完成情况创历史同期最好水平,被地铁公司授予“国庆 60 周年运输服务保障记功集体”的光荣称号。2010 年,公司全面提升管理水平,实现了安全运送乘客 8.1895 亿人次的好成绩,成为了首都市民出行的最佳选择,取得了良好的社会效益。

2010 年,单司机制乘务模式正式实行,公司在推行过程中筹划精密、措施完备、组织有力、实施平稳有序。乘务中心通过严密部署,精细组织,努力提高执行力和管理水平;通过对乘务员进行的卓有成效的单司机制培训,使得单司机的标准化作业程度大幅提高,业务能力普遍加强;在单司机制实施过程中,切实做好各项保障工作,及时发现问题归纳总结,为单司机制改革成功奠定了良好基础,最终圆满完成了2010年各项安全运营生产任务。

(该项目2011年获得“第二十六届北京市企业管理现代化创新成果奖二等奖”)

北京地铁路网均衡运输分析

运四分公司课题组　程光耀

摘　要：对于地铁或者城市轨道交通行业，主要运输对象是乘客。均衡运输是将整个路网作为一个整体统筹考虑，充分利用各条线路的运输能力，使客流量与运力能够合理匹配，并在时间、空间上，减少局部位置量力之间的矛盾。北京地铁已经初步进入网络化运营阶段，面对日益增长的客流，要认真审视和分析运输的不均衡特点，通过采取路网协作、共同控制的总体思路，整合全路网资源，进一步提高线路运输能力，加大客流生成地的原始控制，合理引导客流流经途径，形成路网内客流与运力相协调的局面。

关键词：轨道交通；路网；均衡运输

0 引言

北京作为国际大都市，交通拥堵一直是城市的一项严峻问题。为了缓解该问题，政府在城市规划、城市管理中不断出台各种政策加以控制。其中，大力发展公共交通，尤其是轨道交通，成为北京市"十二五"规划中的重要任务。预计2015年，北京轨道交通将形成三横、四纵、七放射的规模，运营里程也将达到660km。

北京地铁自20世纪70年代开通以来，经历了多个发展阶段，随着2010年底15号线、昌平线、房山线、大兴线和亦庄线的开通，2011年9号线、8号线部分区段开通，北京地铁运营线路达到14条，运营车站191座，运营公里339km。

运营里程的不断增加，吸引了大量客流，目前北京地铁最大日客流量已经超过了750万人次。1号线、13号线、5号线高峰时段客流超出运输能力，运营压力十分严峻，安全风险突出。面对当前局势，必须用路网运输的视角来审视北京地铁问题，使客流更加均衡，使百姓出行更加舒适。

1 均衡运输概念

在铁路上，均衡运输是指货物运输的数量和时间安排上尽可能的均衡，货物的流量和流向尽可能稳定，以保证良好的运输工作秩序，充分利用运输能力。

均衡运输并不是简单意义上的平均，而是根据不同位置的运输能力，使其能力能够得到充分利用，同时，又不造成运力严重不足，产生局部运输困难的运输方式。

而对于地铁或者城市轨道交通行业，主要运输对象是乘客，因此，均衡运输是将整个路网作为一个整体统筹考虑，充分利用各条线路的运输能力，使客流量与运力能够合理匹配，并在时间、空间上，减少局部位置量力之间的矛盾。

2 北京地铁现状分析

2.1 客流情况

北京地铁的客流主要由通勤通学、休闲娱乐等客流组成。其中工作日客流以通勤通学客流为主，双休日和节假日中休闲娱乐客流占据较大比例。通常，工作日客流量大于双休日和节假日，客流每周呈周期变化，周一、周五最大，周二、周三、周四居中，周六、周日较少，重点节日期间客流可能会出现激增。

北京地铁自2007年以来客流增长迅猛，现选取2007—2012年4月第二个周五进行同期对比，见表1。

北京地铁客流量对比　　表1

日　期	客运量(人)	同比增长数值(人)	同比增长比例(%)
2007年4月13日	1835163	—	—
2008年4月11日	3560424	1725261	94.01
2009年4月10日	4218444	658020	18.48
2010年4月9日	5577469	1359025	32.22
2011年4月8日	6686815	1109346	19.89
2012年4月13日	7595631	908816	13.59

近6年客流量增幅为413.89%，每年同比增长均超过13%，其中2008年与2007年同比超过90%，主要是因为2007年10月，北京市政府为了缓解城市交通压力，在北京地铁实施2元低票价取代3元票价，以及地铁路网内无障碍换乘单一票价的优惠政策。

2.2 北京地铁均衡运输面临形势

(1)时间分布不均衡。

北京地铁量力矛盾主要集中在工作日期间，双休日相对压力较小。而在每日分时段客流进行统计时，早晚高峰(7:00－9:00，17:00－19:00)客流占据全日客流的40%以上。例如天通苑站2012年4月13日早高峰(7:00－9:00)进站客流达到全日客流的54.54%,最高小时进站量达到14265人次。而其他时段,客流量很低。天通苑站分时进站情况如图1所示。

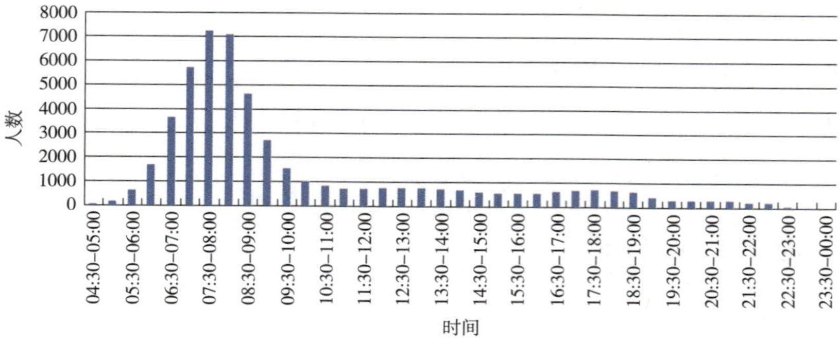

图1 天通苑站分时段进站量分布图

与天通苑站类似的车站很多,如苹果园站、土桥站、霍营站、南邵站等。

(2)空间分布不均衡。

北京地铁14条线路中,各条线路客流量差距很大,这与线路途经地段的土地开发、利用情况、公交接驳情况、吸引范围等因素有直接关系。各线路日客运量如图2所示。

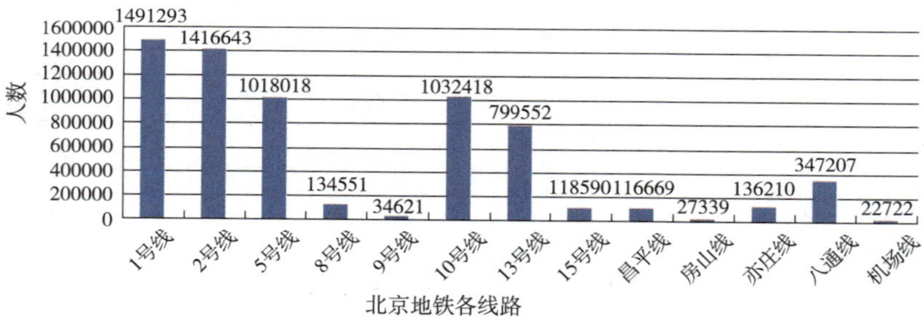

图2 北京地铁各线路日客运量

1号线作为东西方向的贯通线,承载着门头沟、石景山、海淀、东西城、朝阳、通州等地区人们出行的任务,客运量居路网客流首位。5号线作为南北方向的贯通线,每日运送着大量昌平、海淀、朝阳等地区的乘客。2号线是几条主干线的连接线,且位于中心城区,客流始终居高不下。

在各条线路中,均存在客流的高断面区间,见表2。

北京地铁分线路高峰断面情况 表2

线路	小时最大断面客流量(人)	区间	时间段	满载率
1号线	48382	国贸→永安里	7:30-8:30	1.13
2号线	31575	复兴门→阜成门	7:35-8:35	0.82
5号线	41616	惠新西街北口→惠新西街南口	7:30-8:30	1.22

续上表

线路	小时最大断面客流量(人)	区间	时间段	满载率
8 号线	12096	森林公园南门→奥林匹克公园	7:30-8:30	0.69
9 号线	2744	七里庄→六里桥	7:05-8:05	0.23
10 号线	36024	太阳宫→三元桥	7:45-8:45	1.07
13 号线	40091	上地→五道口	7:25-8:25	1.25
15 号线	7458	望京东→望京	7:20-8:20	0.64
昌平线	15138	生命科学园→西二旗	7:10-8:10	1.3
房山线	2465	稻田→大葆台→新宫	7:00-8:00	0.28
亦庄线	8870	肖村→宋家庄	7:10-8:10	0.76
八通线	35289	传媒大学→高碑店	7:30-8:30	1.18
机场线	1310	三元桥→T3 航站楼	17:40-18:40	0.49

2.3 不均衡运输的影响

(1)资源的紧缺与浪费。

第一,由于客流在空间上分布不均匀,最大断面成为评价运力是否充足的决定性因素。在早高峰时段,1 号线、5 号线、13 号线、10 号线、八通线和昌平线,最大断面流量均超过运输能力,满载率超过 100%,即以上线路存在运力不足的问题。为了使这些重点区段能够将满载率控制在合理范围内,必须要增加运力。而对于线路中非重点区段,如 13 号线立水桥至北苑区段等,如此大的运力将无法得到利用,形成运力的浪费。

第二,北京地铁多条线路建设年代距今较为久远,当时并未考虑如今客流增长情况,因此,很多车站的步梯、扶梯、通道、闸机、站台等客运设施能力,都不能完全满足实际客流需求。尤其是客流在时间上分布很不均匀的车站,其车站能力在高峰时段,更显紧张。

在设计中,如将车站能力设置过大,则会出现低峰时段,车站设施闲置的状况,使建设投资增大。

(2)安全风险加大。

第一,线路最大断面多产生于换乘车站前后,在换乘车站出现了"集体换乘"的局面,复兴门、四惠东、宣武门、东直门、西直门等换乘站,能够达到整列车 50% 以上乘客换乘另一线路,如此大的客流同时使用有限的车站资源,使得换乘站成为路网中客流压力集中体现的位置,现场的运营秩序组织工作十分困难。目前,路网中 24 个换乘车站均承受着不同程度的换乘压力。

第二,车站和列车在高峰时段超能力使用,人员密度过大,使原有的安全保障无法充分发挥,安全系数降低。此外,长时间的超正常使用,也会加速设施和车辆的劳损,降低其可靠度,可能形成新的安全隐患。

3 北京地铁均衡运输的控制措施

面对当前客流不均衡的状况,需要树立路网的理念,充分整合、利用路网资源,在空间和时间上能够使客流更加均衡,降低量力不匹配的矛盾。

3.1 提高运力

提高运力是满足日益增长的客流需求最直接的方法。对于目前量力矛盾突出的线路,应继续考虑多种途径提高运力。

(1)缩小列车最小运行间隔。

在高峰时段缩小发车间隔,从而增加开行列车对数,使运力提高。在缩小间隔时,需考虑列车信号系统控制模式、区间和线路的限速、可利用列车数量、电力系统承载能力、列车折返能力、重点车站站停时分等因素。运行间隔并非越小越好,而是应该确保安全的前提下,尽可能与客流相匹配。

(2)调整列车运行交路。

北京地铁多数线路采用单一交路方式,即列车均按照线路全程进行运行。上海轨道交通部分采取大小交路运营的方式,如上海地铁 1 号线,大交路为莘庄—富锦路,小交路为莘庄—上海火车站。采用大小交路模式能够将有限的列车更加集中地应用于客流较大的区段,缓解该区段的压力。但线路的其他区段运力将有所下降。此种方式适用于线路中具有明显的高断面区段和低断面区段、且线路中具备小交路折返条件的情况。就北京地铁而言,八通线、13 号线均具备此条件。

无论采取何种措施提高运力,还需考虑本线运力与相衔接线路运力之间的匹配关系。不能解决了本线的问题,却导致了其他线路出现新的问题。

3.2 采取路网限流措施

在现有条件下,使路网客流更加均衡,最为有效的措施,应该是路网限流措施。限流是使客流与车站能力和运力相匹配的控制措施,其根本是改变客流的时间分布,使高峰时段延长,峰值降低。现在采取的限流方法主要有减缓进站速度、分批放行、进出站单向组织、封闭出入口等。

限流不仅是本站客流接近车站瓶颈能力或本站客流需求超出列车运载能力时的措施,当本线路其他车站能力不足,甚至其他线路能力不足时,也需进行限流,即路网限流。采取路网限流,能够使客流在客流发生地得到控制,减少在重点时段进入重点区段的数量,起到路网均衡作用。如为了缓解2号线西直门站压力,在龙泽、回龙观等车站进行限流控制。

3.3 建立客流监控体系

在重点区段和重点车站,建立完善的客流监控体系,通过客流实时监测,对可能超出车站能力或运力的情况,进行预警,为车站采取相应措施,提供更为详实的依据,减少工作人员依据经验判断产生的偏差。这样,车站能够最为准确地掌握客流变化,最为及时地进行现场客流控制,最大限度提高安全系数,避免客流过大造成各种安全问题。

3.4 完善乘客信息系统

乘客信息系统是依托多媒体网络技术,以计算机系统为核心,车站和车载终端为媒介向乘客提供信息服务的系统。地铁的乘客信息系统除了具有地铁基本信息显示、休闲娱乐功能外,还应提供线路运营状况的实时信息发布服务,即告知乘客本线路发生的各类突发事件情况、列车满载情况、线路选择建议等信息,使乘客得到更充足的信息,便于作出判断。如乘客需要由复兴门乘车至和平西桥,乘客有两种路线可以选择:其一为乘坐2号线至雍和宫,换乘5号线;其二为乘坐1号线至东单,换乘5号线。若此时2号线出现故障,通过乘客信息系统告知乘客后,乘客可以选择第二种出行路线,满足出行要求。这种出行引导措施,能够充分发挥人们趋利避害的本能,使乘客自觉、自愿地选取运力充沛的线路乘车,降低量力矛盾冲突。当路网规模更加密集,乘客两点间出行策略较多时,乘客信息系统提供的及时、准确的运营信息将会起到更加重要的作用。

3.5 形成更加具有导向性的公交接驳模式

地铁线路客流吸引具有一定的范围,除了沿线范围以外,还能够吸引由公交接驳而来的乘客。因此,可以通过对某一区域进行合理的公交规划,将该区域的乘客运送至运力相对充裕的线路,减少运力紧张线路的压力,通过公交系统校正地铁线路的吸引范围。

北京地铁已经初步进入网络化运营阶段,面对日益增长的客流,要认真审视和分析运输的不均衡特点,通过采取路网协作、共同控制的总体思路,整合全路网资源,进一步提高线路运输能力、加大客流生成地的原始控制、合理引导客流流经途径,形成路网内客流与运力相协调的局面。同时,还要充分借用社会资源,通过政府政策、各相关单位的共同配合,使路网运输更加均衡,使北京地铁在缓解北京城市交通拥堵问题上发挥更大的作用。

安全管理在地铁供电系统改造中的应用

供电分公司课题组　代　伟　陈延平　孙振海　赵春雨　王世跃
刘芝行　杜　虹　康文广　白继增

摘　要：北京地铁1、2号线供电系统消隐改造工程是有史以来第一次大规模改造项目，北京地铁公司供电分公司通过将安全管理理念在实际的改造项目中运用，确保了改造安全和运营安全，为日后进行边运营边改造的施工项目提供了可借鉴的经验。

关键词：地铁供电；消隐改造；安全管理

0 企业基本情况

北京地铁供电分公司（下称"供电分公司"）是北京市地铁运营有限公司下属的技术密集型的专业设备公司，承担着为地铁机车、动力照明、通信信号、AFC提供可靠电源的任务。公司下设有10个职能部门，10个项目部，1个消防抢险队。公司目前拥有员工2231人，管理着地铁14条、393km线路上的353座变电站。

供电分公司以"安全供电、服务运营"为使命，以先进的管理思想，创新管理理念，采用科学的管理模式和手段，努力完成北京地铁供电系统运行值守、设备计表维护检修等任务。2005年、2006年、2007和2012年共4次获得北京市"安康杯"竞赛优胜企业，2次获得全国"安康杯"竞赛优胜企业。

1 地铁供电系统改造中的安全管理产生的背景

随着城市轨道交通的地位越来越凸显，地铁也越来越成为社会关注的焦点。在交通事业飞速发展时期，市委和市政府对地铁的发展高度重视，尤其是对地铁的安全状况，市领导多次在有关会议上提到地铁的安全管理并做指示，市委书记、市长等市领导多次现场检查、指导过地铁的安全工作，安全成为地铁工作的重中之重。

使乘客安全、准确、快捷、舒适地位移是地铁运营公司的产品，而地铁供电分公司作为地铁的“动力源”,对地铁的安全运行有着至关重要的地位,保证地铁的正常供电是地铁供电分公司的根本任务。一旦供电中断,地铁将停运,造成不可估量的社会影响和直接经济损失。

北京地铁1号线是贯通北京市东西向的大动脉,是客流最繁忙的线路之一,2号线经过市中心最繁华的地段,线路呈环状,是各条新建线路的换乘联络线,担负着多条线路的客流联络、换乘任务。截至2005年,北京地铁1、2号线已运营了35年,车辆、系统设备老化严重,技术含量低,安全可靠性差,远不能达到2008年城市轨道交通线路规划的运能要求,且由于历史原因,未配备齐全必要的安全防范系统设施,这些都给北京地铁的运营造成极大的安全隐患,直接影响到地铁的安全运营。为确保北京地铁1、2号线的安全运营,全面消除各类安全隐患,2008年奥运会之前为使之与城市轨道交通线网规划的运能相适应,高质量完成奥运会保驾服务任务,北京市投入大量资金对北京地铁1、2号线的车辆、设备进行相应的配套改造。

2 地铁供电系统改造中的安全管理的内涵与特点

北京地铁1、2号线消隐改造工程是有史以来第一次大规模改造项目,在国际国内轨道交通史上前无先例。此项工程的特点是工作量大,工期紧,改造难度和困难前所未有,没有以往的经验可以借鉴。特别是边运营、边改造,交叉干扰,安全风险极高;两条线同时进行,施工点多,范围大,管理难度大;系统结构复杂,变电站施工空间狭小,有效施工时间短。这些都对安全供电带来极大的挑战,对施工组织管理、计划管理、安全管理、质量管理都提出了一个全新的课题。

安全是工程改造的命脉,供电分公司深感安全管理的重要性,回顾2年多来的安全管理工作,对此项工程安全生产实践中的经验和作法进行归纳,并应用现代安全管理理论和原理对边运营、边改造中的地铁供电系统的安全生产现状进行分析,总结出一套全新的安全管理方法。并针对不中断运营的地铁供电系统改造施工积累了大量宝贵的管理经验,完善并总结出一套实用的管理制度,为今后工程改造的规范化、流程化管理奠定了基础,并为进行同类工程起到了的借鉴作用。

3 地铁供电系统改造中的安全管理的实施

3.1 地铁供电系统改造中的风险情况分析

公司始终坚持“安全第一、预防为主、综合治理”的工作方针,坚持“抓小防大,安全关前移”的管理思想,一手抓安全供电,一手抓设备改造,通过安全管理系统原理,将整个改造过程风险情况分析,分解为人员类、设备类、现场管理类和管理制度类。

(1)人员方面。

由于此次工程史无前例,没有以往的经验可以借鉴,因此所有参施人员(如运行人员、维修人员、抢险抢修人员、专业技术人员、专业安全管理人员、工作负责人、施工人员、监理人员、设备厂家人员、兄弟单位人员)均存在着对边改造、边运营上的经验缺乏;对新设备性能及新运行方式的了解深度不够;对各种应急预案的掌握情况各不相同;施工人员多、变更交替性强、人员流动大、人员复杂、工作种类多、工作地点分散等风险点。另外,所有参施人员又面临着各自的风险点。

(2)设备方面。

各类设备(10kV 设备、750V 设备、400V 设备、交直流屏、自动化屏、电缆尾线、车辆段手动柜、排流柜)均存在着质量能否 100% 合格、运输与安装过程中设备损坏、改造在夜间倒接过程中有效工作时间短,空间狭窄,工作后的检查调试时间短;将原有设备拆除后在原有基础上安装新柜,新设备在安装过程中存在较多不可预知性;施工中的动火作业,如预防措施不到位,将会造成起火冒烟等事故;设备改造后直接投入运营,无试运营期;自动化系统未安装时,设备报警功能无法完全实现等风险。除此之外,各种设备又存在各自的风险点。

(3)现场管理方面。

①变电站内施工管理:施工现场安全措施落实情况、施工现场照明情况、施工现场各类工具施工用情况、新旧设备的安装、拆除情况、各施工地点消防器材、电缆沟工作时的防护、动火施工、施工单位车站运输、变电站工具、图纸、钥匙等的保管、现场突发事件时,应急预案的落实、施工结束,施工现场的清理等工作需要管理。

②洞内施工管理:入洞工作时,各项工具、材料的使用、洞内施工的临时照明、临时电源、动火施工、登高作业、手推车的使用、施工消防、洞内施工结束后的清理、工作结束出洞时对人员清点等工作需要管理。

③轨道车管理:轨道车运输设备期间和施工期间需进行管理。

(4)管理制度方面。

管理制度建设是重中之重,如不统一标准、制定流程、建立健全规章制度,将无法规范员工的行为,从而增大改造工程中出事故的可能。

3.2 安全管理理论在地铁供电系统改造中的应用

根据对改造工程过程中风险情况的分析,将安全管理理论与实际工作相结合进行有效的运用。

(1)按照整分合原则将整个工程进行分类。

现代管理活动必须从系统原理出发,把任何管理对象、问题,视为一个复杂的社会目的组织系统。首先,从整体上把握系统的环境,分桥系统的整体性质、功能,确定出总体目标;然后围绕着总目标,进行多方面的合理分解、分工,以构成系统的结构与体系;在分工之后,要对各要素、环节、部分及其活动进行系统综合,协调管理,形成合理的系统流通构成,以实现总目标。这种对系统的"整体把握、科学分解、组织综合"的要求,就是整分合原则。

由此,将此次工程的全部工作量按照"整分合原则"分为1号线、2号线共48所变电站的10kV系统改造(包括511面10kV开关柜、26组10KV负荷开关、48台牵引变压器、87台配电变压器);750V系统改造(包括46台整流器柜、207面750V直流开关柜、259面750V直流配电柜、23套排流柜);400V系统改造(35站的400V低压开关柜及48套交直流电源屏);电缆改造(包括10kV电缆、750V电缆、400V电缆、控制电缆);电力监控系统改造(包括1号线电力监控系统的完善、改造和升级,新增2号线电力监控系统等共计72个站的安装、调试工作)。通过整分合原则,使工程整体情况更加清晰,安全管理更有针对性,同时控制也更加有效。

(2)运用3E原则对此项工程进行控制。

造成人的不安全行为和物的不安全状态的4个方面原因是:技术、教育、身体和状态、管理。针对这些采取3种防止对策:法制(Enforcement)对策、教育(Education)对策和工程技术(Engineering)对策,即3E原则。

①法制(Enforcement)对策。

a. 建立组织机构,明确管理职责。

此次改造是一个庞大的系统工程,需要进行周密的部署和细致的计划。在施工改造前期准备阶段,公司领导和有关部门认真分析研究工程改造的特点、困难及存在的风险、不安全因素,分析安全供电面临的形势和任务。为确保设备改造的顺利完成,建立了工程改造组织机构,成立1、2号线设备改造办公室(消隐改造项目部),负责改造工程的整体计划协调组织工作。

建立安全督检组、现场技术组、现场工作负责人组。安全督检组由安全保卫科科长任组长、组员由工程项目部负责人、安全员,运行1、2队安全员以及安全保卫科主管工程的人员所组成,及时发现和解决施工现场存在的安全隐患,严把施工安全关。安全督检组根据改造中的设备技术变化,制订相应的规章制度和临时性措施,保证员工在执行临时性措施时有章可循。

现场技术组,由技术科长任组长,组员由专责工程师组成,在掌握新设备性能的前提下,现场技术组提出技术要求,解决现场技术问题,并负责现场验收工作,确保设备安全稳定的投入运行。

现场工作负责人组由项目部安全生产副经理任组长,组员为运行队、维修队中具有一定工作经验的员工,主要负责落实现场的安全组织措施、技术措施、应急方案。

现场工作负责人组下设直线组、洞内电缆组、轨道车组、环线组,明确了安全、生产副经理职责,计划调度员职责,安全员职责、各小组组长和工作负责人职责,做到责任到人,职责清晰,有效保障人员安全。

b. 健全规章制度,规范工作程序。

在施工组织管理方面做到制度先行,制度跟进,注重总结,规范流程。建立健全各项规章制度,以制度规范行为,以制度保证安全质量和进度。制定《施工现场岗位责任管理办法》,出台《地铁1、2号线消隐工程供电系统项目管理规定汇编》,包括《施工管理规定》《施工安全管理规定》等26项内容。在改造初期,工程管理由准备期进入具体实施期,为指导施工阶段的具体工作,如设备到货验收、施工现场管理、设备阶段性验收、设备发电、废旧物资处理等,根据实际情况制定《施工现场岗位职责》《现场安全督检管理办法》《设备出厂验收管理细则》《阶段验收发电程序》等管理规定及流程,做到施工管理有章可循,有章可依。为规范施工现场管理,制定了《施工现场工作负责人工作流程》《洞内(区间)施工流程》《现场施工工序》,明确了施工全过程的具体工作内容要求和标准,并将流程表格化,便于操作,人手一册,做到工作有标准,实施有流程,处处有监督,事事有考核,建立起覆盖施工改造全过程的管理制度、作业规范和实施流程,保证工程顺利进行。

c. 辨识风险点,加大安全管理力度。

各项改造任务均在不中断运营的情况下进行,工程难度极大,夜间施工时间短,场地狭小,时间紧、任务重、风险大、要求高、交叉干扰严重,情况错综复杂,如果稍有不慎处置不当,改造工程本身就会成为运营安全的重大隐患,因此需要进行周密的部署和细致的计划。在总结以前改造经验的基础上,认真分析研究此次改造的特点、困难及存在的风险、不安全因素,编制出《北京地铁供电公司设备改造工程安全风险点及对策措施汇总表》,从人员、设备、现场等方面对改造中存在的风险点进行了全面的分析,并制定出相应的针对性措施。

②教育(Education)对策。

为保证施工安全质量,保证设备过渡期间的安全稳定,使值班人员和维修人员尽快掌握新设备,公司重点从安全教育、技术设备知识方面加强人员的培训。

a. 实行专项安全三级教育。

包括公司级安全教育、专项管理单位级安全教育、施工单位级安全教育。通过集中培训和现场培训两种方式,对各参施单位从工程安全整体概况、工程人机作业环境情况、施工安全管理规定、施工现场管理规定方面进行了培训,着重对供电公司现场工作负责人、现场技术人员、安全督检组成员、施工单位、监理公司、设备厂家进行施工组织方案、过渡方案、应急预案、事故处理细则、风险考核办法、工程中所使用的表票记录等方面的培训,使工程改造人员从思想上对消隐改造工程进行再认识,并引起高度重视。

b. 实行三层技术业务培训。

包括公司集中培训、队级现场培训、厂家培训。授课单位包括设计单位、厂家、施工监理部门、工程办公室等。培训对象包括供电公司专责技术人员、专责工程师、工作负责人、运行职守人员、变电检修人员、各级管理人员、电力调度人员。培训内容包括设计交底培训、项目管理培训、设备技术培训、施工进度培训等。要求整体培训覆盖面达到100%。

c. 组织参施人员参加监理培训。

为了进一步加强项目管理,供电公司组织工作负责人和技术人员参加了建设部工程监理工程师培训学习班,完成了包括建设工程合同管理、建设进度控制、建设质量控制、建设监理概论、建设工程投资控制等5门课程的学习,最终取得了由建设部颁发的《全国监理工程师培训班结业证书》,从而提高了工程管理人员、工程技术人员的业务素质和理论水平,并应用于此次改造工程中,效果明显。

③工程技术(Engineering)对策。

1、2号线供电设备改造工程量大,难度高,为确保安全、顺利、高质量完成,供电公司施工组织管理做到严把"五关"。

a. 严把设备安全质量关。

通过招投标工作,选择了一批质量过硬、信誉良好的设备厂家。通过设计联络,向设备厂家提出我们的需求和标准。对产品设备安全质量的生产过程进行了严格的控制,尽一切可能将缺陷消除在出厂之前,通过进场监造途径,对供电设备原材料的采购过程、生产工艺流程及测试结果进行把关,防止不合格品出厂,从而保证供电设备在制造过程中的质量,保障工程的设备安全。

b. 严把开箱验收关。

设备到货后,供电公司组织有关部门、科室的工程技术人员、专责工程师对到货设备进行严格验收。外观查箱体是否完整,铅封是否良好,放置是否符合标准。拆箱后查设备有无残损或变形,专用工具、特种工具及其他备件、配套设备、技术文件、图纸资料、产品合格证、使用说明书等是否齐全、完整。

c. 严把安全运输关。

为了把供电设备完好无损地运送到变电站,供电公司抽调专人负责轨道车运输组织工作,负责检查设备放置是否稳固,捆绑是否符合要求,防雨措施是否到位等安全运输工作。

d. 严把施工安全质量关。

供电公司从源头抓起,通过招投标工作,选择到一支作风比较过硬、信誉比较好、管理比较严,有一定经验的施工队伍,并在改造开始之前对施工人员进行严格的安全培训和政治审查。施工过程中除监理外,现场甲方工作负责人从多方面、多角度对施工过程进行现场管理。包括变电站内管理、洞内施工管理和轨道车管理。通过严格履行公司现行的各项规章制度,规范现场施工人员行为,强化现场的安全控制,加大施工现场的管理力度,保证工程改造的安全顺利进行。在施工改造现场,严格执行入门登记制度、工作许可手续、班前教育、现场安全措施,后续进站人员进站手续、验收、发电手续等,使施工人员从入门到出门、从开工到收工,都在管理制度的控制之中,保证施工人员按章施工,施工现场规范有序。另外重点检查施工单位是否严格按电力行业规程、规范、标准进行施工;是否严格履行施工合同中规定的标准和要求;设备安装质量是否能保证运行设备及人身的安全要求,从而确保施工质量。

对于涉及其他单位在我公司区域施工,相关人员对我公司变电站工作环境不熟悉的问题,我公司与相关公司签订安全协议并于现场履行第一种工作票和第二种工作票。为防止产生相关单位人员误碰我公司设备、设施的情况发生,我公司将在现场严格履行安全措施和技术措施,由现场运行人员根据工作特点执行相关工作流程,对相关公司人员进行严格监控并要求相关公司加强完善改造期间的设备防护工作。

对于涉及其他相关公司的施工工作较多,一部分改造工程将在其他公司所管辖的设备区进行的问题，我们加强与其他相关公司的沟通和配合，提高工作责任心，严格控制设备安装质量，保证各项施组方案落到实处。

e. 严把竣工发电验收关。

供电改造工程竣工后，能否一次性发电成功，要经过以下验收：第一步，施工单位自己组织进行自验；第二步，公司工程办组织现场初验工作；第三步，公司由专责工程师牵头组织进行竣工发电验收。同样在三步验收中，安全管理人员也要分三步进行安全把关，由施工方安全员、使用方安全员、公司级安全员分别进行安全验收把关，通过以上层层验收确保竣工设备一次发电成功。

3.3 将预防原则应用于此项工程

针对此项工程特点，供电公司加强对参施人员的培训，制订详细的学习及检修计划，提高参施人员的整体业务素质，根据改造进程及时调整预案，加快掌握使用的熟练程度并不定期的进行模拟事故演练，提高所有参施人员的应急处理能力。

3.4 运用强制原理，加强安全管理

采取强制管理手段控制人的意愿和行为，使人的活动、行为受到安全生产管理要求的约束。

具体表现为：通过制定和执行《地铁 1、2 号线消隐改造工程施工现场安全检查表》，对现场施工证件、各种制度执行情况、安全措施执行情况、消防工作、施工环境、施工人员总共 6 个大项 37 个小项进行现场监督检查，对检查中发现的安全隐患及时排除、整改，并监督检查各级落实整改措施，确保供电安全。做到工作有标准，实施有流程，处处有监督，事事有考核。

通过安全管理理论在地铁供电系统改造中的应用，有效控制了人员、设备、施工现场等方面的安全风险，确保了工程安全、运营安全。

4 实施后产生的经济效益和社会效益

在 1、2 号线改造过程中，通过有效的安全管理，在安全运营的前提下，保证了工期的按时完成，未出现任何上等级的安全事故，保证了施工安全和运营安全，完成了奥运会的保驾任务，得到了市政府及同行业的称赞，取得了良好的经济效益和社会效益。

(1)保证地铁供电系统的可靠性。在边运营、边改造期间，未曾发生过任何影响运营的事故。

(2)通过严把设备安全质量关，设备的可靠性、稳定性有了明显的提高。为

新线开通、低票价大客流冲击、缩短列车运行时间间隔、提高运力创造了良好的基础;为圆满完成奥运保驾工作奠定了基础。

(3)积累了大量宝贵的施工管理经验,完善并总结出一套实用的管理制度,为今后工程改造的规范化、流程化管理奠定基础,并为进行同类工程起到了借鉴作用。

(4)安全培训工作更加具有针对性,职工的岗位操作能力及故障处理能力得到明显的提高,提高了地铁供电运营的安全系数,当供电发生故障或施工出现问题时,工作人员能够按照工作流程和事故预案,迅速、及时、正确地进行处理,从而培养和锻炼出了一批懂技术、会管理的高水平人才。

(5)将安全管理理论运用在地铁供电系统改造中,不仅减少了事故的发生,为维护人民生命安全、国家财产安全及社会和谐稳定起到了相当大的作用。

5 结束语

北京地铁 1、2 号线供电系统消隐改造工程是有史以来第一次大规模改造项目,历时 818 天。供电公司通过将安全管理理念在实际的改造项目中运用,确保了改造安全和运营安全,为日后进行边运营边改造的施工项目提供了可借鉴的经验。此项工程为提高地铁运载能力,5 号线、10 号线、奥运支线、机场线的顺利开通,以及地铁在奥运期间大客流冲击下的安全运营打下了坚实的基础,从而缓解北京路面交通紧张局势,为扩大城市运输能力作出了卓越贡献。

地铁供电仿真培训系统的创建带来培训系统四大变革

供电分公司课题组　代 伟　顾群益　刘爱民　高 飞
张俊兰　曹大涌　王丽增　何九茹

摘　要:在职工技术培训方面,"地铁供电仿真系统"发挥了重要作用。培训针对性强,效果显著,为地铁既有线路和新线开通输送了大批符合岗位要求的人员,为安全运营可靠供电提供了重要保证。

关键词:地铁供电;仿真系统;培训

0 企业基本情况

北京地铁供电分公司是隶属于北京地铁运营公司的分公司。承担着为地铁机车牵引、动力、照明、通信、信号及 AFC 设备提供可靠电源的任务;承担着为变电站正常运行管理、设备检修维护、更新改造、配合新线建设及运营线路上的消防抢险、突发事件的前期处置等任务,在地铁运营中发挥着重要作用;供电分公司具有设备种类繁多,系统构成复杂、设备技术先进等特点,是地铁运营公司的技术密集型设备公司。

地铁供电分公司现有员工 2231 人,设有 10 个职能部门,10 个项目部,1 个消防抢险队。

随着地铁事业的快速发展,设备技术的不断进步,技术职工的培训问题凸显,供电分公司洞察到这一新情况,在职工培训方法和培训管理模式适时更新,逐步建立了与企业发展相适宜的现代化的培训管理体系,为供电岗位培养高技能人才搭建了良好平台。

1 创新成果产生背景

1.1　供电人员现有的知识和技能与新技术、新设备的要求及岗位要求不相适应

当今时代企业的竞争,最终为人才的竞争。企业的最大财富是人才,重视培养人、提高员工的知识技能素质是企业人本管理的重要内容之一。

随着北京地铁大发展,大批新技术、新设备的引进和应用,运行值守方式发生了改变,使岗位工作内容增多,管辖设备更加复杂:既有新设备又有旧设备,既有高压设备又有低压设备,既有微机装置又有综合自动化装置,既有供电系统的常规功能,又有很多特殊功能。这使得地铁供电的安全可靠在硬件上有了进一步的保证。而快速大量的知识更新,也使得现有运检人员的知识和技能与新技术、新设备的要求及岗位要求不相适应;因而只有加强培训,补充新知识,加强事故演练与分析,提高技能,才能跟上地铁发展的步伐。但是由于地铁供电系统的特殊性:地铁每天都在运营,变电站不能退出运行,同时电气设备在运行中也不能随便操作,更不允许制造故障和事故进行演练,由此带来工学矛盾。

1.2 以往的授课方式与地铁的发展不相适应

采用以往的以授课为主、对事故处理进行预想的培训方法,只能是纸上谈兵,不具备分析故障的现场环境,更不具备处理故障的现场环境。但是变电站一旦发生事故又要求变电人员及时、准确、熟练地进行判断和处理,对于平时没经历过实际训练,没有见过事故现场全过程的变电人员很难做到胆大心细、遇事不慌,用良好心理素质对事故进行快速、熟练地分析、判断和处理。由此造成岗位技能、应变能力得不到锻炼,发生事故时极易造成混乱,很可能延长事故时间和扩大事故范围,这些问题必将给地铁安全运营带来隐患,一旦问题发生,将给首都交通带来严重影响。

1.3 培训管理模式滞后于公司的发展

传统的培训管理模式过多的重视结果(如是否签了师徒合同,培训了多少次),而对管理过程重视不够,导致培训管理效率较低、管理过程有时不能很好控制等。

基于上述原因和地铁的发展,更新培训管理模式,创新培训方法,建立一套培训保障体系,为供电岗位培养高技能人才已势在必行。

2 创建地铁供电仿真培训系统

在多年来传统的讲大课、讲图纸、师傅带徒弟的培训基础上,创建了地铁供电仿真培训系统。该系统是全国供电行业唯一包括直流牵引供电系统的仿真培训系统,在全国同行业中处于领先地位。

2.1 供电仿真培训系统的含义

该系统采用严格的数学模型来模拟真实的供电系统的设备运行,通过计算机的屏幕和仿真控制屏、保护屏来展现系统的运行状况，教员台、学员台、控制屏及保护屏之间通过以太网连接。采用全图形化的建模方式，可扩展性、可维护性好。有良好的人机界面，图形美观，使用方便，可视性强。采用多媒体技术，再现一次设备的现场操作过程和运行情况。真实盘屏与虚拟盘屏相结合，既可以在真实设备上进行操作与监视，有真实的环境感，又可以全计算机的方式进行培训，模拟故障现象逼真，软硬件可以同步再现各种故障现象，功能齐全，实用真实、技术先进，是一套现代化的教学培训、进行故障分析的良好工具。

2.2　供电仿真培训系统采用的方案

根据地铁供电系统的实际情况，从培训目的考虑，我们提出了地铁供电系统仿真项目的可行性方案：设现场控制屏、保护盘等硬件并配置多台学员机，实现一次培训 20 多人的目的。

2.3　供电仿真培训系统的构成

根据北京地铁发展的实际情况，考虑到地铁变电站有电源站、牵引站、降压站，为了能兼顾各种类型的变电站以及新旧不同的设备，选择了仿真三种不同类型的变电站，并将这三个站主接线连接在一起仿真，这样既可以分开各站运行、培训，又可以一个完整的系统运行、培训。实现双边供电、越区供电及联跳等特殊功能的培训。

双边供电是指正常情况下，由相邻两个牵引站的馈出开关同时向所在区间的接触轨供电。

越区供电，以西直门、积水潭、鼓楼牵引变电站为例。当西直门、积水潭两站因直流 750V 电源失电不能向同一区间接触轨供电，而由鼓楼站向该区间接触轨供电。

联跳是指当甲、乙两个相邻牵引站所在区间发生短路故障时，如果故障点靠近甲站，则甲站主跳，乙站被甲站联跳，将所在区间的故障点迅速切除。

为使培训现场逼真，更接近实际，仿真现场设有 14 面控制屏、8 面保护盘等硬件，并配置 1 台教员台、11 台学员机。每台计算机上都安装全套的仿真软件，学员可以根据自己的需要或教师的要求在学员机上进行学习、操作，具有很强的代表性和实用性，操作简单，布局灵活，扩展方便。

该系统电压等级为交流 10kV、0.4kV，直流 750V。图 1 为仿真培训系统模型图。

图 2 为供电仿真室全貌。

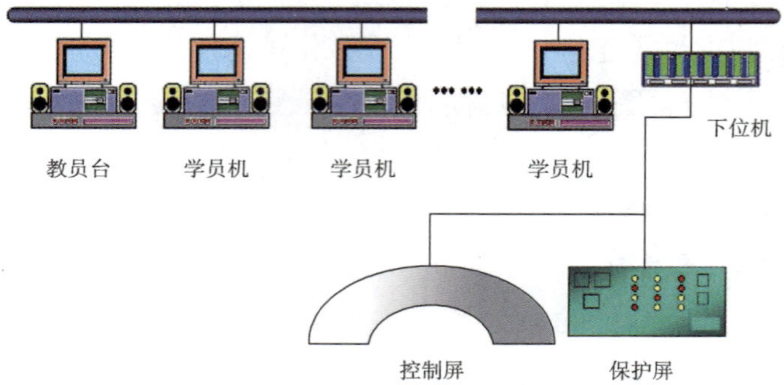

图1　仿真培训系统模型图

a)仿真培训系统控制屏、教员机和学员机

b)仿真培训系统保护屏

图2　供电仿真室全貌

2.4　创新成果——供电仿真培训系统的主要功能

(1)正常情况下对设备巡视、倒闸操作等培训。

(2)异常情况和故障情况下对设备的操作、处理培训。

(3)对已发生故障进行分析。

(4)验证事故预想的正确性。

(5)工作票填写培训。

2.5　利用供电仿真培训系统可以实现的目标

(1)提高员工处理设备问题的动手能力和紧急情况下的应变能力。

(2)发挥人力资源培训与开发在公司管理中的重要作用。

(3)培训手段先进,促进培训管理手段更新。

(4)使用先进的培训手段进行仿真工作票填写培训,为安全管理提供基础保证。

3 创新成果内涵

供电公司是专业技术性很强的公司，要求职工具有很高技术业务素质。由于地铁公司迅速发展，在轨道交通行业的重要地位，因而一旦出现列车停运现象，将造成不可估量经济损失和社会影响。在当前和今后的一段时期内，由于形势的发展，地铁急需大量的符合岗位要求的专业人员，创新培训方法，加强职工培训，提高职工技能，为供电岗位培养高素质专业技能人才，才能适应公司发展、适应社会的需要。

创新成果的指导思想：以实现公司的发展战略为导向，创新适合公司现今及发展需要的具有一定超前意识的现代化培训手段，以培养高技能人才为目的，为建设高技能的员工队伍注入新的活力；建立相关的培训管理制度，为地铁发展培养、储备符合岗位要求的人才起到保证作用。

3.1 地铁供电仿真培训系统的创建，使公司在培训对象、培训师资、培训教材和培训方式四方面发生重大变革

(1)供电仿真培训系统的创建带来培训对象变革。

传统的培训手段，使培训工作的开展受到一些限制，只能对地铁高压电工按高级、中级和初级分层次进行技术培训。现在，有了先进的供电仿真培训系统，使我们的培训对象发生变化。

不仅对地铁高压电工（供电值班人员、检修人员）进行应变能力和动手能力、事故演练等培训，而且对轻轨等城市快速轨道交通供电专业人员进行岗位技能培训；对新入公司人员进行岗位技能培训；对在校生进行供电专业知识和岗位技能培训。

目前，该系统已在地铁供电专业岗位技能培训、技术等级晋级培训、新技术、新知识的培训中广泛应用，并取得显著的培训效果。

(2)供电仿真培训系统的创建带来培训师资变革。

传统的培训手段，使得培训师资水平参差不齐。如师傅带徒弟，对同一技术问题的传授，师傅知识水平的高低决定着传授水平。在当时，师傅的文化水平较低，且没经过系统的培训，师资队伍尚有欠缺。现在，有了先进的供电仿真培训系统，使我们的培训师资发生变化。

①建立内部培训师资队伍。为更好地落实公司培训计划内容，有序开展培训工作，公司规定了培训教员任职条件，建立了由公司技术工人（工人培训教员）组成的专业培训师资队伍。他们是企业的精英，不但具有大专以上学历，而且具

有扎实的专业功底,具有一定培训能力并热衷于供电公司人才培养工作。

②加强内部培训师资队伍管理。内部培训师资队伍都是在支持、热爱培训工作的基础上产生的,所有的培训教师要服从人力资源的教学安排,并承担以下职责:

a. 负责公司内部由于培训需求组织的教学任务。

b. 负责公司内培训教材的编写。

c. 配合人力资源科进行培训后的相关考核。

③加强内部培训教员的培养。由于地铁牵引供电的特殊性,公司注重加强内部兼职培训教师的培养。公司组织了各种培训班,如到设备生产厂家学习先进技术;请培训专家讲怎样授课、怎样进行实操培训以及讲课技巧等。为提高培训教师的技术水平和培训水平奠定了坚实基础,为培训工作的良好开展起到了促进作用。

(3)供电仿真培训系统的创建带来培训教材变革。

传统培训模式下的培训教材的编写,对各条地铁线路供电设备的特点不够突出,侧重理论讲解。当时编写了《直流操作电源系统》《变电站二次回路》《高压电器试验》《电力系统》《继电保护》《供电自动化系统》等 11 本相关专业培训教材(图 3)。

现在,有了先进的供电仿真培训系统,使培训教材发生很大变化:

①结合地铁各条线路实际设备情况,自己动手制作培训课件(图 4)。

②制作了消隐改造设备的实际操作录像片、现场考核录像片;10kV、750V 设备原理及二次图纸解读光盘、PPT 等电子课件。

③制作了新线设备、原理、操作、二次图纸解读等电子课件。

④随着地铁新线的开通,相继编写了新的培训教材(图 5)。

图 3 编写的培训教材

图 4 培训课件

包括《5号线供电设备》《5号线750V二次图纸》《10号线供电设备》《10号线10kV、750V开关原理》(上下册)《10号线10kV开关及保护装置》《机场线供电设备》《机场线750V二次原理图》《机场线10kV二次原理图》《负极柜、接口柜、轨电位二次原理图》等培训教材。

图5　新的培训教材

(4)供电仿真培训系统的创建,带来培训方式的变革。

①采用的学习方式:观看幻灯片、录像片、光盘等电子课件,对片中设备操作流程等内容进行认真学习,增强了形象性。在学习中采取集中学与自学相结合,对电子课件可以全体进行观看学习,也可以回家进行观看学习。除此之外,结合各条线路实际,有针对性进行电子课件制作进行培训。

②分小组讨论:对培训内容进行分组讨论,互帮互学,相互促进,以骨干带动全体,从而巩固、夯实培训内容。

表1为两种培训方式的对比。

两种培训方式的对比　　表1

传统培训方式	使用供电仿真培训系统进行培训
课堂灌输式	现场体验,情景式
教师讲,学员听	教师教,学员练
对设备事故预想,"纸上谈兵"	对设备事故模拟、演示,实际操作
考试题是知识点,涉及面窄	考试是把点串成面,涉及内容广,加强形象思维培养

图6为传统模式下的培训。

a)课堂培训

b)事故预想练习

图6　传统模式下的培训

图 7 为使用供电仿真培训系统进行培训。

a)课堂培训　b)倒闸操作培训

c)实操练习　d)查找设备故障

图 7　使用供电仿真培训系统进行培训

3.2　建立和不断完善培训管理措施

为保证培训质量和培训效果,使培训工作按照公司计划有序开展,结合公司实际,设立了培训组织机构;制定了《供电公司教育管理责任制》《供电公司员工教育培训管理规定》《供电公司培训效果评估办法》等规章制度。

《供电公司教育管理责任制》共 6 章 15 条。主要包括公司教育培训三级管理机构的职责,各级培训负责人、基层各单位职责,以及公司员工的职责等。

《供电公司员工教育培训管理规定》对新入职人员及在岗员工在培训内容方面做了具体规定,为了规范培训管理工作,建立了以下培训管理制度:“教育培训登记制度”“教育培训反馈制度”“教育培训考核制度”“轮训制度”“培训教员及考评员管理规定”。

《供电公司培训效果评估办法》对评估目的、评估方式及时间、评估培训种类、方法及依据、评估后期的跟进工作及评估合格、不合格的奖励与考核等作出了具体规定,对提高培训效果起到了基础保证作用。

上述规章制度的制定,进一步完善了培训管理体系,为做好培训工作起到了保驾护航的作用。

4 创新成果实施

4.1　供电仿真培训系统在员工培训中已广泛应用

供电仿真培训系统自投入使用以来,对变电运检人员进行岗位技能培训、考核等工作。仅2012年,仿真一次故障培训714人次,中高级技术等级培训479人,新入职人员培训300人。在职工技术培训方面,“地铁供电仿真系统”发挥了重要作用,培训针对性强,效果显著,为地铁既有线路和新线开通输送了大批符合岗位要求的人员,为安全运营可靠供电提供了重要保证。

4.2 按照制度化管理落实培训工作

通过培训制度管理体系的建立和实施,各级领导对培训工作越来越重视,培训教师的责任心增强了,职工参加培训的热情有所提高,培训效果有了明显好转,培训工作顺利开展。目前在公司迅猛发展阶段,急需大量人才,供电岗位技术工人供给虽然有些紧张,但通过培训力度的加强,已基本能满足工作需求。

4.3 实际工作中的成效

(1)通过先进的培训手段——供电仿真培训系统对员工进行岗位技能培训,使我公司的培训工作取得显著效果。

①员工处理设备问题的动手能力和应变能力得到很好的锻炼,一次性处理故障成功率较过去有所提高:2006年一次性成功处理故障占故障处理的98.6%;2007年一次性成功处理故障占故障处理的99.1%。

②在2006年北京市工人技术比赛中2人晋升高级工,5人晋升中级工。

③主岗资格:2006年对副值上岗工作两年以上职工,首次认定主值118人中,合格58人,合格率50%;对已有主值资格职工复审98人中,合格90人,合格率92%。

④为新线开通输送190名符合岗位要求的技术过硬的人员。

(2)为5号线运检一体化新的运行模式实施提供了人才保证。

5号线运检一体化新的运行模式,打破了地铁供电系统长期以来运行值守与设备检修相分离的管理模式,建立起全新的检修运行一体化管理模式;打破原有的一站式值守管理方式,建立起新的区域化巡检管理方式。人员配置比原有模式下的人员配置减少64.3%。因而高素质、高技能、一专多能人才的培养是运检一体化顺利实施的重要保证。

通过有效和有针对性的培训,重点培养出一批员工骨干,以点带面,充分发挥高技能人才的作用。目前新的运检一体化模式下的职工完全可以胜任岗位,在5号线开通以来没有出现因技能不到位影响地铁安全运营的问题。在2013年的设备计表检修过程中,5号线员工出色地完成了任务,实现了减员增效,体现了运检一体化的优势。

(3)培训人员带着学习的收获回到工作岗位,并将所学的处理故障的方法运用到实际工作中,体现了学以致用。

供电系统是地铁运行的“动力源”,一旦发生停电,将造成不可估量的损失,因而变电值班员要有过硬的技术素质和应变能力。通过仿真系统培训,提高了员工的能力。

例如,望京站的值班员在当班时,站内10kV进线发生跳闸,母线联络开关没有自投,从表面看,无法判断是失压跳闸还是过流跳闸,在紧急情况下,该同志运用培训中所学进线跳闸原因的分析方法和显示信息的分析、比较,在短时间内,准确判断出是进线失压跳闸。经处理,母线联络开关自投成功,设备迅速恢复正常,没有给运营造成影响,由此体现出培训在实际工作中的运用效果是非常显著的。

4.4 供电仿真培训系统的创建解决了以下三个问题

(1)解决了人才培养周期长的问题。

过去人才成长主要靠知识传授、经验积累等手段。由于高压电工工作的特点是危险性大,技能水平要求高;培养一个具备主岗资格的高压电工,一般需要4年时间。“地铁供电仿真培训系统”的建成和应用,彻底解决了这个问题。现在培养时间较过去减少1年。

表2为两种培训方式所需时间的比较。

培养一个具备主岗资格的高压电工所需时间比较 表2

培训内容	使用传统培训手段需要时间	使用仿真培训系统需要时间
特种作业持证上岗取证	见习半年后	见习半年后
技术等级定级	取得特种作业操作证半年后	取得特种作业操作证半年后
副值工作内容	副值资格培训一年	副值资格培训半年
主值工作内容资格	主值资格培训二年	主值资格培训一年半
主值岗位资格	具备主值岗位资格需要四年	具备主值岗位资格需要三年

技术工人经过仿真培训系统的培训及每年的轮训,岗位能力显著提高,缩短了人才成长的周期。

(2)解决了学用脱节的问题。

地铁供电系统有自己特殊的运营方式,高压供电系统常年运行,为地铁运营提供可靠保证。作为北京交通重要枢纽的地铁,每天运送来来往往的乘客达几百万人次,一旦出现问题,将给北京的交通带来严重的影响,基于这种特殊性及重要性,使现场培训受到一定的局限,尤其是应变能力和动手能力的培养,电气设备在运行中不能随便操作,更不允许制造故障和事故对人员进行培训,以往的培训只能是事故预想,纸上谈兵,由此造成了学用脱节的现象。“地铁供电仿真培训系统”的建立，解决了这个难题。利用仿真装置，可以再现设备曾经发生的故障，可以设置设备可能发生的故障，可以把误操作带来的后果仿真显示，但是不会有设备的真实损失。实现了学用结合，体现了培训为生产实际服务的方针。

(3)解决了技术工人供需失衡问题。

随着北京地铁快速的发展，地铁新线开通，供电分公司实行运行检修一体化管理模式，需要大量的具有岗位综合技能的供电运检人员，采用先进的供电仿真培训系统进行培训，不仅提高了培训的效率，还可以在短期内收到很好的培训效果，为既有线路的运营输送了大量的符合岗位要求的人员，也为即将开通的线路储备了大量的符合岗位要求的人员。解决了既有线路供电运检员工知识更新的问题，同时也解决了快速轨道交通建设带来的专业人员供需失衡的尖锐矛盾。技术工人岗位技能提高，为保证地铁运营安全供电起到了关键作用。

5 创新成果实施后产生的社会效益和经济效益

创新成果实施以来，在职工技术培训、岗位技能培训、故障处理、事故分析等方面中发挥了重要作用，为企业带来明显的社会效益和经济效益，并有着良好的推广应用前景。

5.1 社会效益

(1)本系统针对地铁运行环境，在国内首次将“直流750V牵引供电系统”的仿真用于地铁供电培训系统。对推动技术进步，具有重要的现实作用。

(2)为实现首都交通运输稳定，环境良好起到重要保证。地铁是北京市民出行不可或缺的交通工具，仿真培训系统的应用，使职工的技术水平提高，避免了因供电问题造成列车停运带来的全市交通运输拥堵，秩序混乱的影响；避免了由此产生的各种猜测带来的不良政治影响。

(3)为实现乘客安全提供了可靠保证。地铁机车牵引照明通风等电源的正常供电直接关系到乘客安全，供电仿真培训系统的应用，使职工的岗位技能提高，避免了因员工本身技术问题造成电源不能正常送电车站失去照明而带来的危及乘客安全的影响。

(4)为北京地铁安全运营提供了基础保证。使用供电仿真培训系统进行运检一体化培训，为地铁既有线路、新线开通、运营公司电力调度输送了几百名符合岗位要求的电力从业人员，及时解决了因地铁发展带来的技术工人短缺问题，为地铁安全运营提供了重要保证，公司连续三年获得全国安康杯竞赛优胜企业称号，取得了良好的社会效益。

5.2 经济效益

(1)省去分析培训需求的繁琐步骤,杜绝了不合理的培训支出,为企业带来更多效益。使用供电仿真培训系统进行技术培训,目的就是帮助职工弥补不足,从而尽快达到符合岗位要求。在培训中,公司遵循的原则就是投入最小化,收益最大化。针对岗位要求,结合现有人员的素质状况,为员工量身制订培训计划,帮助员工弥补自身不足,有的放矢,突出培训重点,省去分析培训需求的繁琐步骤,杜绝了不合理的培训支出,提高了培训效用,取得了培训效果,进一步开发了员工潜力,为企业发展带来了更多效益。

(2)使用"供电仿真培训系统"进行技术培训,每年不仅为企业节约了外出培训资金,而且可对生产一线技术工人进行培训。

5.3 创新成果具有良好的推广应用前景

(1)北京市安监局在检查特种作业工作时,对地铁供电仿真系统的培训方式、方法的创新及在从业人员培训方面的成绩给予了充分肯定,并计划在适当时机推广仿真系统的应用。

(2)该系统对于城市轨道交通供电系统电力从业人员的培训,有着广泛的推广应用前景。

在建设"绿色北京、人文北京、科技北京"的时代要求下,公司提出了"致力于建设成为国内领先的城市轨道交通专业运营商"的企业愿景,供电分公司提出打造优秀供电专业维修服务商的目标,为实现这一目标,必须强化人本管理,以优秀的员工队伍作为基础,培养高素质的专业人才队伍。在各项培训管理制度保障下,通过运用"供电仿真培训系统"现代化的培训工具,从而提供符合岗位要求的高素质的人才,使员工的人力资本得到保值与增值,让员工与企业共同发展成长,真正达到企业倡导的"发展地铁供电事业,实现员工人生价值"的企业信念。

精心组织　科学管理
全面推进1、2号线地铁机电设备消隐改造工程

机电分公司课题组　张浩　李沁

摘　要：北京地铁1、2号线机电设备改造工期紧、任务重，边改造边运营、多专业多系统同时进行、涉及部门单位多、项目受公众关注多，地铁机电分公司在科学发展观引领下，统筹安排，精心组织，科学管理，最大限度降低施工对运营的影响，确保了地铁安全运营和改造工程的顺利实施。

关键词：机电设备；消隐改造；科学管理

0 引言

北京地铁机电分公司在地铁1、2号线消隐改造任务中，精心组织，科学管理，持续改进计划、执行、检查、处理等环节，有效地控制改造工程的安全、质量、进度、投资，从而平稳推进工程实施。

践行科学发展观，为建设"安全可靠，高效便捷，功能完善，低耗环保，文明舒心，知名品牌"的"新地铁"提供了方向和依据。在消隐改造任务中，坚持以人为本，全面、协调、可持续发展的科学发展观，实现机电设备消隐改造工程又快又好地实施。

推进改造工程实施效果：完善与提高了地铁车站防灾能力；改善了车站乘车环境和办公环境；为提高地铁运能提供有力保障；为实现设备维修管理模式打下基础。

1 企业概况

北京地铁机电公司是北京地铁公司下属二级设备公司（非法人单位），其企业性质属于国有企业。公司成立于1984年，拥有雄厚的技术力量和先进的管理经验，主要承担着地铁运营车站机电专业9大系统：通风空调系统、给排水系统、低压配电、电器照明系统、防灾报警系统、灭火系统、机电设备微机监控系统、电梯系统、屏蔽门、人防系统等设备设施的正常运行。

2 地铁消隐改造工程背景

北京地铁1、2号线消隐改造工程是建设“新地铁”实现跨越式发展的重要步骤,为了确保北京地铁1、2号线的安全运营,彻底消除各类安全隐患,完善与提高防灾能力;为了与城市轨道交通网规划的运营相适应,实现新地铁发展战略与运营管理模式的统一,提高设备系统自动化和设备运行可靠性;为了改善车站乘车环境和工作环境,确保长远的安全和高质量的服务需求,北京地铁1、2号线机电设备进行了消隐改造。

机电设备系统改造工程是地铁1、2号线消隐改造工程的重要组成部分,包括:通风空调系统、给排水及消防系统、防灾报警及气灭系统、环境与设备监控系统、动力照明系统及自动扶梯更新工程共计6大项15个子项。机电设备系统改造施工于2004年10月开始启动,于2008年6月底前完成全部主体工程。

机电设备改造工程系统多,设备种类多,工程量大,作业面广,多项专业改造同时进行,夜间施工多,施工风险高,持续时间长,管理难度大,协调难度大。

3 精心组织,科学管理,平稳推进改造工程实施

3.1 用科学发展观谋划好机电设备消隐改造工程

科学发展观的第一要义是发展,核心是以人为本。北京地铁机电公司承担1、2号线机电设备消隐改造工程建设管理任务,组织各参施单位历经3年多,利用每晚3h的施工时间,在不影响地铁运营情况下,在既有车站结构基础上对32个车站(1号线53号站—复兴门站共14座车站及区间,线路全长16.4km;2号线共18座车站及区间,线路全长23km),近40km的给排水及消防系统、通风空调系统、防灾报警系统(FAS及气灭配套安装)、环境与设备监控系统(BAS)、动力照明配电系统、自动扶梯机电设备系统进行更新改造。面对这样一个艰巨而又光荣的任务,正是着眼于满足经济社会全面协调可持续发展对地铁运输的需要,应乘客需求为服务导向,立足于从根本上解决机电设备系统现状与地铁发展不匹配的矛盾,实现机电设备运营维修管理模式,体现了科学发展观的要求。

机电设备改造工程于2005年4月1日全面开工,于2008年6月30日完成与保障安全运营、提高运输能力及消防安全的主体工程,工程总造价6.7亿元。通过对全线32个车站及区间管网更新及排水系统改造,新引入28处地面自来水水源及配套消防设备,实现了消防与生活给水管网分离;通过新增车站气体灭火系统、车站公共区及附属房间新增消防排烟系统、火灾自动报警系统、环境与设备

监控系统，完善了地铁安全体系和提高系统自动化；通过增设防灾设备的电源系统、应急照明电源系统、消防疏散指示标志、新增设备加装配电等动力照明系统，为设备系统提高可靠性；通过增设30处车站及其附属房间的空调系统，从而改善地铁站内乘车和工作环境；通过对24部自动扶梯系统安装、新增无障碍设施系统提高乘车的舒适度和乘客的满意度，提高客运服务质量、水平，体现了以人为本的核心。

机电设备改造工程系统多，设备种类多，工程量大，多项改造同时进行，夜间施工多，施工风险高、持续时间长管理难度大，协调难度大。要实现又好又快地推进改造工程，需要用科学发展观谋划好机电消隐改造工程，要处理好改造工程与安全运营的关系，改造工程与人力资源的关系，改造工程与优质服务的关系，改造工程与企业发展的关系，改造工程与党风廉政的关系。为此，成立由公司经理、党委书记为组长的领导小组，负责对改造工程的全面领导，由生产副经理主抓改造工程，组建改造办公室，负责工程内外协调和组织实施，设专人负责工程安全、技术、协调、材料、造价、资料管理，同时公司各职能科室对改造工程提供深度的技术支持、验收把关、安全指导、效能监察等保证，各基层单位抽调专人组建监管队伍负责工程现场的安全监管和协调配合，机电公司举全员之力参加到机电改造工程，其中直接参与工程管理和现场监管人数达130余人。为了加强改造工程管理，确保改造过程中的地铁安全运营，使改造工程规范、有序的实施，公司建立安全质量保证体系，规范工作流程，编订《北京地铁1、2号线消隐改造工程机电系统项目管理规定汇编》《北京地铁1、2号线消隐改造工程机电系统安全管理规章制度汇编》《北京地铁1、2号线消隐改造工程机电系统党风廉政、创建“阳光工程”文件汇编》，随着工程发展，不断健全细化各项工程管理办法和措施。通过建立高效有序、统一协调、职责明晰的组织机构和建立健全各项管理规章制度，推动改造工程的实施。

3.2　用科学发展观推进机电设备消隐改造工程

科学发展观的根本方法是统筹兼顾。消隐改造工程要统筹好改造工程与安全运营的关系，统筹好改造工程中安全、进度、质量、投资的关系，统筹好改造工程与廉洁的关系，本着“工期服从安全，进度服从质量”的基本原则，通过计划、执行、检查、处理的持续改进过程对改造工程的安全、质量、进度投资等内容进行控制，用科学发展观平稳地推进工程实施。

(1)改造与运营紧密结合，加强安全控制。

边运营边改造是本次改造工程的特点也是风险最大所在之处，我们坚持“安全第一、预防为主”的方针,将施工改造与安全运营相结合,加强“人、机、料、法、环”安全要素控制,最大限度地减少施工改造对地铁安全运营带来的影响。

①对安全风险大的作业内容事先组织现场勘查,分析风险点,制订施工方案、安全防护措施、应急抢险预案。对区间主干管更换、轨顶风管吊装、动照电缆及箱柜倒接、结构打洞打眼作业、气灭管路打压、区间施工清场、动火作业、动水作业、重点机房施工、人工搬运重物等重点作业内容进行风险分析,提前制订相关的安全管理规定、办法、措施。

②对参施人员进行安全教育,不断强化施工单位地铁安全意识。每名参加施工的人员要提前进行安全教育和安全考试,每晚施工前,现场进行安全教育和环境交底,每逢节假日和重大活动事件对参施人员进行停复工安全教育。

③要求施工单位设置专职安全员与现场甲方监管人员、监理人员对施工现场进行安全检查和清场,对重点环节、重点工序、重点部位进行旁站监管。

④要求施工单位建立应急抢险网络,制订应急预案,配备应急抢险器材,一旦出现险情,组织抢险人员赶赴现场,及时排查故障,处理各类险情。

⑤按照“四不放过”的要求,对事故原因调查分析、责令施工单位进行整改、制订措施进行防范、对参施单位人员教育、追究相关责任人责任。

(2)树立质量第一的思想,严格控制工程质量。

牢固树立“百年大计,质量第一”的思想,严格控制工程质量,落实施工质量保障体系的实施。

①严格把控设备进场验收。我们严格把控设备进场验收关,做到不合格设备坚决不能进场。在设备监造和出厂验收过程中,对不符合设计标准要求的设备,提出整改意见。

②在施工现场,对重点工艺把好质量关。水专业设置甲方专业人员对材料加强检查,对施工工艺加强监管,对打压过程严格按照规范要求监管;电气倒接,安排对地铁系统设备业务熟悉的专业人员加强监管和指导。

③对施工验收把好质量关,除了监理组织施工质量验收外,公司内部组织技术、设备、基层管理单位对改造工程进行预验收。

(3)统筹安排,加强施工进度控制。

根据公司的总体工筹安排,按照阶段目标分解,确定节点工期,根据工期要求,统筹考虑施工图设计进度、各专业工艺关系、组织关系、搭接关系、设备到货时间、监管配合人力等因素排列细化施工计划,同时找出实施所需具备前提条件。

①统筹安排，编制计划，组织协调、创造施工条件。机电改造工程分为五期工程，根据施工特点又分为公共区、区间施工和附属房间施工。区间作业需要在停电后施工，对于区间主干管及消火栓更换和公共区轨顶风管安装，电缆敷设等大规模作业，采取分期分区段组织集中专项施工，为后继的换轨、其他专业单位设备运输及安装留出时间和工作面。区间内主排水更新需安排在汛期前完成，拆除更新的同时不能影响每日的排水功能；区间动照、FAS、BAS线管及设备安装等区间作业则在具备区间作业点时施工；公共区风机盘管安装、电缆敷设需安排在公共区装修吊顶前完成；附属房间施工受条件制约因素较多，作业面较分散，要分期完成，其中AFC、通信、信号电缆敷设需服从通号专业调试时间要求，其中低压线缆、箱柜倒接需与高压400V施工计划结合实施，是后期设备调试的前置工作。甲方组织现场勘查、召开协调会、稳定施工方案、安排配合计划、督促设备到货，现场协调解决设备管线冲突，利用机电专业所长并结合运营需要投入大量精力，积极为施工排除困难，自主创造实施条件，还要对中断施工的不确定因素，相应调整计划；对于施工单位管理不善、组织不力、人员不足，造成进度迟缓，则对其进行提示、警告，再则控制施工面，作业内容，令其整合人力、物力，采取集中施工，突破瓶颈，从而提高进度。

②开展劳动竞赛，促进工程实施。当改造工程已全面展开，为进一步推进工程实施，机电公司组织开展“保安全运营，保工程质量，保施工进度，创一流工程”劳动竞赛活动，在保安全、保质量的同时，对按期完成施工节点任务的单位给予奖励，通过这个活动调动各参施单位积极性，又好又快地完成改造工程节点任务。

（4）严格控制工程变更，加强造价控制。

组织监理、施工对施工图核算，共同确认图纸工程量；每月组织监理、施工进行验工计价，组织三方对量报表；对施工、厂家报送变更，会同监理进行初审，通过初审后，组织施工、监理现场核量，填写相关变更表格并上报送审。

（5）加强信息资料管理，为工程建设管理服务。

设专人对各类文档资料进行管理。改造工程业务往来主要通过工作联系单形式，联系单的接收与处理意见，发文与审批有时间、有签名，定期分类汇总编辑成册；各种公司下发文件、管理规定编号归档；每次组织例会、协调会、方案会、现场会形成会议纪要并归档；现场设立各种施工日志、检查记录并定期收回；图纸、合同、设备、验收记录等资料分类上架；资料人员对各类资料除了装订成册外还录入电脑内形成电子文档。做到工程资料的收集、整理与工程建设同步进行，工程资料的验收与工程的验收同步进行。

(6)加强工程协调,努力创造施工条件。

多专业改造同时进行,机电系统改造涉及面广,需要加强工程的内外协调,创造施工条件,从而推动施工实施。

①与地铁各专业单位间的施工配合协调。边运营边改造是本次改造工程的特点,在处理好与机电专业平行的各专业单位作业关系的同时,严格遵循落实地铁运营生产调度、规章、制度、要求,积极主动配合其他专业改造工程的施工,由于不定因素多,需要大量的沟通协调。

②与外单位的协调。空调室外机组、自来水引入在地面实施过程中需占用绿地、自行车存车处,占用便道搭设临时围挡,占道掘路开挖,机电公司积极主动协调,公司经理也亲自多次进行协调,尽最大所能与各相关单位进行沟通协调,争取实施条件,对于需市各委办局协调解决的问题则协同地铁公司上报市级领导,由市有关部门通过多次组织召开协调会,协调解决问题。

(7)处理好工程与廉洁关系,实现"阳光工程"。

为实现改造工程"安全、优质、高效、廉洁"的阳光工程目标,与各单位签署廉政协议书,建立共建"阳光工程"联系制度,对招投标、设备监造重点工程记录、材料设备出入库、合同执行、洽商变更、验工计价、废旧物资处理等方面进行全过程监察。

3.3 攻克工程难点,平稳推动工程实施

本次改造工程是在不影响运营情况下进行设备改造,工期紧,任务重,夜间下洞施工时间仅有3h,有效作业时间短,车站设备安装需要在车站既有结构和运营设备之间狭小、紧张的作业空间内寻求有效途径,多专业多系统同时进行,施工人员多,工程管理难度大,对内对外需协调部门多,诸多因素导致此工程风险大、难点多。

(1)攻克运输难点,完成区间主干管更换。

历时8个月,利用每晚3h施工时间,完成了36900m干管和18500个旧墩拆除,43800m干管、11400个新墩和10000多个支架安装,开行轨道车55趟、156个拖板,运输近2000t的货物,每段管路严格完成安装固定、打压、加药消毒、冲洗、送水环节,按照既定时间完成,没有出现一起跑水、刮蹭列车等影响列车安全运行事故。这主要在于抓住了运输组织、现场施工组织等重点环节的控制。前期细致的现场勘查、分析计算、制定轨道车运输方案和计划,施工中对运输、安装、打压等重点环节的安排专人监管,抓施工单位主体责任意识,强化施工人员地铁

安全意识，从而圆满完成区间主干管拆旧更新工作。

（2）攻克吊装风险点，完成轨顶风管安装。

全线28个车站，在每晚近3h时间内，需完成当晚风管运输、连接、搭设平台、安装吊点、起吊、上横担、对接安装紧固、调整检查、拆除平台、清场检查等工序，一气呵成不能出现脱节，确保第二天列车正点运行，时间紧、任务重、风险高。各级领导对轨顶风管安装给予高度重视，组织专家就地铁环境的震动对风管的影响、既有结构的强度，固定形式进行方案论证，同时在东四十条车站模拟地铁环境对吊件进行承重试验，由于是首次在既有结构上吊装金属风管，对风险考虑打出足量，除满足一般规范要求外考虑地铁环境的特殊要求提出支架加密并增加防晃支架，以及采用钢制胀管和化学锚栓共用形式，确定紧固力矩。在施工前，组织施工单位对现场细致勘查，与施工单位研制轨顶风管安装平台，提前在安装图上排列好风管法兰位置与支吊架位置，计算好每一道工序所需要的时间，而且每道工序的施工时间均要可控，这样就要求组织管理精细化、科学化，每次起吊安排专人旁站监管，及时提醒施工人员掌控时间提高工效，从而确保轨顶风管安装的进度和安全，只有确保每一晚的施工质量和工效，才能有效地保证地铁第二天的正常运营。轨顶风管吊装得到公司领导及多方关注，在公司相关部门的大力支持和指导下，机电人员与各参施单位协作、共同努力下，克服重重困难，从每个细节做起，认真做好每项工作，通过不断摸索，不断积累经验，形成规范的吊装流程，化解风险，圆满地完成了全线轨顶风管吊装。

（3）攻克倒接风险点，完成低压配电电缆安装。

低压配电电缆倒接主要是完成电缆沟内到低压柜电缆整理，旧负荷倒接到临时过渡盘，新电缆上柜，送电，负荷核相，末端配电箱柜的倒接，过渡盘拆除等工序。特别是车站照明、通信、信号、AFC电源必须做到当天倒接当天恢复，不能影响第二天地铁运营。由于既有电缆回路号、标牌与实际存在不符情况，需要提前做好现场核查，与供电、通号专业提前协调好各种停送电手续，相应安排实施计划，要求施工单位做好施工组织计划，组织专项施工，由专人负责对倒接工作监控，通过细化各个工序，事先协调各专业，严格实行停送电工作票手续，顺利完成了电缆倒接。

（4）攻克协调难点，完成空调室外机组地面安装。

地面机组安装难点在于协调占地、运输环节。协调单位多，难度大，时间紧迫，需协调园林、路政、交管、城管、区管委会以及土地所有单位，在得到地铁公司大力支持和机电公司不懈努力、强化协调下，空调机组在2008年6月30日完成安装并投入使用。其间,每处空调机组从协调用地到机组运吊都经历大量艰巨的工作,最终得以实施。其中,雍和宫站机组管路在多次协调路由不通后,公司果断采取其他方案,另寻路由,通过协调园林和相关单位争取到新的路径,在10天内完成掘路穿房,管线暗敷,打压、保温,回填,路面恢复等工作;积水潭站机组多次协调什刹海管理处和相关单位占用废弃河道,重新换土回填打地基;车公庄、公主坟、复兴门站协调园林、管委会等单位占地安装机组;崇文门、和平门、宣武门站协调自行车管理处和区交管大队占地安装机组;安定门、东四十条站在出入口栽立柱搭设平台放置机组;鼓楼、复兴门站占路长距离吊运机组;公主坟、西直门站动用人工起重运输机组就位;阜成门、北京站协调公交、北京站管理处占用车道、广场进行运吊,通过大量的协调沟通,取得各外单位的大力支持,解决了室外机组就位,从而确保车站空调系统在奥运会前投入使用。

3.4 机电消隐改造工程取得的成效

机电设备改造于2008年6月30日完成与保障安全运营、提高运输能力及消防安全的主体工程,并投入使用,经受了奥运会、残奥会的检验,取得了丰富的成效。

(1)完善与提高了车站防灾能力。

①车站通风排烟系统改造。北京地铁1、2号线始建于60年代,受当时条件制约,通风标准较低,车站通风排烟主要是通过风机机械排风。改造后,车站根据消防要求划分防烟分区,车站公共区作为一个防烟分区,一旦出现烟气,通过轨道上方风管组织气流,将烟气迅速排走,提高排烟能力,在平时,主风机通过变频器调节风机转速以适应不同季节和客流量的通风需要,实现节能效果;车站站厅及附属房间划分防烟分区,通过更新房间通风机及安装通风管路和防火阀,重新构建房间通风系统,从而完善防排烟系统,改善了员工工作环境。

②车站及区间消防给水改造和新增气体灭火系统。改造前,车站及区间消防水与生活水共用,不满足消防用水量的要求。改造后,通过车站新引入自来水源,重新铺设车站生活管网和消防管网,同时从原有干管拆除旧有支管,从而实现车站生活管网与车站原有消防干管剥离,形成车站独立的生活给水系统与消防给水系统,在车站及区间划分消防单元,通过在消防单元内引入新的两路互为备用的消防水源和各站新设水泵结合器,从而提升地铁对火灾抵抗能力。此外在车站供电机房,通信机房,信号机房,车站综控室等处新增气体自动灭火系统,从而完善消防系统。

③车站新增防灾报警系统(FAS)、环境与设备监控系统(BAS)。此次改造在

车站内增设烟感、温感、红外对射探头、手动报警按钮、消火栓按钮、模块箱、PLC等设备，通过在车站综控室监视车站的火灾灾情和消防设备的工作状态，采集、确认火警信号，将信息报送FAS控制中心，向车站BAS发布报警信息指令，FAS控制消防设备进入防救灾模式运行，通过增设FAS、BAS从而完善车站安全体系和提高系统自动化。

④动力照明系统。改造前，车站照明箱年代久远，箱内元器件及配线老化，车站公共区照明系统不满足一级负荷要求，此外，作为主排烟风机电缆是单路供电，且电缆是普通塑料电缆，存在安全隐患。本次改造通过对车站照明箱及相关电缆更新以及对风机电缆新增和更换成低烟无卤阻燃电缆后，消除隐患，满足消防标准的要求。同时通过在区间增设安全疏散指示灯、在车站降压所内增设应急照明EPS箱、将处于排烟通道内的原有风机电控箱改移至安全可靠地点并增设变频器，为AFC、通信、信号、防灾报警等一级负荷增设双电源箱等举措，从而提高设备可靠性，提高系统防灾能力。

(2)改善了车站乘车环境和办公环境。

在炎炎夏日时进入地铁车站，随着自动扶梯平稳乘降，步入明亮的站台，伴随着车站风机盘管吹出的丝丝凉意，广大乘客在体验1、2号线机电设备改造带来安全、便捷的同时也享受到车站空调带来的舒适宜人的乘车环境，车站空调在提升地铁服务美誉度同时也吸引更多客流。本次改造在车站新增空调系统，采用风机盘管加新风，冷源采用风冷机组形式，个别车站采用技术含量高的VRV多联机空调系统，车站空调系统消除新增列车车载空调冷凝器发热量和新风负荷，据不完全统计，车站站台比往年同期温度下降2℃；由于车站专业机房在改造后新增了众多发热量大的设备，在不开空调时温度高达40余度，通过新增房间空调后，消除了供电、综控、通信、信号、AFC、地通等设备产生的高热量，温度可达到26℃，满足高精度高热量设备工艺需求，为设备创造良好运行环境，消除因设备高发热带来的安全隐患；同时在生活、办公用房增设空调，消除用房负荷，为工作人员提供良好的办公环境。

(3)为提高地铁运能提供有力保障。

本次改造通过更新主风机电缆、照明箱、区间照明、主排水泵、风机等设备消除因设备老化带来的安全隐患；新增EPS不间断电源、双电源箱、超声波液位仪等设备提高系统运行可靠性；新增环境与设备监控系统(BAS)对设备运行状态进行监视并远程控制。通过设备更新与系统自动化程度提升，从而提高设备系统运行稳定性、可靠性、降低设备故障，减少因设备故障对地铁运行的影响，更好地应对地铁大客流运输的要求,为提高地铁运能提供有力保障。

(4)为实现设备维修管理新模式打下基础。

改造完成后,对房间风机、主排水泵、管道、动力照明等机电设备系统进行了更新,提高了设备的稳定性,减少设备维修量。新增环境与设备监控系统(BAS),实现对车站通风空调系统、给排水系统、自动扶梯系统及动力照明等系统的集中监控功能。新增防灾报警系统(FAS),实现了对车站防灾报警及消防系统设备设施的监控。随着系统设备远程监视和集中控制功能的逐步实现,设备的巡视、检测、检修强度将逐步减轻,同时因改造后设备的数量增加,机电设备维修管理模式将采用内部专业化日常维护、维修、抢修和社会化大、中修相结合的设备维修模式,逐步实现提高维修效率、降低设备维修成本的目标。

北京地铁1、2号线机电设备改造工期紧、任务重,边改造边运营、多专业多系统同时进行、涉及部门单位多、项目受公众关注多,地铁机电公司在科学发展观引领下,统筹安排,精心组织,科学管理,最大限度降低施工对运营的影响,确保了地铁安全运营和改造工程的顺利实施。

(2009年北京地铁运营有限公司机电公司荣获“第二十四届北京市企业管理现代化创新成果二等奖”)

北京地铁新节能空调系统的创新

机电分公司课题组　白　炜

摘　要：本课题以当今世界流行节能空调理念为蓝本，按照新北京、新地铁的节能、环保要求对北京地铁的新建设提出了新的设计理念，并根据现有站线的模式，做出了新空调系统的设计方案，提出了该方案的系统优势。并有针对性地进行了经济分析，从不同角度对本设计成果进行了描述和论证，对于新北京建设"六型地铁"提出了良好建议。

关键词：新空调系统；机组选配；节能环保

0 企业简介

北京地铁机电公司是北京地铁公司下属二级设备公司(非法人单位)，其企业性质属于国有企业。公司成立于1984年，拥有雄厚的技术力量和先进的管理经验，主要承担地铁运营车站机电专业通风空调系统、给排水系统、低压配电与电器照明系统、防灾报警系统、灭火系统、机电设备微机监控系统、电梯系统、屏蔽门系统、人防系统9大系统设备设施的正常运行。

1 课题背景

1.1　北京地铁现状

目前，我国的北京、天津、香港、上海、广州、深圳等城市都有了地铁，许多城市的地铁都在紧锣密鼓的修建之中。地铁因其舒适、快捷和便利，成为人们出行的重要交通工具，是解决城市交通的主要力量，地铁也就成为了许多城市交通的重要组成部分，各地也出现了不同的地铁文化。地铁发展前景无限广阔。

作为首都，北京进入地铁历史发展最快时期，这源于北京把轨道交通建设作为优先发展公共交通的重点和缓解市区交通拥堵的治本之策。地铁作为城市快速轨道交通的重要组成部分，具有低污染、低能耗、容量大、安全快捷、正点率高等优点，被公认为"绿色交通"——是城市大运量公交系统首选。

1.2　地铁空调的现状

地铁一般深处地下，是一个由多个车站通过隧道连接成的相对封闭空间，与外界的空气交换只能通过车站出入口和有限的隧道风井来进行,因此必须合理设计地铁通风空调系统,利用人工方法对地铁内的温度、湿度、有害物浓度和空气流速等进行控制,为乘客提供适宜的环境,并在紧急情况下保证乘客的安全。在实际运行中,地铁通风空调系统的耗电仅次于列车牵引用电,其投资直接影响地铁工程建设的总费用。因此,地铁通风空调系统的合理设计及节能研究成为发展地铁交通设施的重要课题之一。

现在在运营的地铁站线,普遍采用的空调系统为:

(1)公共区域(站台站厅):全空气定风量送风,满足站台站厅乘客对温度的要求,并尽量降低由于车辆进出站带来的活塞风对站台站厅温度的影响。

(2)其余附属房间(地铁办公室及相应设备机房):风机盘管送风,满足工作人员的工作环境温度要求。车站两端设有大风机,每天定时进行送风或排风。

1.3 不足之处

这种系统基本可以满足乘客对候车时站内温度的要求。但也仅此而已,对于舒适性、洁净性无法满足。而对于北京地铁面向全国乃至全世界游客,喊出的口号是:世界领先、国内一流。这是一个全方位、综合性的指标。节能、环保、洁净、舒适应该是这一指标的重要组成部分。

2 系统设计理念

从 2007 年来到地铁工作后,本人一直在地铁机电公司负责一环线空调系统的运行工作,经过 1 年多的运行管理、数据积累、资料查找,并研究过现在世界上比较流行的空调系统后,结合地铁的要求和发展方向——高效、舒适、节能、环保的理念。以区域冰蓄冷低温送加变风量系统为设计目标,按照该系统模式进行设备构架,并进行初投资、运行费用的比对,得出了该系统是一个非常适合地铁且易于实行的方案这一结论。

2.1 系统构成介绍

(1)冰蓄冷基数。

冰蓄冷作为新世纪的重要节能手段发展方向之一,是造福人类并具有广阔的发展前景的新技术,有着良好的社会效应和经济效益,在世界能源和环保日益重要的今天,冰蓄冷将作为我国电力移峰填谷、提高电网用电负荷率、改善电力投资综合效益、减少 CO_2 与硫化物排放量来保护环境的重要手段。

冰蓄冷技术是利用夜间电网低谷时间,利用低价电制冰蓄冷将冷量储存起来，白天用电高峰时全融冰，或与冷冻机组共同供冷，而在白天空调高峰负荷时，将所蓄冰冷量释放满足空调高峰负荷需要的成套技术。

(2)变风量技术。

变风量系统(Variable Air Volume System，简写 VAV 系统)，20 世纪 60 年代诞生于美国。VAV 技术的基本原理很简单，就是利用改变进入空调区域的送风量来适应区域内负荷变化的一种空调系统，具有良好的舒适性。由于空调系统大部分时间在部分负荷下运行，所以，风量的减少带来了风机能耗的降低。

(3)低温送风技术。

低温送风是指设计和运行送风温度为 4.5 ~ 11℃(目前一般为 4.5 ~ 8℃)的供冷系统的整套工程技术和工艺，在空调业已有多年的应用历史。相对于传统温度，低温送风系统风量和相对湿度显著减低，带来诸多好处。设计和运行低温送风系统需要考虑的主要因素包括：末端、风道和风口结露；风量减小造成空调区冷气下垂和不舒适；VAV 系统内区存在死区和空气品质问题；以及外区供热。

低温送风变风量空调系统是目前大型建筑能够采用的最舒适节能空调系统可行方案，是“健康空调系统”的代名词，因之具有以下突出特点而备受业界关注和推崇：

①创造优异室内空气品质；

②显著降低空调系统能耗；

③节约初次建设成本和长期运行管理费用；

④节省空调系统安装空间等突出优点。

低温送风系统在多个国家和地区的多年应用表明，低温空调系统对建造绿色建筑、保护人们免受建筑病综合症的伤害等方面具有重要的作用。

2.2 新空调系统设计成果

按照地铁各站之间的距离，可以考虑 2 ~ 3 个地铁站共用 1 个制冷站(1 个主站、1 ~ 2 个副站)。负荷按照供冷对象(共 2 ~ 3 个站)来计算，现以 2 站共用 1 个冷冻站为例。

(1)机组选配。

选用 2 台制冷机组，总的供冷量考虑 2 站夏季尖峰负荷的 70% ~ 80% 作为选用冷量标准，其中 1 台机组设计为双工况机组(即可供冷，又可制冰)，另 1 台作为制冰机组运行。整个系统可按以下 4 种工作模式进行，即制冰模式、制冷模式、融冰模式、空调制冷。并按照各站全天各时段负荷需求冷量选取蓄冰盘管，及融冰模式。

(2)工作模式。

地铁的运营时间为5:00－24:00,而真正需要提供空调的时间为7:30－20:30。

因此,在夜间地铁站内停止空调(无负荷时)即可开启两台机组全力制冰工作,蓄冰盘管运行模式为制冰储冷模式。白天,蓄冰盘管运行模式转变为融冰供冷模式。满足各站负荷要求。在尖峰负荷时,融冰量不能满足符合要求时,开启双工况机组运行,进行冷量补充。

地铁地下站内站台、站厅及附属房间,基本在地面10m以下,不用计算维护结构散热,可以考虑全部为内区,所有空间的空调模式统一。从蓄冰盘管出水2～3℃,回水11～12℃,经过板式热交换器换出4～5.5℃,送到组合式空调箱,再由空调箱混合经过处理的新风送到空调区域,风温基本能够保证在7.5～8.5℃。站台、站厅为定风量运行,各附属房间每个支管前加装变风量末端装置(VAV)或电动阀门,可按照房间温度设定要求进行开大或关小。表1为地铁站内供冷时间。表2为蓄冰制冷机房设备配置。

地铁站内供冷时间 表1

建筑物类型	供冷时间
站台站厅	7:30—20:30

蓄冰制冷机房设备配置 表2

系统配置	功能
水冷式螺杆机	制冰、供冷
蓄冰装置	蓄冰、融冰
冷却塔	蒸发散热
乙二醇泵	传输冷量
乙二醇二次泵	传输冷量
基载冷冻水泵	传输冷量
冷冻水循环泵	传输冷量
冷却水泵	散热
热交换器	冷量交换
乙二醇溶液	冷媒
乙二醇定压装置	—
软化水装置	—
冷冻水补水装置	—
分、集水器	定压分流

图 1 为蓄冰系统流程图。

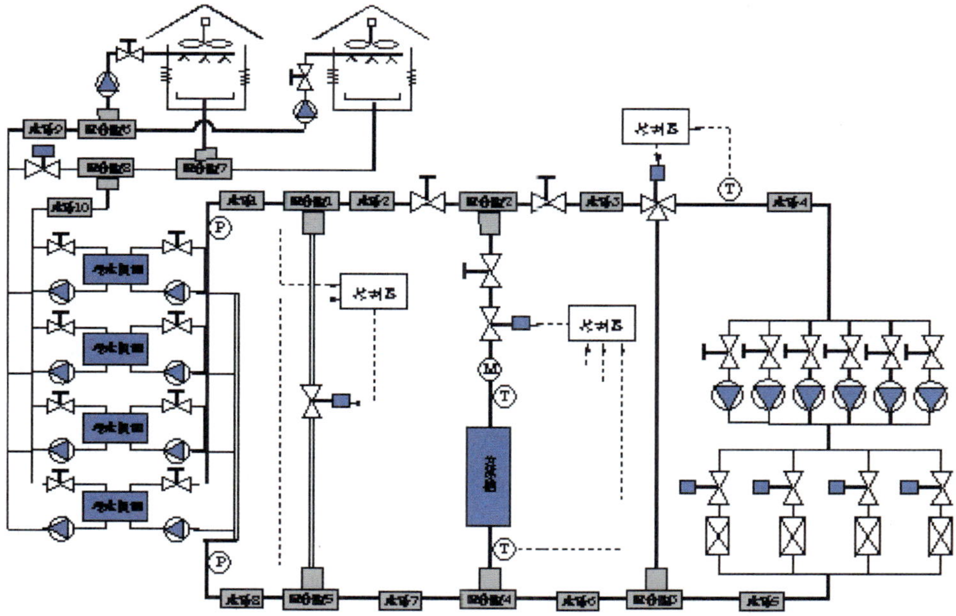

图 1　蓄冰系统流程图

3 设计成果优势及经济分析

3.1　系统优势

(1)冰蓄冷技术：现在比较流行、通用的削峰填谷节省电费的措施。可以很好地利用低谷电来为高峰电时储备冷量。减少日常空调系统运行费用。

可能地铁的电费没有峰谷电价，但在夜间运行空调设备对于安全运营保障，设备检查提供了便利条件。

(2)区域供冷：是出于节省投资、减少耗能、节省占地等方面的考虑。2 个站共用 1 个集中供冷站，首先前期购买设备减少，投资减少，占地面积减少，设备减少直接导致耗电量减少，并节省大量的空间作为其他用途，大大减少了工作人员的工作强度。

(3)全空气系统：大空间服务型空间，尽量避免有水管进入，有水进入就意味着可能会漏水，就会有投诉、漏电等危险。在一些附属房间内还有很多设备，这对空调的要求更高，更不能使用风机盘管这类的带水空调进入。全空气系统的最大好处可以很好地满足室内新风量的要求。避免空气的二次污染。

(4)低温送风：是对舒适性节能型系统的重要考虑。

①舒适性:现在地铁站台、站厅基本没有适度要求,而对于空调对象的人(乘客)来说,他们对于乘坐地铁的舒适性是有要求的,也是有标准的。按照国际惯例,夏季:24 ~ 28℃,相对湿度 40% ~ 65%,冬季:18 ~ 22℃,相对湿度 40% ~ 60%。在这个范围内,人的感觉相对比较舒适。在温度一定的条件下,适当降低湿度,人们也会感觉非常舒适的。而低温送风正是控制湿度的比较好的办法。在回风上进行除湿处理,能够很好地控制站台站厅湿度,也避免了站台站厅的风口结露现象。而且高温差、高射程送风能很好地使空调送风和室内空气完全混合。美国 ARI(美国空调与制冷学会,Air-conditioning and Refrigeration Institute)对于空间的空气分布性能有很严格的要求(ADPI),它是作为舒适性健康空调的很重要的指标。

②节能性:送风温度的降低,意味着单位风量下带冷能力的提高,在房间负荷不变的情况下,风量减少,直接导致空调箱规格减小、送风管路横截面积的减少,减少了占用吊顶的空间。

(5)变风量(VAV)系统:完全是考虑人性化和舒适性,附属房间采用 VAV 系统,可以根据房间内人员自身要求对空调送风进行调整,来满足人员对环境温度的要求。

3.2 经济性分析

以一个长度为 45km 的地铁线为例,每 1.5km 一个站为基础,共 30 个车站,每站空调面积大概 3 万 m^2。新方案采用 1 个冷冻站带 3 个车站的模式。表 3 是对其的造价分析。

造 价 分 析　　表 3

项目	常规制冷系统(三站一个模块)				蓄冰供冷系统(三站一个模块)			
冷源系统								
系统配置	设备主要参数	数量	单价(万元)	合价(万元)	主要参数	数量	单价(万元)	合价(万元)
常规主机	1400kW 离心机	6	126.0	756				
常规主机								
双工况主机					2940kW 离心机	2	243	486
蓄冰装置(组)					9400RTH		0.040	376
冷却塔	$L=300m^3/h*3$	6	9	54	$L=650m^3/h$	2	17	34
乙二醇水泵					$L=600m^3/h$	3	16	48
冷冻水泵	$L=270m^3/h$	9	9	81	$L=560m^3/h$	3	11	33
冷却水泵	$L=300m^3/h$	9	9	81	$L=650m^3/h$	3	17	51
热交换器					$Q=2940kW$	1	26	26

续上表

系统配置	设备主要参数	数量	单价(万元)	合价(万元)	主要参数	数量	单价(万元)	合价(万元)
定压装置	密闭式膨胀罐	3	2	6	乙二醇定压装置	2	2	4
软水定压装置		3	5	15	软水定压装置	1	5	5
100%浓度乙二醇溶液					吨	20	3	60
分水器		3	3	9	分水器	1	4.50	4.50
集水器		3	3	9	集水器	1	4.50	4.50
控制				50		1		80
管材、保温及安装				300				480
配电系统(含设备电缆)				389				293
小计				1750				1985

表4是空气侧系统经济性分析。

空 气 侧 系 统　　表4

项　目	常规制冷系统(三站一个模块)				蓄冰供冷系统(三站一个模块)			
	风量(m^3/h)	数量	单价(万元)	合价(万元)	风量(m^3/h)	数量	单价(万元)	合价(万元)
空调箱(双风机)	60000	6	22	132	40000	3	16	48
空调箱变频控制柜		6	5	30		3	5	15
空调箱DDC控制(套)		6	5	30		3	5	15
变风量及其控制器设备合计				192				78
新风机组(集中送)	40000	3	18	54	40000	3	18	54
新风机组DDC控制		3	3	9		3	3	9
低温送风口					800	180	0.30	54
常温送风口	800	300	0.035	11				
设备及风道制作安装(含保温)				400				270
空气侧配电系统(含电缆电线)				385				210
空气侧系统造价合计				1051				675
空调系统造价总计				2801				2660
单位空调面积造价(元/m^2)				934				887

按照上面的设备计算,这条长45km包含30各车站的地铁线,仅仅在制冷空调设备上的投资(包含制冷空调设备的控制)大概初投资节省10%。这里面已经考虑了由于冷冻站的合并带来的设备增大而增加的费用。

表5是对空调系统电力装机容量进行比较。

空调系统电力装机容量比较

表5

项　　目	常规冷源+常温变风量系统	蓄冰供冷+低温变风量系统
冷源系统(kW)	2800	2300
空气侧系统(kW)	200	130
空调系统电力装机容量(kW)	3000	2430

表6是对空调系统年运行电费进行比较。

空调系统年运行电费比较

表6

项　　目	常规冷源+常温变风量系统	蓄冰供冷+低温变风量系统
全年运行电量(万度)	346	278
全年运行电费(万元)	225	181

日后运行中,该系统设备少、故障点少、日常维护工作减少30%左右,设备节电达到15%以上,节约运行费用15%~20%。

(2009年北京地铁运营有限公司机电公司荣获"第二十四届北京市企业管理现代化创新成果三等奖")

参考文献

[1] 陶建兴,等.CFD仿真技术在空调房间温度场研究中的应用[J].暖通空调,2002,32(2):95-98.

[2] ASHRAE. AHSRAE standard 55-1992,55a-1995. Thermal environmental conditions for human occupancy.

[3] ISO 9001, Moderate thermal environments determination of the VAV indices and specification of the conditions for thermal comfort. International Standard. 1998.

[4] ARI. Solenoid Valves for Use with Volatile Refrigerants.

[5] 陆耀庆.实用供热空调设计手册[M].北京:中国建筑工业出版社,1994.

[6] 蓄冰设计指南[M].胡仰耆,译.美国ASHRAE,2001.

[7] 魏巧丽.地铁环控系统变风量技术研究[D].天津:天津大学,2005.

北京地铁线路维修人机结合优化管理体系的构建

线路分公司课题组　吴志伟　邹　策　梁柏成　许志军　袁　昊
袁　健　常素良　吴国福　黄英杰　范俊巍

摘　要:通过人工作业和大型机械作业相结合的新型维修方式的建立和推广使用,线路公司承担的线路维修任务的维修手段更加丰富,线路设备的可靠度和舒适度也得到进一步提升。新型维修方式的建立得益于新技术手段的实施和新管理手段的创新,线路公司将随着北京地铁线路的不断发展,建立更为完善齐备的作业体系,使其具备更多、更丰富的作业手段,满足日益不断增长的运营线路的需要。

关键词:人机结合;新型维修方式

0 线路公司概况

北京地铁线路公司成立于1984年9月,是北京市地铁运营有限公司下属的设备分公司。受运营分公司委托,专门从事地铁线路、附属设施维修、保养、大修、更新改造等主要业务。线路公司承担的主要任务包括线路维修任务、新线接收任务和大修更新改造任务。其中线路维修任务是地铁安全运营的重要保障,是线路公司创造价值的核心任务。

截至2010年底,线路公司共有员工1281人,管辖轨道设备545.012km、道岔设备606组、接触轨设备498.477km、其他设备593台套。线路公司下设10个二级单位,其中7个从事线路维修保养的线路队(项目部),1个检测探伤队、1个吊装运输队和1个修配所。

1 项目实施背景

1.1　运能运力不断增长的需要

近年来北京地铁的建设步伐逐渐加大,2010年底线路公司负责维修的线路已由8条增加到12条,预计2015年北京地铁运营线路将增加到20余条,届时线路公司的维修里程将增长到700km以上。在线网扩张的同时,地铁运力运量持续增长。大运量、高密度和重型轨道结构是现代化轨道交通的基本特征,这些都对运营线路养护维修提出了更高的要求。

为了保证高质量轨道结构适应大运量、高密度行车的要求,最有效的办法就是改善养路作业手段,采用高效的大型养路机械和相应的检测设备与人工小机作业相结合,最大限度挖掘作业空间和时间潜力,实现养护维修效率最大化。

1.2 生产组织管理特点的需要

线路设备是地铁运营的基础性设备之一,其维修工作在运营期间无法实现在线或离线维修,只能依靠有限的停电时间内完成。由于行车密度加大,"天窗"时间缩短,仅靠人工和小型机具进行线路检测养护变得更加困难,不能适应运力发展需要,难以完全满足作业质量和效率的要求。且地铁"天窗"时间均为夜间,养护维修作业照明条件非常有限,凭人工肉眼不易判断线路状况和保证作业质量。

1.3 线路设备特点的需要

在列车运行期间,线路设备不间断地承载着列车动荷载的冲击,其几何尺寸和内部状态不断发生变化,而人工作业仅能测量出线路设备的静态尺寸。小型养路机械或人工作业对重型轨道结构不能起到预期效果,特别是对于碎石道床线路,由于其经常扰动道床反而会破坏线路原有的稳定性。同时人工和小型养路机械使用的设备数量多,作业面分散,管理难度大,不仅人身安全存在隐患,还容易由于人员作业疏忽造成行车事故。

1.4 更高运营质量与更可靠安全保障的需要

随着轨道交通在公共交通中比重的增加,乘客对地铁运营质量提出了新的需求,除安全正点外,还要满足舒适度要求。这也对运营维修质量提出了更高的要求,需采用更为先进的手段不断改善线路设备质量,同时为运营提供更为安全的手段保障。

2 体系的内含与特点

本成果于2007年正式在北京地铁5号线初步应用,经过近两年的完善,于2009年向北京地铁所辖全路网全面推广使用。本成果主要是通过引入先进的大型检测、维修机械,使现有的纯人工作业的生产管理方式,向人工作业与大型机械检测和作业相结合的新管理方式过渡,使现有的作业手段更加丰富、完善,达到可靠性、稳定性、高效性的目的。

2.1 内含

线路维修人机结合优化管理体系，是基于现代生产管理中提高工作效率、降低竞争成本和增加科技含量等特点而构建成型。新体系不同于以往主要靠人工来完成作业的方式，而是以人工作业为主，大型机械辅助检测和作业的方式实施维修，即主要的检测和维修工作由人工手工作业完成，人工无法完成检测或不能达到既定维修质量的部分由大型机械辅助完成。根据目前线路公司拥有大型机械的种类，大型机械维修体系包括了大型机械检测体系、大型机械作业体系和检测数据分析体系3个方面。

2.2 体系架构

(1)大型机械作业体系。

线路公司依据当前设备状况或根据队、项目部的设备报修情况安排作业计划。综合维修车、钢轨打磨车和桥梁检查车按照计划要求赶赴现场实施作业，作业结束后由管辖作业地段设备的队、项目部进行验收确认，确保作业质量符合线路设备质量标准的要求。

①综合维修车：能独立完成线路碎石道床的起道、拨道、捣固作业，并能够完成对道岔的大部分捣固作用。作业中可实现人工、半自动或自动控制。当线路技术状态未知时，可实现经本机检测并处理后，提供出指导作业的优化方案，并控制机器作业。图1为综合维修车。

②钢轨打磨车：用于消除钢轨波磨、侧磨等表面磨损、变形和消除肥边等其他缺陷，修复轨头廓形，改善轮轨关系，确保列车运行更安全、更平稳、更快捷。由计算机控制自动检测和调整打磨量，可对钢轨内侧、钢轨顶面进行精确打磨。配备不同数量的磨头，可成倍提高打磨效率。图2为钢轨打磨车。

(2)大型机械检测体系。

线路公司轨道检查车和钢轨探伤车按照《工务维修规则》中规定的周期定期检测线路设备的尺寸状态，进行线路探伤，采集的数据由技术部门或该段线路对应的队、项目部进行数据分析和确认，判断设备当前状态，并对线路设备进行相应的整修。

①轨道检查车：轨道检查车可对线路几何状态进行动态检测。现有的静态检测，不能够完全反映出线路在运营时的状态，轨检车的应用正好弥补了静态量测线路几何状态方法存在的不足，提高线路检查的准确性。如集成安装线路巡检系统，则还可对扣件、轨枕、道床等线路外观状态进行检查，大大提高线路检查

效率。图3为轨道检查车。

②钢轨探伤车:装有检测轨道上钢轨伤损设备的专用车辆或专用列车。能有效检测出钢轨内部缺陷,判断钢轨开裂位置及裂痕深度,帮助检测人员及时排除钢轨断裂带来的潜在威胁。与现有人工探伤相互对照,可提高钢轨伤损的检出率,进一步减少因钢轨伤损断裂带来的恶性事故,提升钢轨安全的可靠性。图4为钢轨探伤车。

图1　综合维修车

图2　钢轨打磨车

图3　轨道检查车

图4　钢轨探伤车

(3)检测数据分析体系。

线路公司技术科和吊装运输队利用大型机械检测体系和人工检测采集的数据,对其进行分析和处理,从而判断当前或日后线路设备的状态和变化趋势,为日后的维修工作提供参考性依据。

图5为人机结合作业体系的构成。

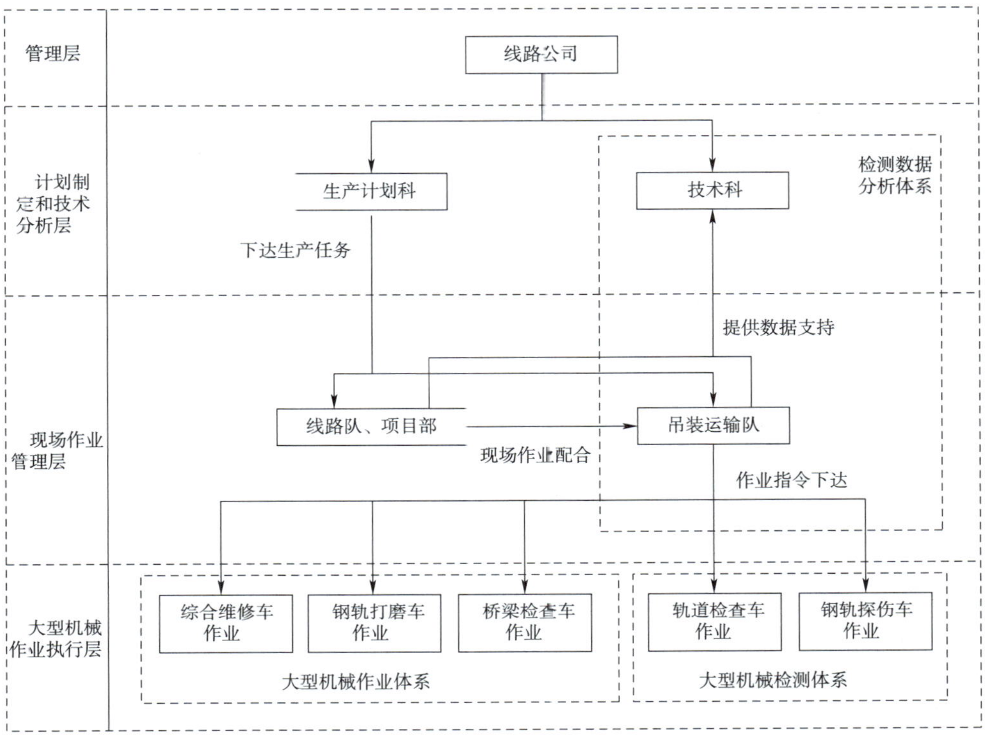

图5　人机结合作业体系的构成

2.3　特点

(1)大型机械种类众多,能够满足线路设备维修的不同需要。

计划中规划的大型机械能够满足日常线路维修工作的不同需求,达到消除线路隐患、增加安全保障、优化作业周期、提升作业效率等目的。

(2)作业呈现路网式规划,使大型机械效率最大化。

通过组团作业的实施,大型机械资源得到充分共享,而集中化管理的方式也为大型机械的日常管理带来便利。

(3)大型机械与小型机械相结合作业,使现有维修资源利用更充分合理。

人工作业与大型机械作业相结合,互为补充,既发挥大型机械集成、高效的特点,又充分发挥人工小型机械作业小、快、灵的优势,实现资源的最优配置。

3 体系的主要做法

3.1　以实际需求为导向,依据各台大型机械的不同分工和实际需求,对未来欲使用的大型机械种类和数量做出规划

根据管辖线路设备的类别和实际需要,线路公司在对各类大型维修检测机

械作业能力和作业周期进行认真分析测算的基础上,提出了 2015 年大型机械配备及应用规划,使其基本覆盖维修检测的主要内容。初步拟定 2015 年配置十余台大型机械;并结合各类大型机械的功能和作业特点,相应搭建大型机械作业体系和大型机械检测体系,同时建立检测数据分析体系,专项负责大型机械检测体系实时采集的数据,对其进行分析处理,判断当前线路设备的动态几何状态和内部伤损情况等信息。

目前北京地铁线路公司已配备 8 台大型机械设备,分别为 2 台综合维修车、2 台钢轨打磨车、1 台轨道检查车、2 台钢轨探伤车、1 台桥梁检查车,并将根据路网建设发展进程,继续完善大型机械的配备。

根据各台大型机械的作业方式和作业特点划分为如下作业体系:

(1)大型机械作业体系。

大型机械作业体系负责在线路设备需要进行专项维修(例如碎石道床地段捣固、钢轨波磨区打磨)时,出动相应的大型机械赶赴作业地点实施作业;期间需要管辖作业地段的线路队、项目部进行全程配合和作业结束后的现场确认,确保作业质量满足线路设备质量要求。大型机械作业体系包括综合维修车作业、钢轨打磨车作业和桥梁检查车作业。

综合维修车能独立完成线路碎石道床的起道、拨道、捣固作业,并能够完成对道岔大部分区域的捣固作业,作业中可实现人工、半自动或自动控制。当线路技术状态未知时,可实现经本机检测并处理后,提供出指导作业的优化方案,并控制机器作业。

钢轨打磨车用于消除钢轨波磨、侧磨等表面磨损、变形和消除肥边等其他缺陷,修复轨头廓形,改善轮轨关系,确保列车运行更安全、更平稳、更快捷。由计算机控制自动检测和调整打磨量,可对钢轨内侧、钢轨顶面进行精确打磨。配备不同数量的磨头,可成倍提高打磨效率。

通过桥梁检查车作业,可以检测到原来作业人员难以达到的作业盲区,及时发现和清除桥梁结构隐患,保障行车安全。

根据现有状况,线路公司还需购置移动式焊轨列车、钢轨铣磨车、隧道清洗车等大型机械作业设备来逐步完善丰富大型机械作业体系。

随着线网规模扩大,线路条件更为复杂,一些超长小半径曲线钢轨侧磨或波磨到限后,线路公司目前配备的小型焊轨机具焊轨能力,很难及时恢复换铺为无缝线路。移动式焊轨列车能完成焊前调直、除锈、焊接、风冷、水冷、焊后调直、轨底打磨、精磨等一系列焊轨工艺,自动化程度较高,可成倍提高作业效率并提高钢轨焊接质量。作业灵活，适应路网化运营需要。

地铁隧道内由于多年来无法得到有效的清扫，沉积的污染已十分严重，不仅隧道内空气受到污染，影响乘客及工作人员健康，而且大量积累的污渍、油垢、灰尘等已经成为安全隐患。隧道清洗车利用旋转风吸技术，采用高压风，将灰尘吹起，并通过类似吸尘器的设备再将灰尘回收，减少隧道内积尘污染给行车作业带来的安全隐患，并降低对乘客及运营作业人员造成的健康危害。

北京地铁大部分为地下线路，且利用夜间停运后短暂的"天窗"时间，国铁靠"增加钢轨打磨车磨头数量提高打磨效率"的办法对北京地铁不完全适用。所以地铁宜采用打磨效率高、粉尘及噪声污染低的钢轨铣磨车进行作业。钢轨铣磨车适用于钢轨预防性及整治性维护作业，通过铣刀铣削钢轨可成倍提高效率。钢轨打磨车需要做7～8遍甚至10余遍，使用钢轨铣磨车后只需1遍就能完成，而且钢轨几何尺寸和钢轨表面平整度、光洁度大幅提高。

由于近年新线开通后，出现大量钢轨波磨问题。线路公司拟优先计划购置钢轨铣磨车和移动式焊轨列车，共同应对目前运营线网中突出的波磨问题，其他大型机械可随路网建设陆续配备。

(2)大型机械检测体系。

大型机械检测体系根据线路公司安排的检测计划定期对线路设备进行动态检查，检测的数据整理后交予检测数据分析体系做数据的分析处理。大型机械检测体系包括轨道检查车作业和钢轨探伤车作业。

轨道检查车可对线路几何状态进行动态检测。现有的静态检测，不能够完全反映出线路在运营时的状态，轨道检查车的应用正好弥补了静态量测线路几何状态方法存在的不足，提高线路检查的准确性。如集成安装线路巡检系统，则还可对扣件、轨枕、道床等线路外观状态进行检查，大大提高线路检查效率。

钢轨探伤车是装有检测轨道上钢轨伤损设备的专用车辆或专用列车。能有效检测出钢轨内部缺陷，判断钢轨开裂位置及裂痕深度，帮助检测人员及时排除钢轨断裂带来的潜在威胁。与现有人工探伤相互对照，可提高钢轨伤损的检出率，进一步减少因钢轨伤损断裂带来的恶性事故，提升钢轨安全的可靠性。

由于新建线路的逐年增多和运营路网的不断扩大，线路公司还需继续购置轨道检查车和钢轨探伤车，以满足未来线路的检测需要。

(3)检测数据分析体系。

检测数据分析体系是通过软件分析和数据处理等方式，对轨道检查车和综合维修车等检测类大型机械采集的数据在作业现场或作业结束后进行分析，将采集数据中蕴含的信息提取出来，从而找出钢轨实际行车中的几何状态、钢轨内部伤损等信息的变化规律。检测数据分析体系包括轨道检查车数据分析和钢轨探伤车数据分析。

轨道检查车主要采集线路轨距、水平、高低、轨向、三角坑、车体垂向振动加速度、车体横向振动加速度、接触轨轨距和接触轨水平等9项内容，同时利用车载软件对其进行实时评定，检测结果与规定值产生偏差按照规定进行扣分。偏差等级分为三级，Ⅰ级为验收标准，需择日进行整改；Ⅱ级为综合维修标准，需在限定日期内对其进行维修；Ⅲ级为紧急补修标准，需立即整改修复。

钢轨探伤需要结合钢轨探伤车和钢轨探伤仪采集的数据记录进行统计与分析，总结归纳出重伤伤损的出现频率、规律、易发生重伤伤损的地点、位置和服役时间、天气变化对钢轨以及钢轨内部伤损的出现以及发展的影响。同时也为提高检测探伤队伤损检出率和伤损预防提供科学依据。

3.2　以安全高效为目标，将各类大型机械组团化配置，实现全路网分组作业，使现有大型机械的作业效率达到最大化

由于地铁线路受作业地点和各条联络线限制，为保证大型机械充分合理使用及提高作业效率，需要对其进行合理组团化配置，将不同种类的大型机械按照现有路网规划进行分组，每组负责按照作业区域分别进行作业。根据大车作业能力及联络线设置情况，目前线路公司的大型机械分为3组进行作业，并实行相对集中管理。表1是大型机械作业组团具体方式（其中作业线路统计到地铁公司预计2015年接管线路）。由于机场线与线网不具备联络条件，仅能实现公铁两用大型机械的共享作业。

大型机械作业组团方式　　表1

第 1 组 团		
线　　别	里　程(km)	联络路径
1号线	31	宋家庄停车场→5号线
2号线	23	5号线→东单→1号线
13号线	41	1号线→四惠→八通线
八通线	19	1号线→建国门→2号线
5号线	28	5号线→立水桥→13号线
亦庄线	23	13号线→东直门→机场线
机场线	27	5号线→宋家庄停车场→亦庄线
合计	192	亦庄线→S6号线

续上表

<table>
<tr><th colspan="3">第 2 组 团</th></tr>
<tr><th>线 别</th><th>里 程(km)</th><th>联络路径</th></tr>
<tr><td>10 号线</td><td>59</td><td rowspan="7">平西府车辆段→8 号线
8 号线→熊猫环岛→10 号线
10 号线→巴沟→西郊线
10 号线→五路停车场→S1 门头沟线
8 号线→定泗路站→昌平线
8 号线→奥林匹克公园→15 号线</td></tr>
<tr><td>8 号线</td><td>22</td></tr>
<tr><td>昌平线</td><td>34</td></tr>
<tr><td>15 号线</td><td>46</td></tr>
<tr><td>西郊线</td><td>9.8</td></tr>
<tr><td>S1 门头沟线</td><td>27</td></tr>
<tr><td>合计</td><td>198</td></tr>
<tr><th colspan="3">第 3 组 团</th></tr>
<tr><th>线 别</th><th>里 程(km)</th><th>联络路径</th></tr>
<tr><td>6 号线</td><td>42</td><td rowspan="6">香江北路车辆段→14 号线
14 号线→金台路→6 号线
14 号线→西局→9 号线
9 号线→北京西站→7 号线
9 号线→郭公庄→房山线</td></tr>
<tr><td>9 号线</td><td>17</td></tr>
<tr><td>房山线</td><td>24</td></tr>
<tr><td>14 号线</td><td>46</td></tr>
<tr><td>7 号线</td><td>23.9</td></tr>
<tr><td>合计</td><td>153</td></tr>
</table>

为更好地实现组团化作业和集中管理，根据上述组团计划，全路网车辆段拟规划设大型机械维修保养基地 2 处，对大型机械实行相对集中管理和维修及定期保养设施共享；设大型机械维修检测基地 1 处，除具备维修保养基地的功能外，还应具有维修检测的功能，能实现对车辆主要部件修后的检测，能按规定进行检测设备的定期标定，满足对大型养路机械主要部件的修理条件及主要部件修后的检测条件。

3.3 以人才培养为手段，着重培养大型机械操作的专项操作技术人员

大型机械操作需要较高的专业技能和操作水平，需要操作人员具备一定的专业知识才能对其进行操作和日常养护。线路公司以内部挖潜和外部招聘相结合的方式解决大型机械操作人员不足的问题，为大型机械作业和检测体系提供人力资源保障。

(1)聘请机械制造厂家技术人员，对现有大型机械操作人员进行专项培训。线路公司选择一批具备丰富现场实践经验的技术人员担任大型机械操作人员，但由于大型机械专业性强、要求操作水平高，仅靠现有未接触过大型机械操作的技术人员无法完全驾驭大型机械的全部功能。为解决此问题，线路公司特聘请大型机械制造厂家的专业技术人员对大型机械操作人员进行专项培训和现场实

操指导,使其具备基本的大型机械操作能力和一般故障分析处理能力。

(2)对外招聘各类相关专项技术人员,选择有潜质的人员进行定向培养。为使大型机械操作人员具备更高基础素质和培养潜力,线路公司对外招聘机械、电子、自动化等专业技术人才,并对其进行定向培养,培训内容均与大型机械的工作原理、操作规程等密切相关。

3.4 以人机结合为方式,对大型机械全面推广使用,制定大型机械检测、作业的计划及相关规程和制度

通过引入大型机械优化维修管理模式,线路公司人工作业结合大型机械作业的新型维修方式已具备了硬件条件,而通过制定适宜的作业计划及制定相关规章制度进行约束和限定标准,使人工作业和大型机械作业的新型维修体系具备软件条件,新体系得以全面推广使用。

(1)制定大型机械操作和日常维护保养的规章制度,明确各相关单位承担的职责。

由于人工作业与大型机械作业属于新型维修体系,势必需要制定专门的规章制度对其管理和标准化作业进行规定和约束。线路公司依据大型机械的使用说明书和相关资料,参照各管理部门的部门职责,针对各类大型机械制定一系列的规章制度,为其在全线路网的推广实行奠定基础。

制定各类大型机械管理办法和作业流程图,使各部门、各层级职责划分明确。根据各科室和队、项目部承担职责,线路公司制定大型机械管理办法,明确大型机械的日常管理部门、安全管理部门、计划下达部门、现场作业部门、日常维护部门、技术支持部门等,使大型机械的各项管理和操作均有对口的归属部门负责管理;同时制定各台大型机械的作业流程图,使作业严格按照标准化流程分工操作,确保作业的各项步骤均按照规定执行。

制定作业安全措施和紧急抢险预案,确保作业过程中的人员安全和设备安全。为确保探伤车安全、顺利地完成钢轨探伤作业,线路公司特制定作业安全措施和紧急抢险预案,提出作业前、作业中、作业后的各项安全防护措施和注意事项以及出现故障时的紧急处理措施,避免出现作业人员和作业设备受到损伤的情况。

制定工作标准、操作规程和操作流程,使大型机械检测和作业依照标准化流程作业。根据大型机械使用说明书的要求,线路公司制定各台大型机械的工作标准、操作规程和操作流程,明确各操作岗的职责分工和操作顺序,使大型机械的操作有序进行,各操作岗间无重复性工作且配合衔接紧密。

制定大型机械维护保养规程，确定维护保养的周期和检查项目。线路公司分别对每台大型机械制定相应的维护保养规程，规程中对大型机械各部件的检查项目、合格标准、维护保养的方法、维护保养的周期以及每次出车前相关仪器的检查作出规定，使大型机械的日常维护保养有据可依。

(2)根据线路设备维修和检测要求，全面制定大型机械的检测和作业计划。

结合已购置大型机械的种类和数量，通过大型机械的合理化组团搭配，线路公司对全线线路设备(不包括机场线)制定年度检测和作业计划，将人工作业和大型机械作业相结合的新型维修体系推广至全线路网应用。年度检测和作业计划根据线路设备维修质量标准、作业环境等外部条件要求，分为固定周期检测、限定周期作业和状态修复作业。

①固定周期检测是根据上一年度的线路设备发展状况和秋季检查评定状况，制定当年全年线路设备的检测计划。线路公司大型机械检测体系主要依靠固定周期检测来完成对线路、接触轨、钢轨等的检测工作。

轨道检查车对每条线路年度作业 6 个周期，即每 2 个月检查一遍。各线路队、项目部根据年度轨道检查车检测计划向生产计划科报旬检测计划申请。线路公司生产计划科接到地铁公司总调正式批准计划后，及时将检测计划下发到吊装运输队和各线路队、项目部。线路队、项目部领导根据轨道检查车检查计划随轨道检查车进行检测作业，第一时间掌握线路的动态状况，对出现三级超限地段立即安排整改。轨道检查车每次检查后，线路队、项目部均需结合检测结果进行整修。检测结果报送技术科，技术科对检测报告进行技术分析，判断病害对运营的危害程度，并将检测报告转交给线路队、项目部，督促指导线路队、项目部对病害及时整治。而线路队、项目部同时派专人对管辖内正线线路每月用添乘仪进行检查，发现超限处所和不良地段通知进行整改。

钢轨探伤车对每条线路年度作业 6 个周期，即每 2 个月检查一遍。吊装运输队根据年度钢轨探伤车检测计划向生产计划科报旬检测计划申请。线路公司生产计划科接到地铁公司总调正式批准计划后，及时将检测计划下发到吊装运输队，随后吊装运输队按照检测计划进行钢轨探伤作业。钢轨探伤车检测出重伤钢轨后将探伤结果报送至技术科。技术科接到探伤报告后进行技术分析，判断伤损对运营的危害程度，并将伤损报告转交给检测探伤队，要求及时复核。检测探伤队接到探伤报告后，及时安排探伤人员对报告的伤损判断进行复核，并做好复核记录。检测探伤队根据伤损情况，按相关规定对伤损钢轨提出处理意见。

②限定周期作业是按照作业环境、作业条件内的限制，规定在某些约定时间

段内进行作业的作业方式。线路公司大型机械作业体系中的综合维修车依靠此项作业方式进行碎石线路的捣固作业。

综合维修车作业受轨温所限,作业时间限定在温度适宜的春季和秋季。各线路队、项目部根据年度综合维修车维修计划向生产计划科报旬维修计划申请。线路公司生产计划科接到地铁公司总调正式批准计划后,及时将维修计划下发到吊装运输队和各线路队、项目部。各线路队、项目部根据综合维修车作业计划提前对作业地段进行维修工作量及线路整体配备情况进行调查。吊装运输队根据调查数据安排作业内容。各线路队、项目部在维修作业前对线路进行调整、扣件紧固等准备工作,并按规定在线路上做好起道量、拨道量、曲线要素数值和标记。各线路队、项目部派专人对捣固后的线路进行几何状态的检查,对符合线路维修标准的地段立即进行现场恢复,不符合的通知吊装运输队重新捣固。在进行线路维修作业时,线路公司采用综合维修车与小型捣固机械联合作业的方式进行作业。

③状态修复作业是通过定期检测等手段,在发现有影响线路设备正常运行的病害后,安排临时性计划对病害地段进行作业修复。线路公司大型机械作业体系中的钢轨打磨车和桥梁检查车依据实际需要安排临时性的作业计划实施作业。

钢轨打磨车负责对线路上钢轨波浪型磨耗、侧面磨耗及飞边、鞍型磨耗、焊道凸凹等病害成段进行打磨。各线路队、项目部根据日常检查和钢轨病害发展趋势向生产计划科报临时维修计划申请。线路公司生产计划科接到地铁公司总调正式批准计划后,及时将临时维修计划下发到吊装运输队和相关线路队、项目部。相关线路队、项目部根据临时计划提前对需进行钢轨打磨地段进行确认,并准备好足够的消防设备。各线路队、项目部派专人确定打磨地段和具体位置,打磨结束后对打磨区段的钢轨进行现场验收。在进行钢轨打磨作业时,线路公司采用小型磨轨机对个别焊道凸凹、鞍型磨耗进行打磨。

综上所述,北京地铁线路公司通过科学化配置大型机械奠定设备资源基础、定向化培养专业人才奠定人力资源基础、合理化制定规章制度奠定体系保障基础、高效化组团作业奠定集中管理基础。经过上述基础性做法,线路公司人工作业和大型机械作业相结合的新型维修体系初具规模,经过完善后推广至北京地铁全线开展日常的线路维修作业。

4 实施效果

线路公司在全面推广人工作业和大型机械作业相结合的新型维修体系后,

经过一段时期的运行效果显著,弥补了旧有作业体系的不足,也产生了非常明显的效益,对线路公司提供了更广阔的发展空间。

(1)线路设备整体质量和可靠度得到提高,使乘客乘车更加安全、舒适。

通过使用综合维修车,改善了现场作业质量和维修能力。由于捣固作业限于春秋两季,人工捣固仅能实现线路重点起道重点捣固;综合维修车作业使作业能力覆盖全线,具备了碎石道床全面起道和全面捣固的能力。而小型捣固机及人工捣固无法达到重型轨道参数要求,综合维修车捣固可使道床密实度及道床阻力等参数全面达到设计标准,且质量更均衡,提升碎石线路稳定性和平顺性,提高行车质量。

图6为综合维修车捣固前后线路状态对比。

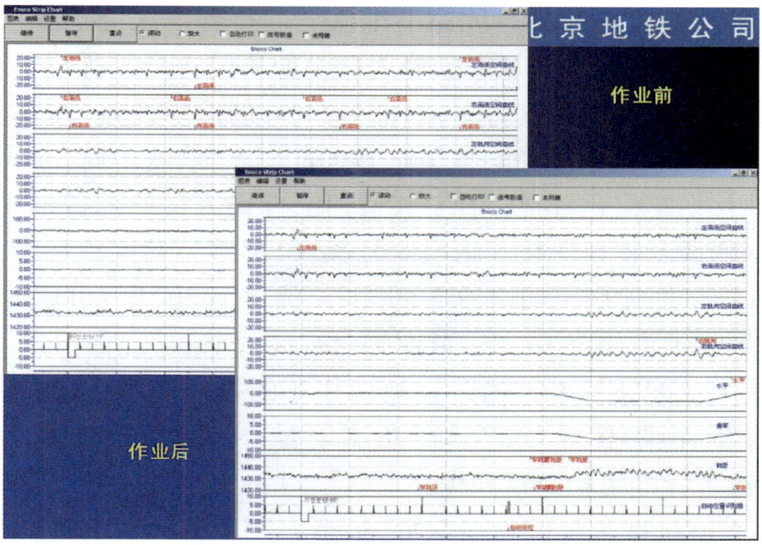

图6　综合维修车捣固前后线路状态对比

通过使用钢轨探伤车,增加了地铁线路的安全系数。采用钢轨探伤车与人工小型探伤仪探伤对照补充,可提高伤损检出率,减少断轨恶性事故,提升钢轨可靠性。

通过使用钢轨打磨车,对线路上的钢轨磨耗进行修理,提高线路的稳定性和舒适性。钢轨打磨车常年用于修理性打磨,根据线路状态,对缺陷钢轨进行打磨修理,有效地清除了钢轨表面缺陷、钢轨肥边等。同时采用状态修复,针对线路上出现的钢轨波浪磨耗,及时打磨修复,改善轮轨关系,消除振动噪声,确保列车运行更安全、更平稳,乘客更舒适。

(2)填补动态检测项目的空白,更真实反映运营行车的实际情况,发现并消除靠静态检测难以检出的病害及隐患。

通过使用轨道检查车，线路设备以往动态检测的缺失得到填补，动态检测的参数更能够反映行车时线路设备的状况。即使静态检查几何尺寸合格，线路上仍会存在假轨距、空吊板等线路病害，行车时轻则晃车、严重时可危及行车安全。动态检查可模拟地铁车辆运行时的轨道几何状态，这些病害会通过动态轨距、高低、车体加速度等指标变化反映出来，指导维修进行有针对性的治理。同时通过车体振动加速度指标的检测分析，对超限处所进行整修，减少晃车现象，提高运营质量，增加舒适度。

(3)作业工时及作业周期(工规维修周期调整优化)得到优化，作业效率得到提高。

通过综合维修车作业，部分线路的维修周期得到优化，作业效率明显提升。采用综合维修车捣固后，碎石道床维修周期由原来的6个月优化为12个月。而原有的小型捣固机每晚作业仅能完成100~200m的捣固任务(需要2~4台同时作业)，而综合维修车捣固每晚能够作业1000m以上，使效率提升5倍以上。

通过钢轨探伤车作业，探伤周期得到优化，探伤人员的配备也得以降低。引入探伤车后探伤周期得以优化。通过5号线、10号线运营实践检验，可满足安全要求，50kg/m钢轨的探伤周期由原有的21天优化至30天，60kg/m钢轨的探伤周期由原有的30天优化至36天。同时通过提高效率和延长手工探伤作业周期，从而减少探伤人员配备标准。通过钢轨探伤车的投入使用，线路年度探伤总工时由70888工时下降至59336工时，总工时减少了11552工时，减少比例为16.3%，人员配置标准也相应得到优化。

(4)通过大型机械采集的大量数据，结合人工采集的数据进行分析，可以更加准确地掌握线路设备状态的发展趋势，研究发展规律并为状态修的实施及预防修理的探索措施打下基础

5 结论

通过人工作业和大型机械作业相结合的新型维修方式的建立和推广使用，线路公司承担的线路维修任务的维修手段更加丰富，线路设备的可靠度和舒适度也得到进一步提升。新型维修方式的建立得益于新技术手段的实施和新管理手段的创新，而随之带来了更为稳定均衡的设备支持和更为精干高效的人力投入。下一步线路公司将随着北京地铁线路的不断发展，建立更为完善齐备的作业体系，使其具备更多、更丰富的作业手段，满足日益不断增长的运营线路的需要。

实施人才“导师制”　培养高素质人才

线路分公司课题组　吴志伟　杨芳庭　许志军　梁柏成　邹　策
赵庆祝　谢　宁　袁永亮　宋　博

摘　要：高素质人才指在企业管理、生产、服务等领域，熟练掌握专门知识和专业技能，具备丰富管理经验或精湛技术，并在工作实践中能够解决管理、技术和生产工艺等难题的人员。“导师制”的实施，大大节约了培训资源，改变了传统的职业教育模式，有力地促进了企业健康和谐发展。

关键词：导师制；平台；创新

0 企业概况与简介

北京地铁线路公司（简称线路公司）是北京市地铁运营有限公司下属的设备分公司之一；是地铁公司线路轨道设备的专业维修服务商；主要担负着北京地铁（不含4号线、大兴线）管辖的12条运营线总计300km轨道线路、10个场段线路设备的维修养护、大修及更新改造任务；现有员工1300余人，其中高级、中级专业技术人员70人；高级、中级技术等级人员566人；现拥有MINI－8型钢轨打磨车、08－16－SP4 CH型号综合维修车、Y－1900型号检测探伤车等先进的铁路轨道大型养路机械设备8台套，合计总价值逾1.5亿元；2006年通过了ISO9001质量管理体系认证。

1 课题背景

高素质人才指在企业管理、生产、服务等领域，熟练掌握专门知识和专业技能，具备丰富管理经验或精湛技术，并在工作实践中能够解决管理、技术和生产工艺等难题的人员。管理人员主要包括专业技术人员中的中级专业技术职称、副高级职称、高级职称以及技术专家等。生产工人包括高级工、技师、高级技师、行业领军人物等。他们是企业人才队伍的中坚力量，是人才队伍的核心骨干。

为了满足城市轨道交通发展需求、满足公司发展需求、满足员工自身发展需求,线路公司实行人才"导师制"培养这一综合性人力资源解决方案,通过人才"导师制"培养,提高员工专业技术素质,改善员工队伍技术结构,加快员工成长速度,解决公司专业技术人员的供求问题。

1.1 国际大城市对城市轨道交通发展提出了更高要求

《北京城市总体规划(2004—2020年)》把北京城市发展的目标明确定位在"国家首都、世界城市、文化名城、宜居城市"4个方面。而要建设世界城市,就要有世界先进水平的城市交通体系作为支撑,世界城市应该具有发达的内部交通网络和外部交通网络,交通是城市的命脉、交通是城市永恒的主题。2005年纽约地铁长度已达到416km,2006年伦敦的地铁长度为420km,而北京2010年底地铁长度为340km,这与世界城市轨道长度还存在较大差距。

"世界城市"规划对北京地铁轨道交通发展提供了良好的契机,同时也是一个重大的考验。北京市作为首都城市、全国的政治文化中心,对地铁的运营安全、设备质量、功能完善及员工素质等提出了更高的要求。

如何建设高素质的员工队伍以适应城市轨道交通的高速发展、如何培养高素质的企业员工以适应新设备带来的技术更新成为摆在线路公司面前的重大课题。

1.2 企业自身发展的需求

随着线路公司迅速扩展壮大、所辖线路设备数量成倍增长、新型设备的不断引进、机械化程度的提高,先进的机械设备、先进管理理念的引进,线路公司技术力量不断摊薄,专业技术人才需求矛盾更加突出。员工专业素质的提高已经成为当前甚至今后一段时间内企业管理提高的瓶颈问题,这就要求公司在职工队伍建设上下功夫,在员工技术水平提高上做文章。

1.3 员工个人发展的需求

随着经济发展,员工自身需求逐步从基本的物质需求提升到更高层次的精神需求,员工在组织中越来越关注自身成长与发展的机会,员工已经由被动学习转变为主动提高。近几年,公司规模不断扩大,年轻的新员工快速增加,公司80后年轻员工比例达到40%。这些新员工具有较高的文化素质,充满激情和活力,学习能力强,接收新事物快,但年轻员工要想把自身的需求逐步转变为工作业绩的肯定、周围同事的认可、成为专业技术的骨干以及公司管理的参与等,短期内是很难实现的。要想成为业务骨干,不仅需要员工自身的努力还需要长期工作实践经验的积累。员工的个人发展需要企业为他们搭建更大的舞台、提供更加广阔的空间。

2 课题内涵

2.1 “导师制”的含义

在公司中选聘技术精湛、德才兼备、乐于传授、善于沟通的员工作为“导师”，选择责任心强、积极上进、有潜力、有前途、勤奋好学的员工作为“学员”，通过“导师”与“学员”一对一师徒结对，根据年度教学培养计划自主安排时间进行教学，以期达到既定的教学目标，从而促进员工操作技能提升的一种制度。

2.2 “导师制”的特点

(1)培训教学时间自主灵活。师徒培训时间自主性强，师徒可以根据自身工作安排，在不影响正常工作的前提下自主选择培训时间，既节约了像集中培训方式的公众资源又充分利用了自由时间。班前、班中、班后或非工作时间，他们可以自由选择，只要在规定的时间内完成规定的教学内容即可。

(2)培训教学内容紧贴实际。导师根据学员实际把握的程度，制订有针对性的教学计划，确定教学的内容。在日常教学中，导师还可以根据工作计划来安排、调整教学计划。学习重点可以结合实际工作进行，并在工作中得到实践和验证，使学员不仅有直观的印象，更有感官的体会。这样更能提高教学质量，提高学习兴趣。

(3)累积计算学时作为“导师制”重要控制指标之一。为保证教学时间，在日常培训中对于培训学时进行了严格控制，年度理论教学要求达到400学时，月最低64学时，为师徒教学建立一个基本的时间保障。学时的确认要有师徒双方签字认可，同时要有相应的教学计划、教学内容、教学记录等材料。年度教学学时不足者，导师免除参加评聘优秀导师资格，学员免除参加技术等级晋级考试资格。学时对“导师制”教学提出了硬性指标要求。

(4)导师与学员进行互相评价。日常教学过程中，导师对学员进行阶段评价，包括学习态度、实习效果、缺点不足等；徒弟对导师进行评价，包括教学安排、教学态度、教学内容等。导师和学员的互相评价是年度优秀导师推荐的重要参考依据。

2.3 师徒结对的原则

第一，在师徒结对过程中，公司充分尊重导师、学员的选择，采用双向选择的方式，导师可以选择徒弟，徒弟也可以选择导师；第二，对于导师和徒弟的技术等级水平进行约定，如高级工导师可以带中级工和初级工学员，而技师级导师则可以带高级工和中级工学员;第三,对于能力突出的导师可以多带徒弟,但最多只能带3个徒弟。

3 创新实施

通过系统分析,结合企业现状,线路公司明确“导师制”的指导思想,即以建设学习型企业为目标,结合员工职业生涯设计,推进企业职工自主学习,主动学习,终身学习,促进企业职工专业技能不断提高,实现企业员工素质结构的优化。

3.1 建立制度有保障

公司先期制定下发了《员工技术等级管理办法》,不但明确了员工技术等级晋级申报条件,规定了学历和岗位年限资格,同时规范了操作的程序。在此基础上,公司又下发了《线路公司高技能人才评价方案》,建立了高技能人才评价体系,对晋升高级工以上级别的员工,除了个人撰写工作业绩总结、论文外,更主要的是以员工的实际工作业绩为主,立足基层,对申报人员的岗位素质、工作业绩进行民主评价和业绩评审。评价体系还对晋级培训教学学时、教学效果等提出了明确的要求,对于学时不足者取消晋级资格,对于在实际工作中表现突出者予以破格。这些制度的实施有力地推动了人才“导师制”培养计划的高效执行。

《线路公司人才“导师制”培养实施办法》则以制度的方式固化了人才“导师制”培养模式。公司成立了由公司经理直接任组长的人才“导师制”培养领导小组,小组下设办公室,同时明确了领导小组和办公室的职责。根据公司人力资源战略对员工的素质要求,为了使导师和学员的管理进一步规范化,在明确了导师的职责,学员的义务的基础上,规范了优秀导师和优秀学员的评比条件与考核标准,在导师资源的选聘和优化,师徒结对的确定和互评,课程的选择与推广,教学效果的分析与评估等方面均明确了标准,做到了公司在实施“导师制”的过程中有据可依。

3.2 优化队伍保质量

企业对导师实行内部选拔制,同时进行有针对性的培养。导师的培养十分重要,导师不仅要有一定的理论基础,更要有丰富的实际工作经验,最主要是能够传授得清楚明白,懂得传授的技巧。在导师队伍的建设上,线路公司重点做了以下几个方面工作。

(1)做好导师的推荐选拔工作。

优秀的导师是教学的保障,为此,公司在导师的筛选上作了大量工作,拟定了导师选拔程序，选择专业背景较好，具有精湛技术和丰富的理论知识，有一定亲和力、感染力、丰富的沟通技巧、较强的应变能力，具有担当导师意愿的同志，进行测试、选拔和培养，这其中包括了心理测试、专业测试、授课技巧测试等。

（2）建立"导师制"信息系统。

①建立导师库。公司把有资格的员工做统一的管理，创建了"线路公司人才导师库"（同时也建立了学员信息库），全面掌握相关信息，其中主要包括每个导师所擅长的专业，教学培养的特点，基础素质的高低，专业知识的更新，结对学员的反馈等。这有利于公司宏观把握，统筹管理，合理分配资源，充分发挥导师的潜能。

②建立导师教学评价系统。公司建立了导师评价系统，通过对教学跟踪、工作分析、互相评价以及教学效果进行统筹分析，结合导师的工作表现、自身能力等因素，对导师的教学进行综合评价。

综合评价采用百分制，主要包括教学理念、教学方法、表达水平、沟通能力、教学安排、学用结合、理论水平、实操能力、教学效果、学员评价共 10 项，每项 10 分。另外增加个人影响力 10 分的奖励分。

参加评价人员主要包括：导师所在部门主管、同事、徒弟等 10 人，其中主管所占比重为 20%，同事评价所占比重为 30%，徒弟评价所占比重为 50%。

（3）加速导师的培养工作。

对导师进行专业培训，相当于"培训培训师"（Train the trainer，简写 TTT），设定了授课技巧、教学方法、成人培训特点、如何把握学员心理等课程；选派导师参加技术培训和技术交流，从而不断丰富导师的专业知识，掌握培训技巧。导师间通过开展相互交流，授课及教学比赛等形式达到了相互促进，相互借鉴，共同提高的目的。

3.3 师徒结对好搭档

为做好师徒结对工作，公司加大了宣传力度，创造相互沟通机会，促进师徒之间的相互了解，力求充分发挥各自潜能，做到最佳组合。师徒结对主要通过自选方式进行。

公司利用"导师制"信息系统，对每位导师的信息进行展示，学员可以根据自身情况选择满意的导师。师徒结对共分为三步：第一步，每位学员根据导师信息进行自选，每位学员可以选择 2～3 位导师，多选无效。第二步，对于"1 选 1"的导师和学员进行结对。对于多选的导师和学员进行二次自选，缩小选择范围，每位学员只能选择 1 位导师，同时导师可以指定学员范围。第三步，对于"1 选 1"

的师徒进行结对,对于没有结对的导师和学员,公司进行指定。

通过师徒自选的结对方式,绝大多数导师和学员都能满意自选结果,双方达成了共识,这为以后的教学活动打下良好的基础。2009—2010 年公司共结对 100 对师徒,均是通过自选方式确定师徒关系。

3.4 搭好平台搞比赛

(1)宣传平台:为做好导师制宣传工作,公司充分发挥宣传优势,在一线职工中进行广泛的宣传,通过公司的 OA 系统网络平台、公司信息简报以及板报、征文、内部刊物等多种途径,通过开展年度优秀导师评比,召开年度表彰大会,扩大宣传,起到了很好的示范效应。

(2)教学平台:公司利用网络平台资源对导师的教学进行跟踪、调研和阶段性评估。并倡导导师和学员可以通过网络达到学习和交流的目的,如发送培训计划、教学材料、布置作业、阶段答疑等,学员通过网络提交建议和意见、提交作业以及信息反馈。公司还通过网络问卷调查,实现了学习、管理、评估的信息化、数字化及实时动态跟踪管理。

(3)演练平台:公司投资建设了土桥实训基地,铺设了两组单开道岔,一组交叉渡线等共计 1200m 的碎石道床轨道设施,配备了捣固机、焊轨机、打眼机、锯轨机、探伤仪等机械设备 20 台套,为现场作业实操演练提供了实训的场所。导师可以提出练武申请,公司在无培训任务的情况下可以安排师徒进行实战演练。

(4)展示平台:公司每年组织一次技术大比武,各单位全体动员,通过个人自愿和基层单位推荐相结合的方式报名参与,通过层层比赛、赛练结合,以班组为单位开展技术比赛,以此检验导师培养的效果,成绩好的给予一定的物质奖励。同时通过宣传栏目积极的宣传报道,扩大比赛影响,激发员工学习的热情,推动导师制培养计划的实施。

3.5 技能鉴定看效果

通过职业技能鉴定的方式选拔出优秀人才,对生产操作岗位员工进行技能鉴定,可以完成自我定位,找准发展目标和方向,提高员工工作积极性,使工人队伍迅速成长。

为明确不同等级之间的能力区别,根据级别培训的设计思路,公司建立了从初级工到高级工的课程体系,设计了员工素质模型,编写了技术等级标准和题库。通过岗位轮训和集中培训等形式开展培训,以技能鉴定为标尺测评培训效果,不断提升生产工人的技术等级水平。

线路公司根据人力资源和社会保障局关于企业职业技能鉴定考核方式的规

定,对于各工种均采用专业知识和实际操作两部分进行考试模式。公司高级工的技能鉴定增加了工作业绩评价环节,对于理论知识和实际操作及格人员进行测评。2008 年公司通过技能鉴定晋级人员总数为 119 人,2009 年为 310 人,2010 年为 61 人。

3.6 教学评估找不足

导师教学是一个闭环过程,需求分析,课程设计、培训实施、跟踪评估,4 个环节缺一不可。公司采用柯氏模型进行教学评估,主要包括以下 4 个层次的评估:

(1)反应层次:包括教学气氛、表达水平、教学内容、授课方法、教学设施、时间安排等。

(2)学习层次:利用模拟考试、集中讨论等方式进行评估。这样使学员有学习压力,导师有教学压力,师徒能把更多精力投入到学习中来,同样可以使导师能互相借鉴,互相提高。

(3)行为层次:采用主管评价、同事评价方式进行。通过导师、学员日常工作中的表现进行评估,这样更直接地反应出教学成果。

(4)结果层次:结果层次评估主要参照学员技术晋级情况进行。参照学员技术晋级情况,对导师教学进行评估。对于成绩优异的进行总结推广,对于未能晋级的导师进行分析、考核。

3.7 绿色通道促提高

通过导师制,公司开通了一条员工晋级绿色通道。第一是对于参加"导师制"的优秀学员免除晋级资格限制;第二是凡参加公司及以上级别技术比赛的导师、学员,取得规定成绩的可以破格晋升;第三是在"导师制"教学中有突出成绩的可以破格晋级;第四是对于"导师制"中表现突出的导师、学员,在企业内部岗位竞聘中给予适当加分。可以说,参加"导师制"就等于进入了个人成长的快车道。

3.8 设立津贴增收入

为提高导师的积极性,增强责任心,公司从工资总额中专门拿出一部分作为导师基金,主要用于导师津贴、导师教学辅助、教学奖金以及比赛奖金等。导师津贴从 300 ~ 500 元/月不等,并根据年度考核给予一定的物质奖励。2009—2010 年公司选拔导师学员 100 对,共发生导师基金 40 多万元。公司建立《特需专家》制度,对于在教学方面有突出贡献,在职工中有良好影响的导师进行特聘,享受特需专家待遇。当然,津贴与教学质量挂钩,对于不能完成教学任务,被学员评价"不满意"的导师,不但拿不到津贴,必要时取消导师资格。

4 创新成果

4.1 员工培训观念转变

“导师制”引导员工从学历教育转向岗位培训、技能培训和职业再教育。结合工作搞培训,不但提高了员工的业务水平,也改变了员工的培训意识。员工由满足于文化基础教育转变为追求职业技能教育。员工的职业教育已经由“要我学”转变为“我要学”,企业当中已经形成了“传帮带”良好氛围。

4.2 解决了职工培训组织难度大的问题

随着企业改制的进行,公司机构更加精简,工作任务紧张繁重,公司没有专职的职工培训教师队伍。另外,公司点多线长、员工分散(1000 名职工分散在 300km 作业现场),集中培训组织难度较大。而“导师制”的实行,有效解决了这些问题,使教学更加灵活,时间更加自由,既节约了教学资源,又提高了教学质量。

4.3 队伍素质整体提高

(1)员工素质稳步提高。实行导师制以后,员工专业素质提高很快。2009—2010 年两年内,公司通过技能鉴定人数为 371 人,取得高级工 45 人,技师 10 人,其中 1 名技师取得国务院特殊津贴。参加导师制的新入职学员共计 56 人,均成功晋级为初级工。第十四届北京市工业职业技能竞赛复赛阶段前十名中有 5 名员工参加了“导师制”。“导师制”已经成为推动企业员工专业技能提高的重要手段。

(2)职工队伍知识结构进一步优化。2007 年,公司生产岗位人员共计 862 人,其中高级工 106 人,占 12%;中级工 259 人,占 30%。自实行“导师制”以来,截至 2010 年底,公司生产岗位员工共计 1081 人,其中高级工及以上人员共计 204 人,所占比例为 19%,中级工 420 人,所占比例为 39%,公司员工技术等级结构更加趋于合理。

4.4 职工劳动生产率成倍增加

随着地铁运营时间的延长,列车运营间隔的缩短,使地铁运力提高了 20%,而线路公司作业时间则减少了 20%,对线路设备的磨损增加了 20%,使得公司设备维修工作量大大增加。2007 年底,公司管辖 145km 运营线路,线路定员为 711 人,平均定员标准为 4.9 人/km。2010 年底,公司管辖 292km 运营线路,线路定员为 856 人,平均定员为 2.93 人/km,公司定员标准降低了 30%。导师制有效提高了员工的工作效率，很好地解决了这一问题。通过劳动生产率的提高可减少定员 575 人（4.9 人/km * 292km - 856 人 = 575 人），同比减少工资成本 2874 万元，工资相关成本减少 1300 万。

4.5 员工流失率不断降低，企业的社会认同度逐步提高

自 2008 年公司实行“导师制”以来，员工职业生涯就与“导师制”紧密结合在一起。员工职业生涯设计主要分为三条主线，即：技能等级主线、专业技术主线、行政管理主线，而每条主线都有导师的参与。导师在教学过程中对员工职业生涯发展起到了良好的引导作用，在 2009 年、2010 年新入职人员的 109 人中职业生涯设计调查问卷当中有 78 人选择“导师的引导”作为最重要的原因。“导师制”的有效实施真正地让导师和学员成为职业生涯道路上的利益共同体，通过导师的辅导，学员能够更好地了解并理解公司的企业文化，更快融入公司的企业文化，从而有利于企业人才的保留，企业更有凝聚力。通过建立师徒“一对一”、“一对多”的结对关系，导师与学员间，学员与学员间达到了相互了解，互相促进，不但增长了技能，同时增进了人际交往，增强了感情交流，改善了师徒之间的关系。

随着线路维修质量的提高，线路公司的认同度也不断提升。地铁公司、运营分公司对线路公司的维修服务质量给予了充分认可。顾客乘坐舒适度不断提高、运营事故率逐步降低、社会负面报道大幅下降都体现出社会对于公司的信任。

4.6 促进了企业管理水平的提高

通过对导师的培养，提升导师的综合素质和专业素质，在授课过程中，导师的思维方式、表达能力、执行能力、控制能力等得到了相应的提高；在实践教学中，导师的现场分析能力、组织能力等得到了大幅度提高；优秀的导师已经成为公司后备干部尤其是技术干部的重要来源和培养途径。

5 结束语

“导师制”的实施，大大节约了培训资源，改变了传统的职业教育模式，激发了广大员工的学习热情，有效提高了企业职工素质，改善了企业员工队伍技术结构，为企业创造了良好的经济效益和社会效益，有力地促进了企业健康和谐发展。

创新检测手段为开创设备"状态修"提供技术支持

通信信号公司课题组

杨才胜　郭龙生　靳爱芸　何雅丽　王华颖　张渤涛　孙胜军

摘　要：本课题针对北京地铁通号公司现行的设备维修模式，即计划修和故障修两种方式，已不能满足北京地铁"网络化、高效能、高标准、高效益"的维修需要而创新开发。在"新通号"发展目标引领下，北京地铁通号分公司检修车间创新性地提出"设备入所修与现场维护的有机结合"，一方面促进设备检修质量的提高，保证设备在线可靠运行；另一方面使设备缺陷得到及早发现，及早解决，防止设备故障的形成，极大地减少设备故障对地铁安全运营的影响。

关键词：自主研开；维修模式；技术支持

0 企业概况与简介

北京地铁通信信号公司是北京市地铁运营有限公司的设备分公司，担负着北京地铁 8 条运营线 123 座车站、指挥中心、车辆段以及全部列车通信、信号、自动售检票系统设备的维修、服务和管理任务，是北京地铁科技含量高、专业性强的技术密集型单位。

检修车间是通号公司的二级单位，由车间管理人员、技术组以及 6 个不同专业的班组构成。作为通号公司独有的一支专业技术检修队伍，负责地铁运营线路中通信、信号相关子系统器材的轮修和故障设备检修，参加通号公司所辖设备的故障抢险、抢修以及故障分析。检修车间作为通信、信号设备的检修基地，优质设备检修质量将为地铁安全、高效的运行提供可靠的技术支持和物质保障。

1 课题背景

1.1　网络化的需要

"新北京、新奥运"为北京地铁的发展提供了难得的历史性机遇，初步形成的网络化格局已顺利地通过了"奥运会"高标准的洗礼和考验。根据北京轨道交通线网规划,到2015年城市轨道交通运营里程将达到561km,北京城市轨道交通将形成庞大的城市轨道交通网络。然而,由于线路建设时期不同,新老线混合交叉运营、设备种类五花八门、现代化技术水平参差不齐、维修模式滞后、设备升级换代等特点制约了通号公司为地铁网络化运营维修服务质量和发展建设的步伐。

1.2 高效能的需要

随着北京地铁网络化运营的形成,日均几百万人次客流量的冲击,要求北京地铁必须解决好运力与运量之间的矛盾。为此,北京地铁通过内涵式发展,不断提高运营效能,列车运行间隔从高峰期的2分半缩短到2分15秒,又从2分15秒缩短到2分,不断刷新的地铁列车运行间隔记录导致设备的高频次运转,并挑战着信号设备的功能极限,其结果必然是设备使用周期的明显缩短,增加了设备检修的难度和要求。

1.3 高标准的需要

北京地铁网络化格局的初步形成,对单线运营的惯性管理模式提出了新标准。某一站点的设备故障对地铁安全运营的影响都会被“牵一发而动全局”的网络而放大凸现。为了塑造“安全可靠、高效便捷、功能完善、低耗环保、文明舒心、知名品牌”为基本特征的“新地铁”品牌形象,北京地铁以国际先进水平为参照,提出了“地铁列车晚点五分钟即为运营事故”的高标准理念。2013年更是推出了“隐患就是事故”的更高标准。运营标准的持续提升,对通号公司设备维(检)修人员的设备维修质量以及设备故障的快速判断、准确查找、及时处置设备故障的能力是极大的挑战。

1.4 高效益的需要

北京地铁准公益性事业和专业运营企业的定位,决定了我们必然要承担社会效益和经济效益的双重责任。为进一步提高效益,地铁公司全面推行内部市场化管理,作为地铁通号专业维修公司,就要在提供设备维护检修服务的同时,把所具有的技术专长与各种有利的资源结合起来,以先进的技术为依托,创新检修设备手段,在保质保量的前提下,努力降低维修成本,为提高企业效益作贡献。

2 课题内含

在“新通号”发展目标引领下,检修车间以北京市轨道交通快速发展为契机,以“安全关前移”为指导,以科技创新为手段,以探索创新更科学的维修模式为目标,创新性的提出“设备入所修与现场维护的有机结合”,一方面促进设备检修质量的提高,保证设备在线可靠运行;另一方面使设备缺陷得到及早发现,及早解决,防止设备故障的形成,极大地减少设备故障对地铁安全运营的影响。

通过创新,实现在设备检修过程中,准确模拟地铁运营现场各种轨道负载变化和设备分盘运行状况,对设备分盘的全部性能状态进行模拟考核试验,为查找并处理设备分盘的"隐性"故障提供技术手段。

通过创新,实现对设备运行状况的动态监测,实时捕捉设备的性能数据变化,通过分析实时监测到的设备性能指标曲线,准确掌握设备运行状态及技术指标状况,为故障隐患排查争取宝贵的时间,为设备检修提供可靠的技术参数。真正做到将故障消灭在萌芽状态,确保地铁的安全运行。

为此,我们从设备"入所检修"和"现场维护"两方面进行了技术创新,即在入所检修方面研制开发新的检修手段,在现场维修方面探索先进的维修方法。

2.1　技术创新,提高故障隐患监测能力

地铁信号系统是地铁列车运行的重要基础设施,是确保地铁安全和高效运行的重要自动化系统。无绝缘轨道电路(JTC)系统是地铁信号系统中用于检测列车占用情况,跟踪列车运行位置的轨道电路系统,并通过向车载 ATP 设备发送运行速度码,实现列车自动防护控制,是列车自动控制系统中重要的安全设备之一。JTC 系统一旦发生故障,将导致信号系统中心与车载防护设备的信息中断,使列车失去自动防护控制功能,有可能造成列车运行混乱或列车追尾等重大行车事故。

车间技术人员对地铁无绝缘轨道电路设备性能以及维修需求进行了调研,搜集了国内外相关技术手段资料以及相关设备市场信息,在进行了大量论证的基础上,针对设备检修以及现场维护工作的不同要求和技术特点,开发了"北京地铁引进英国信号系统 JTC 设备分盘老化试验装置研制和检修工艺优化"(简称"JTC 设备分盘老化测试台"),并在此基础上研制了"地铁 JTC 系统数据采集分析系统"。

(1)研制 JTC 设备分盘老化测试台。

在具体的设备检修工作中,随着设备的集成化、系统化程度越来越高,造成设备故障的原因越来越复杂多样,要进一步确定是某个单元电路或是元器件的故障引起,依靠自身的专业知识或是采用原有的故障诊断方法已不能满足设备检修工作的需要。尤其是对设备的某些"隐性"故障(即电子元器件特性造成的需要通电老化一定时间才能查找出来的故障)的查找处理存在一定的难度。为此,检修车间技术人员开发研制了"JTC 设备分盘老化测试台"。

JTC 设备分盘老化测试台主要由微机控制系统、现场模拟机架、PLC(可编程控制器)、专用电源等构成。在研制过程中,我们集计算机、虚拟仪表、地铁信号、信息处理等技术,开发了 JTC 设备分盘老化测试操作软件,通过准确地模拟地铁运营现场各种轨道负载变化,实现对 JTC 设备分盘性能状态的考核测试,为查找“隐性”故障,特别是电子元器件的故障,起到了很大的帮助作用。图 1 为增加 JTC 设备分盘老化测试台的检修流程。

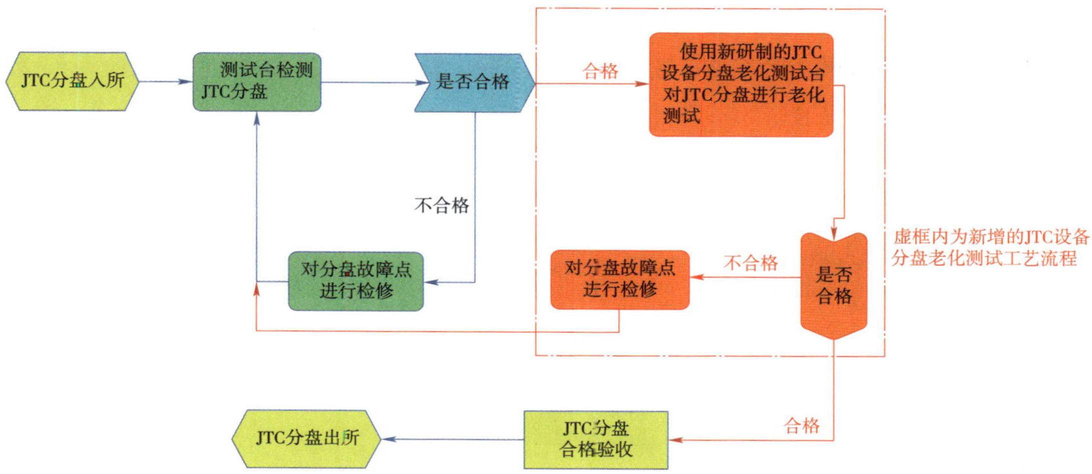

图 1　增加 JTC 设备分盘老化测试台的检修流程

JTC 设备分盘老化测试台的投入,使原有的检修流程增加了“老化考核试验”程序,表面看是复杂了,但“常规检修 + 老化测试”的检修模式,可分别对常规检修和老化测试两个阶段检测出的故障进行重点维修,既可处理常规故障,又可将出现存在“隐性”故障却未表现出来的隐患尽早排除,使设备的安全性更高,消灭了故障隐患,保障了出所设备的安全使用,实现了“安全关前移”的思想。

(2)开发地铁 JTC 系统数据采集分析系统。

运营标准的不断提高,对员工故障的判断能力、故障的处置能力提出了更高要求。对于地铁运营当中某些瞬发故障、疑难故障,作为设备检修人员在自身专业技术知识的基础上,要想提高快速诊断设备单元电路故障的能力,还必须了解设备在现场使用的系统信息以及性能参数。

公司现行的设备维修模式,主要是计划修和故障修两种方式的结合,此种维修模式围绕的是设备故障前的预防性维修和故障后的抢修而进行,缺乏对设备运行过程状态的检测。设备从正常到故障是一个动态发展的过程,即一个“隐患”积累的过程,现有的维修模式在隐患排查方面明显存在不足。如能将更多故障消灭在隐患阶段,将会大大地提高设备的运行质量。

以上两点和北京地铁信号设备高度集成化的特点,决定了我们必须突破设备检修、现场维护单个单点(用万用表等仪表观察单一设备某一时间点的单项指标)的局限,实现对于某一个轨道区段甚至多个轨道区段的同时监测,为查找系统以及相邻串扰等疑难故障的先进维修理念,检修车间自主研制开发了"地铁JTC数据采集分析系统"。

"地铁JTC系统数据采集分析系统"是在"JTC设备分盘老化测试台"的基础上进一步研制开发的,它为现场维护提供了先进的技术手段,为实现信号系统无绝缘轨道电路设备的"状态修"提供了有效的技术支持。图2为地铁JTC系统数据采集分析系统示意图。

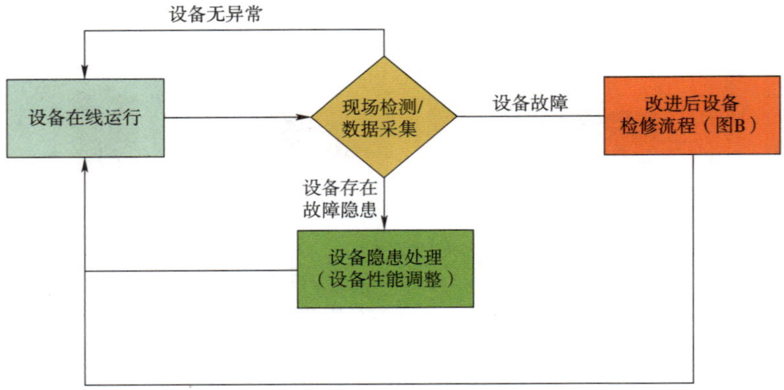

图2　地铁JTC系统数据采集分析系统示意图

"地铁JTC系统数据采集分析系统"由"数据采集分析系统"、"专用连接装置"和被测JTC轨道电路设备共同组成。可根据测试需要通过"专用连接装置"将"数据采集分析系统"与被检测的JTC连接。被测JTC的多组信号由"数据采集分析系统"的采集单元实时收集,按统一标准转换成数据包序列输出,记录监测单元将数据包序列重新编码并存入存储模块的内存中;可根据操作者的要求实现:

①将内存中的数据转换为波形信号显示,也可将其保存到存储模块的硬盘中。

②将保存在存储模块硬盘中的相关数据调出,并存入存储模块的内存中以供还原显示。

③将保存在存储模块硬盘中的相关数据调出,并存入存储模块的内存中以供进行波形频谱的专业分析。

以上功能可实现对现场设备运行状态进行实时监测。设备故障时,只要操作人员调取数据,就可及时分析,判断故障点,为迅速处理故障提供了技术支持;

操作人员还可在日常的设备维护过程中，通过调取数据，进行分析，准确而有效地及时发现设备存在的隐患，实现动态管理。

通过在现场维护中应用“地铁 JTC 系统数据采集分析系统”，实现了对设备运用状态的分析。

①设备无异常。通过现场监测、数据采集后分析状态性能指标，判定设备处于正常状态。

②设备存在故障隐患。通过实时监测，可及时分析设备性能指标是否发生漂移，或出于临界状态，或有外界干扰等“隐患”情况，通过设备性能调整消除故障隐患。

③准确判定设备故障。对单个或多个轨道电路区段进行统一监测，在故障发生后，通过调取数据，可及时捕捉到设备故障时的状态信息，通过技术分析，可快速准确判断故障设备或故障点，为缩短故障处理时间赢取了主动，从而实现最大限度地减小对运营的影响。

2.2 创新应用

检修车间自主研发的“JTC 设备分盘老化测试台”和“地铁 JTC 系统数据采集分析系统”经实际应用后，提高了信号设备检修的可靠性和现场维修的水平，具体应用如下：

(1)设备检修应用。

2006 年 3 月地铁 1 号线古城站 17 轨经常出现瞬发故障，对此进行了长时间的检查未能找到故障原因，最后替换掉 17 轨的 JTC 设备分盘后故障消失。但对替换下的 JTC 设备分盘利用英国专用检测装置对其进行全面检测并未发现任何问题。JTC 设备分盘老化测试台研制成功后，检修人员对该分盘在现场工作的状态进行了试验。通过一段时间的模拟运行，终于捕捉到故障现象，并准确地判定了故障点，修复后 JTC 设备分盘已返回现场使用并对其使用进行质量追踪，始终未出现异常状况。

2007 年 5 月新研制的 JTC 设备分盘老化测试台正式使用，通过半年多的实际使用考核，发现并修复了一批存在“隐性”技术隐患的 JTC 设备分盘，使 JTC 设备分盘的维修质量有了质的提高，在 JTC 设备分盘维修保质期内返修率首次实现了零的突破，大大降低了现场信号设备故障，为北京地铁安全运营提供了优质的技术服务和可靠设备保障。

(2)现场维护应用。

在“JTC 设备分盘老化测试台”基础上研制开发的“地铁 JTC 系统数据采集

分析系统”,自2007年11月起在北京地铁多条运营线路上进行部分站点试验,设备状态监测、隐患排查以及疑难故障确诊等方面维修效果明显。自2008年初在北京地铁1号线、5号线、13号线、八通线等采用列车速度监督和自动防护的信号系统中全面推广应用。

2008年7月,为了保障奥运会期间地铁信号设备安全运转,专门利用“地铁JTC系统数据采集分析系统”对北京地铁红光带故障多发的重点线路进行了专项的检测排查。在13号线望京西21G、光熙门1DG、北苑5DG、9G、31G、26G及八通线管庄15G七处重点位置相继查出8个故障隐患点,隐患问题多为接收盘通频带漂移、发送盘方波、室外TU失谐等。其中13号线霍营站34G多次出现偶发性闪红故障,无法确定故障原因,利用该系统对该区段进行了实时检测后,发现了室外TU谐振点发生严重偏移,通过对谐振点的重新调整,从根本上避免了ATP故障和此类故障的再次发生。

通过有效应用“地铁JTC系统数据采集分析系统”对重点位置、关键区域的设备检测排查和故障处理修复,排除了一系列JTC方面的疑难故障,有效抑制了轨道电路故障发生的频次,为确保地铁圆满完成奥运运输任务作出了重大贡献。

3 创新效果

3.1 为“状态修”进行了有益尝试

通号公司目前设备基本上采用了计划修、故障修相结合的维修模式,状态修的理念已经提出,但受现有技术发展水平的制约还没有普遍施行。从根本上说,计划修、故障修是一种事先预防式和事后弥补式的维修方式。事先预防性维修必然造成企业人、财、物资源的浪费,而事后弥补性抢修已经对地铁安全运营造成不良影响,目前这两种维修方式的结合运用还存在一定的缺陷。本课题通过创新技术手段,可实时监测设备运行过程中各种性能状况,有效地避免了计划修带来的设备尚在完好的情况下被人为进行检修作业,或设备的性能指标已处于临界状态而未能及时发现最终形成故障的可能,通过对信号设备运行过程指标数据的实时监控,实现维修人员对设备运行质量的全面掌控并实施有效的动态管理,它将提高现场维修的经济性,并为公司适应网络化维修管理需要,逐步实现更科学、合理、经济的设备“状态修”维修模式进行了有益尝试。

3.2 为隐患排查提供技术支持

通过创新技术手段,可以实时地捕捉设备的性能变化,即从正常状态向故障的漂移过程,为设备“隐性”故障排查提供了有力的技术支持,真正做到将故障隐患消灭在萌芽状态，有效保证地铁的安全可靠运行。

3.3 为公司发展创造经济效益

(1)自主研发节约大量科研经费。

“JTC设备分盘老化测试台”以及“地铁JTC系统数据采集分析系统”均为自主研发，与委托外单位开发研制相比，可节约大量资金。

其中“JTC设备分盘老化测试台”，经询价仅JTC设备分盘现场模拟运行系统软件开发就需15万元，而全部委托研制约需要45万元，我们在自主研发过程仅投入3万元，节约资金42万元；“地铁JTC系统数据采集分析系统”曾有意委托英国西屋公司进行开发，经询价需150万英镑。如果请国内有关科研单位进行开发经询价仅JTC轨道电路数据采集分析系统软件部分的开发就需25万元，而全部委托研制则需要近200万元，本项目仅投入18万元，每套节约资金180万元。目前此系统可应用于1号线、13号线、八通线和5号线，按每条线至少配置一套计算，共节约720万元。

(2)“状态修”大大降低了维修成本。

在设备检修中，通过采用“JTC设备分盘老化测试台”，提高了JTC设备分盘的维修质量，可修复原无法排查的带有“隐性”故障的JTC设备分盘，从而节约了购置JTC设备备品备件的外汇和经费，目前已节约96万元。

另外在现场维护中，通过实时监测设备的运行状况，可对设备的性能指标有一个科学直观的掌握，从而可改进现有的人为定期定点巡视工作方式，减少人力资源投入，降低维修成本，提高企业经济效益，并创造更大的社会效益。

(3)“隐患排查”节约大量运营成本。

在现场维护应用中，通过采用“地铁JTC系统数据采集分析系统”可以更加精确的测量轨道电路的各项性能指标，提高了JTC系统设备维护和故障排查的能力，有效降低了地铁运营现场设备故障检修所消耗的人力和维修经费；同时有效地降低设备故障率和故障延时，为公司完成所承担的安全风险指标和服务风险指标提供了保证。

据统计，2008年5月1日—7月1日全线发生信号红光带故障18件，周平均发生故障4.5件。奥运期间(2008年8月8日—9月17日)全线共发生信号红光带故障11件，周平均发生故障2.75件。与奥运前未排查时相比，周故障下降了38.88%。由此可见，通过采用“JTC数据采集分析系统”有效减少了公司被上级经济考核的额度，提高了公司关键绩效指标(KPI)的完成质量。

综上，“JTC设备分盘老化测试台”和“地铁JTC系统数据采集分析系统”的研制开发提高了 JTC 系统设备检修和故障排查的能力,可以更加精确地测量轨道电路的各项性能指标,有效降低了地铁运营现场设备故障检修所消耗的人力和维修经费,可降低设备故障率和故障延时,从而为进一步保证信号设备的在线运行质量创造了条件,为北京地铁安全运营提供了优质的设备保障。同时可避免因事故和设备故障而导致的经济损失,其价值难以用数字估量。

3.4 推广价值

地铁设备因为其公共交通安全的特殊性,信号系统当中任何一个细微的变动都有可能"牵一发而动全局","地铁 JTC 系统数据采集分析系统"充分考虑了地铁设备的特殊性,在使用和操作当中完全不会影响到地铁信号系统的运行,而且针对 JTC 系统现场维护和故障抢修需要,开发的"数据采集分析系统"、"专用连接装置"为分离便携式,可及时到任意故障现场使用。

因为具备以上技术特点,"地铁 JTC 系统数据采集分析系统"可直接在地铁、轻轨等城市快速轨道交通同型号信号系统维护工作中推广应用。

同时"JTC 设备分盘老化测试台"和"地铁 JTC 系统数据采集分析系统"具有模拟现场设备实际运行状况,以及现场故障重放功能,根据此项特点,具备有模拟教学功能,可在不影响现场设备运营的情况下,为地铁信号检修人员进行现场模拟教学和实际操作培训,为提高地铁信号维护人员的专业技术水平提供了技术支持。针对此项特点,可在城市轨道交通同类信号系统的职工培训中推广应用。

3.5 填补空白

城市轨道交通系统作为大容量、高密度的公共交通工具,其安全性直接关系到广大乘客的生命安全,信号系统正是确保地铁安全高效运行的安全可靠系统。受国家技术发展的制约,目前北京地铁各条运营线信号系统均采用进口设备,核心技术受制于国外的技术垄断。没有国家高附加值的高新技术产业链的支持,地铁信号系统一直处于国产化瓶颈和"死循环"状况之中,并导致维修成本居高不下。

目前地铁系统中没有故障隐患检测手段,出现故障只能进行抢修的维修模式,通过以上技术创新,使北京地铁 JTC 轨道电路系统维护从跟着故障抢修转变为在故障发生前进行排查,将设备维护的"质量关"前移。依靠科技创新,提高了北京地铁信号系统的检测维修能力,为逐步将目前信号设备"周期修 + 故障抢修"的维修模式转变为先进的"状态修"模式创造了必不可少的条件,填补了北京地铁信号设备"状态修"模式的空白。

而且通过“JTC 设备分盘老化测试台”和“地铁 JTC 系统数据采集分析系统”的研制开发，将设备检修工作与现场维护有效地结合起来，在设备整个使用寿命周期内，其出入所检修与现场维护工作应是一个有机的整体：设备入所“检修工艺优化”为现场使用提供更加稳定的设备；“现场设备监测、质量监控”为设备检修提供丰富的技术指标信息，进一步完善设备检修质量，形成一种设备质量的闭环管理，填补了目前城市轨道交通行业设备使用寿命周期内“质量跟踪”管理的空白。

3.6 同业领先

通过技术创新，自主研发的“JTC 设备分盘老化测试台”和“地铁 JTC 系统数据采集分析系统”集计算机技术、自动测量技术、地铁信号技术、通信技术于一体，是国内同行业中首次使用的可对地铁 JTC 轨道电路整个系统（包括室内、室外、车载）进行在线、离线检测；也能对接收、发送分盘进行单盘检测；同时还可以对检测出的非正常指标进行现场调整的专用测试分析系统。其技术水平和使用功能均优于目前英国等发达国家用于轨道电路测试的检测装置，本成果的综合技术达到国际先进水平。

“JTC 设备分盘老化测试台”经实际应用后，其实用性与效益十分显著，获得“北京市职工技协优秀技术成果奖”。

“地铁 JTC 系统数据采集分析系统”投入使用后，特别是奥运会之前，通过对重点位置、关键区域的设备检测排查和故障处理修复，大大降低了奥运期间轨道电路的故障率，为奥运交通保障提供了先进的维修检测手段，该项目先后荣获北京市地铁运营有限公司“奥运保障”优秀创新成果奖和 2008 年度“北京市职工技协优秀技术成果奖”。

吸取点检精华　改善设备管理

京车装备公司课题组　杜有强

摘　要:本文介绍了北京地铁车辆装备有限公司借鉴点检理念和方法,开展全员设备管理改善工作,在设备自主保全工作中创建了新的预防维修体系,积极开展设备故障预防管理,完善现有设备管理模式,取得了良好的收效。

关键词:点检;TPM;设备管理;精益管理

0 引言

随着国内城市轨道交通建设的快速发展,为提升车辆及其装备的质量与性能,这就对设备的需求和依赖程度越来越高。设备是企业生存和可持续发展的重要资源基础,加强设备维护管理,不断改善并提高设备的使用状态,充分挖掘和提高设备的经济效益,为企业的可持续性发展提供保障。北京地铁车辆装备有限公司(以下简称车辆装备公司),导入设备点检理念和方法,结合企业实际,开展全员的设备管理改善工作,从设备使用维护和故障预防管理两个维度实施设备管理改善,完善了设备日常保全模式和设备故障预防管理模式,初步实现了重点设备的五定管理。

1 导入设备点检管理理念,确定设备管理改善总体方案

1.1　设备点检的核心思想介绍

设备点检的核心思想就是将"'预防医学'的观点,采用'五定'的方法对婴儿进行健康管理的管理方法"运用到设备管理中来,其中"五定"指定点、定法、定标、定期、定人。其定义为在全员维修思想的指导下,按照"五定"的方法对设备实施全面的管理。点检的目的是通过对设备的检查和诊断,尽早发现不良的部位,判断并排除不良的因素,进而确定故障修理的范围、内容,并编制出精确、合理的备品备件供应计划和设备维修计划,从而做到"防故障于未然",保持设备性能的高度稳定。设备点检分为岗位日常点检、专业定期点检、精密点检三种类

型。点检活动自正式推出以来,受到国际众多知名企业和国内大型企业的推崇,丰田、理光、三星、福特以及兵器工业、首都航天、大阳摩托等企业点检推行均取得了良好效果。

1.2　梳理设备管理现状,明晰重点改善方向

车辆装备公司作为城轨交通车辆专业化研发生产和大修理企业,拥有50多个工种,700多台套机械加工、金属板材成型、焊接、表面处理、动力等大型、专业化、高精度、集成化的各类生产设备。公司设备管理实施二级管理,主要采取计划维修与设备故障针对性维修相结合的管理模式,设备日常保养采用三级保养制度。

管理诊断是改善设备管理的基础和前提,车辆装备公司通过调研分析、梳理现状,发现当前设备操作人员维护保养意识淡薄,存在设备日常保养差、一二级保养不到位等现象。在设备专业管理上,一是以出现故障及时排除为主的事后维修模式与保障生产任务完成及时性不匹配的现象,尤其是针对“大型、精密、关键工序的单一设备”故障修复滞后,与生产进度矛盾突出;二是缺少对设备故障预防管理的有效方法,对设备管理新工具的研究与应用不足。

结合设备点检管理中全员参与、防范为主、重心下移的理念精华,车辆装备公司明确了改善设备管理的总体思路,确定以设备操作人员和设备专业技术管理人员为主体,公司全员参与,重点改善设备日常保全为主的自主保全工作,完善设备预防管理的专业保全工作,降低设备故障率和提高设备综合利用率,进一步探索适合车辆装备公司的设备日常管理和专业管理模式,完善现有设备管理体系,并与精益管理活动相结合,以点带面实施点检工作。

1.3　设备管理改善的总体思路介绍

车辆装备公司设备管理改善的总体思路是从自主保全和专业保全两个维度展开。自主保全维度是从基础性的日常保养出发,促进全体操作人员全过程参与设备日常保养和维护,创建车辆装备公司设备点检体系,并将该体系与设备保养维护体系有机结合,有效排除和降低设备隐患和故障;专业保全维度是以设备专业维修人员以及技术、管理人员为主,从指定设备点检标准入手,引入并开展从二级保养到全面点检的过程,并加强设备故障周期的定性与定量分析,完善设备预防管理模式。设备管理改善方案的总体思路如图1所示。

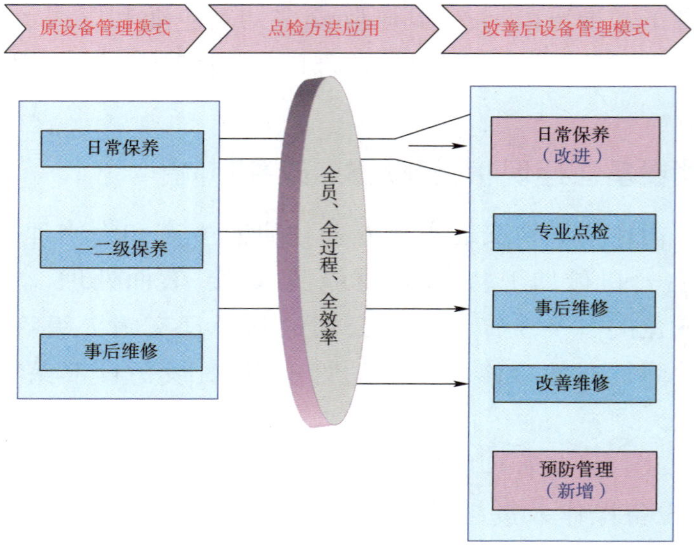

图1 设备管理改善方案的总体思路

2 设备管理改善实施策略

2.1 借鉴点检五定方法,改进设备日常保养,建立试点点检体系

由于目前企业普遍存在"重使用轻维护"的现象,车辆装备公司确定改善设备自主保全工作的重点是强化以设备操作人员为主的日常保养,通过完善点检体系实现自主保全工作的常态化和标准化。具体实施以设备操作人员为主,设备专业技术管理人员为辅,建设设备点检体系。公司主要开展了设备全面清扫、源头对策、点检分析、点检标准制作、点检表制作、新点检实施6个步骤工作。设备个性化点检体系的建设思路和实施途径如图2所示。

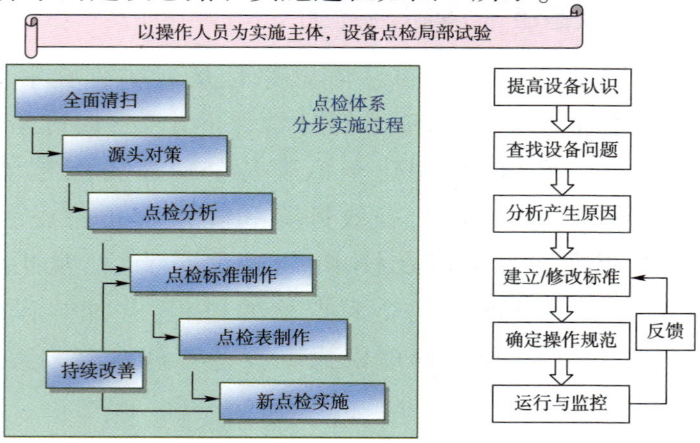

图2 局部试点点检体系的建设思路与实施途径

第一步，全面清扫。发动试点班组全体操作人员完成对设备的外露部分和设备周围的彻底打扫、擦拭、去污、去油、去锈和清理。解决由于灰尘、异物等带来的弊病和故障隐患，使设备微缺陷得以显现化；为全体操作人员提供了重新认识设备和“深度接触”设备的机会，促进生产环境得到有效改善。

第二步，源头对策。以操作人员为主，以生产班组为团队、专业设备技术管理人员为支持，在第一步设备全面清扫的基础上，共同寻找各种污染发生源和困难部位的根源、确定解决方法、着手自行解决问题，尽可能消除污染发生源和清扫的困难部位，初步解决设备存在的脏、松、缺、锈、跑、冒、滴、漏的现象。促进操作人员提升设备自主管理的热情和能力，保持设备基本完好状态。

第三步，点检分析。随着第一步全面清扫和第二步源头对策的顺利开展，我们发现员工有松懈情绪，设备周边环境退步了，没有外力的推动大家就会失去动力。什么原因导致这种情况发生的呢？车辆装备公司设备管理过去习惯于“运动式的阶段性突击活动”，短期成果非常好，甚至有轰动性效果，但缺乏长期保持的管理支撑和监督检查。要想保持来之不易的成果，当务之急是采取有效措施，完善点检体系实现自主保全工作的常态化和标准化。我们理解设备点检体系就是以设备操作者为主，每天都要做的保证设备正常运行和安全运行的检查、保持、记录工作，由点检基准和点检记录表组成。通过对我单位使用的点检体系进行分析，发现主要有以下不足：

(1)点检基准和点检表理论性和专业性强，点检内容过于繁多，包含了很多本应在设备操作规范和操作说明中体现的内容。

(2)点检要求统一，不同类型设备的点检点针对性差，有的应做的工作却没有点检项目、有点检项目设备上没有对应的部位等。

(3)点检表的内容和点检基准说明合在一起，内容多，篇幅大，不利于现场管理和操作。

(4)因点检内容多、针对性差，点检耗时长，不适合非专业人员执行，又缺少监督，设备操作人员应付填写现象比较普遍。

针对以上问题，我们进行跟踪分析并与其他单位进行对比，发现某公司的大型设备每天完成例行的点检工作只需要8min时间，而使用效果却非常好。为此我们得出结论，改善点检体系，建立设备点检体系，应具有以下特征：

(1)根据设备不同类型确定不同点检的内容和要求；同一类型设备根据使用年限和使用状态的不同确定不同的点检内容和要求。

(2)点检表的设计要求要点齐全，检查重点明确，具体点检要求量化明确，点检时间一般不超过10min,操作者利于执行。

(3)点检基准和点检表分离。点检基准是明确点检表内容和标准培训指导使用,点检表是现场点检操作后记录使用。

(4)设备点检体系建立中,设备操作者最了解所使用设备的情况,必须充分参与,牵头制作;设备技术管理人员配合,专业把关,班组、车间参与并加强日常跟踪管理。

第四步,点检标准制作。分两个步骤实现:一是,设备管理按照设备类别和点检要素,进一步审核和规范点检标准的制作;二是,设备操作人员结合设备特性和操作特点,完成所用设备点检基准的初期修改,设备技术管理人员现场参与指导。

第五步,点检表制作。设备技术管理人员会同设备操作人员按照点检标准,确定点检记录项目与内容,量化能够量化的点检项目。并根据设备特点制作点检操作的流程图解,关键部位点检的操作说明,以及油标窗、压力表、水位计等计量器具正常运行范围的指示标识等。

以CM61100A普通车床为例,该设备每日点检项目包含点检、润滑、清扫3大项,包含主机、主轴箱、溜板箱、卡盘、润滑、周边清理等内容,明确了点检方法和点检周期,班前点检操作耗时间约10min,点检记录表图例所示清晰。

第六步,新点检实施。将点检体系逐步纳入到现行的设备管理体系中,理顺相应的接口关系,完善设备管理的日常检查、考核与评比,使点检体系"始于全员,用于全员",得到有效实施。

2.2 借鉴点检预防管理思想,统计、汇总并分析设备故障率,完善预防管理模式

目前企业设备综合管理指标主要有设备完好率,原来主要应用于支持质量体系,实际工作中没有用来指导设备预防管理,更没有缩小非计划停机的概念。为了更好地指导预防修理,公司设备管理引入MTBF指标。

车辆装备公司引入MTBF指标,通过对设备故障间隔时间、故障处理时间的记录与分析,研究设备故障发生规律以及设备故障修复周期等,以便在设备周期故障发生前采取针对性的维修措施,实施设备预防性维修。

2.3 实施步骤

第一步,试点先行,让设备维护人员用起来。MTBF指标的应用是一个新生事物,为了让公司设备管理人员和专业维修人员主动接受,积极应用,使预防修理的理念能够得到有效推广,车辆装备公司采用试点先行,选择试点车间,引导

部分维护人员参与到基础数据的采集。

公司首先选定了不锈钢车体生产车间和机械加工车间作为样板试点单位，结合单位试行的精益管理活动各选一个班组开展点检活动，同时设备部开展 MT-BF 指标的统计工作，按月度绘制出 MTBF 图。

第二步，设计标准，规范操作，为全面推行做好基础。绘制 MTBF 图，首先要求专业维护人员实时记录重点设备的故障时间、故障次数、修理时间、设备总台时等基础数据；其次，按照标准公式进行。

第三步，针对公司 47 台重点设备，面向全公司全面应用点检并进行 MTBF 指标统计。车辆装备公司要求没有重点设备的生产车间也同样参加点检活动，以适应未来的精益化管理，适时导入 TPM。各试点车间建立看板，展示点检成果、设备维护分工、设备维护信息的相关内容，使设备维护情况与其他精益管理数据一目了然。

以机械加工车间压装机为例，在设备预防维修方面的应用，曾在全面推广初期起到了良好的示范作用。该设备较为典型，随着造车任务的增多，承担的加工任务量出现快速增长，以致设备故障频发，为此，专业维护人员和技术管理人员以建立维修技术标准、点检标准、给油脂标准和维修作业标准为基础，按照 PDCA 循环的工作方法，实现规范化管理。图 3 为压装机设备改善实施思路示意图。

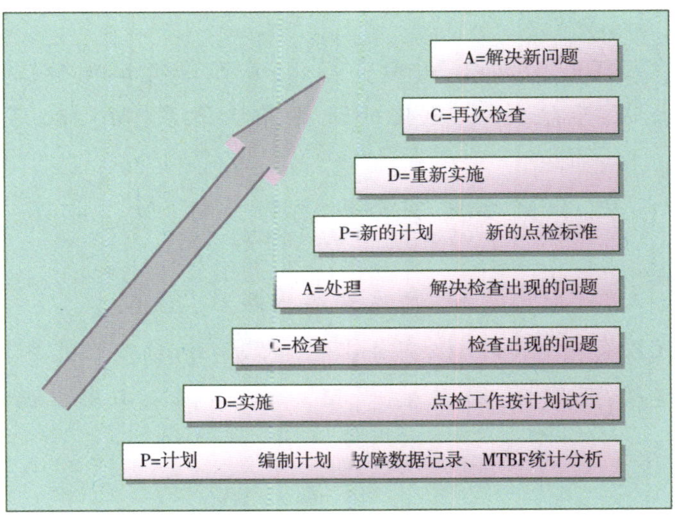

图 3　压装机设备改善实施思路

3 改善设备管理效果

2012 年以来，车辆装备公司面对全负荷生产任务带来的设备高负荷运转，各项生产任务增量超过往年,公司试点班组通过开展以建立点检体系和开展预防管理活动为主的管理改善工作,激发了参与员工的设备维护保养热情,现场设备状况得到较大改观,提升了车辆装备公司设备管理能力,实现了相关生产任务的顺利完成,取得了以下明显成效:

(1)局部建立点检体系,应用 MTBF 指标分析。在设备管理改善工作中,车辆装备公司设备管理人员与设备操作人员共同制作了设备点检标准和点检表 76 份,占车辆装备公司全部设备 775 台的 8.5%,具体分类情况见表 1。

个性化点检体系分类列表 表 1

序号	1	2	3	合计
制作点检体系的设备数量	压装班 15 台	侧墙班 4 台	其他重点设备 47 台	66
比例(%)	100	100	100	8.5

(2)大幅改善现场环境,降低故障停机时间。通过设备管理的改善,车辆装备公司从 2012 年开始试行点检以来,设备面貌大为改观,基本上杜绝了跑冒滴漏现象,及时解决不停机故障 16 次,为实现设备零故障管理探索出一条新的途径。

(3)为全面实施点检管理取得了良好的经验。在此期间,点检思想在员工中逐步得以接受,为今后开展设备创新管理工作打下了坚实的基础。

参考文献

[1] 刘承元. 点检与工厂全面改善[M]. 广州:广东经济出版社,2006.
[2] 张孝桐,孙金城,李葆文. 规范化的设备点检体系[M]. 北京:机械工业出版社,2006.
[3] 徐保强,李葆文. TPM 推进实务和案例分析[M]. 北京:机械工业出版社,2007.
[4] 文放怀. 点检入门[M]. 广州:广东经济出版社,2006.
[5] 卜铁生. 现代设备管理与点检实务[R]. 北京:中国工业技术培训中心,2012.
[6] 刘树华,鲁建厦,王家尧. 精益生产[M]. 北京:机械工业出版社,2012.

完全自主知识产权国产地铁电动客车(B型)的示范应用成果

京车装备公司课题组　宋　宇　马芳平　李凤琳　郭靖宇　刘　超　徐培丽
陈超录　宋江辉　张宝　白冬梅　刘渊文
陈晓燕　程　凯　高纯友　陈建会　王新蕊

摘　要:完全自主知识产权国产地铁电动客车是响应北京市委、市政府大力发展轨道交通,建设"人文北京、科技北京、绿色北京"所取得的重大成果。房山线地铁电动客车遵循了安全可靠、舒适便捷、节能环保、人性化、自主化的原则,由北京地铁车辆装备有限公司自主设计研发,车辆总体性能和技术指标达到国内外同类产品先进水平,标志着北京轨道交通装备制造业的国产化设计、整车集成和制造能力迈上了新的台阶,为国产化B型车项目的推进奠定了坚实的基础。

关键词:自主知识产权;地铁电动客车;技术创新

0 项目背景与实施

随着我国城市化、机动化规模的迅猛发展,城市交通拥堵问题日趋严重,发展城市公共交通,加快建设轨道交通是走出困境的必由之路。就城市地铁电动客车制造而言,以往,车辆牵引传动及网络控制、辅助静止变流和制动控制等核心技术掌握在少数外商手中,使轨道交通建设投资和运营成本大幅增加,极大地制约了我国城市轨道交通及其装备制造业的发展。为此,十多年来国家发改委始终大力倡导和推进国产化工作,通过技术引进、消化、吸收和再创新以及国内装备制造业艰苦努力与通力合作,我国城市地铁电动客车的工作取得了可喜的成就。

在国家发改委大力支持下,由中国交通运输协会城市轨道交通专业委员会牵头组织,在北京地铁13号线上,对北京地铁车辆装备有限公司等5家单位联合成功研制开发的"具有完全自主知识产权国产地铁电动客车(B型)"进行正式载客试运营(共运行10万km、载客600余万人次)。并于2009年3月通过了由中国交通运输协会城市轨道交通专业委员会主持相关的专家评审,2009年4月通过了由北京市科委与市交通委共同组织的行业知名专家项目验收。

通过政府首台(套)等政策支持,北京地铁车辆装备有限公司在国产化车辆技术平台基础上,自主研发、制造出牵引、制动、网络控制系统全部采用国产技术的国内第一个时速100km/h的国产地铁B型6辆编组列车。该B型首台(套)车组于2010年12月30日,以北京轨道交通房山线作为示范线路,开始正式载客试运营,截至目前已累计运行超过40km。

房山线车辆国产化示范成功应用,标志着中国地铁B型车辆整车制造技术达到国际先进水平,地铁列车整车集成、牵引传动及网络控制系统、辅助静止变流器系统、制动系统等填补了国内空白,从根本上摆脱了国外的垄断局面。

1 研发目标及技术创新

房山线车辆坚持走国内"产、学、研、用"相结合、车辆厂家整车集成创新、打造具有自主知识产权的国产车辆品牌之路。车辆研发遵循"安全可靠、舒适便捷、节能环保、人性化"的设计原则。在实现94.66%整车国产化率的基础上,车辆总体技术性能、指标达到国外同类产品水平。

房山线车辆由北京地铁车辆装备有限公司自主集成设计,牵引系统和控制网络系统采用株洲南车时代电气有限公司提供的产品,制动系统采用中国铁道科学研究院机车车辆研究所提供的产品。

房山线车辆采用6辆编组(4动2拖),最大载客量1820人,最高运行速度100km/h,平均技术速度≥64km/h,平均旅行速度≥52km/h,列车从0加速到45km/h平均加速度≥$1.0m/s^2$,列车从0加速到100km/h平均加速度≥$0.6m/s^2$。

房山线车辆主要设计特点:①采用全新研发的轮盘式制动单元、转臂式节点定位装置、抗侧滚扭杆和大胶囊空气弹簧的100km/h新型转向架,提高了车辆运行的安全平稳性和曲线通过能力和乘坐舒适度;②国内首次采用LED光源到站提示灯带,便于乘客识别开门侧;③国内首次采用国产整体压制成形工艺、可区分站立区和座椅区的橡胶分色地板布,不仅提升了功能,也使造型更加新颖;④国内首次采用车下设备同侧布置设计,极大地方便了用户的日常维护和检修;⑤客室空调风道采用环保复合板,其重量是相同规格铝板风道的1/3,隔热、阻燃、耐水性能好,且降噪效果显著;⑥消防安全标识采用蓄光储能贴膜,发光亮度和持续时间是传统普通荧光材料的30~50倍;⑦蓄电池采用国产全密封混合胶体式铅酸蓄电池,在使用寿命期内无需添加蒸馏水和更换电解液,无废水、废电解液的产生,不含镉,低碳环保。该项目共获得国家实用新型专利18项。

2 核心系统及技术特点

房山线地铁电动客车采用多项先进技术创新设计。车下设备同侧布置设计,属国内首创,极大方便了用户的日常维护和检修。100km/h新型转向架是一种结构简洁、维护量小、轻量化焊接构架的无摇枕转向架,提高了车辆运营的安全平稳性和弯道通过能力;制动系统首次采用轮盘制动方式,消除了车轮踏面的磨耗和热损伤,增大了单元制动力,减少了列车在紧急情况下的刹车距离。预提示灯带设计,提前将出入站信息告知乘客。新型地板布应用整体压制成形工艺,区分站立区和座椅区的分色地板布,提升了功能,造型新颖、美观、实用。突出低碳环保概念,采用寿命周期内铅酸免维护蓄电池、蓄光贴膜消防安全标识和具有隔音、隔热性能好,重量轻、阻燃、耐水、防化学等特殊性能的新型复合板材料。

2.1 电气系统的功能介绍及优越性能

房山线地铁电动客车的车辆电气系统主要由高压电源系统、电气牵引系统、制动控制系统、辅助电源系统、列车控制及监控系统(TCMS)、车门控制系统、空调控制系统、列车广播及乘客信息显示系统以及空压机、照明和通风等辅助系统组成,用以实现列车电气牵引及制动控制、列车的电源分配及各电气设备的供电、列车各电气设备的监控及故障诊断、列车客室开、关门的控制、列车广播及乘客信息服务、客室照明、客室空调及采暖、客室通风等辅助设备的控制等功能,用于满足车辆用户对各电气系统功能的要求。

列车高压电源系统用以实现地面高压供电电源与列车高压负载(动车的牵引逆变器VVVF以及Tc车的辅助逆变器SIV)之间的电气连接以及电源分配以及过流、接地等各种保护功能,其中列车高压母线电路的设计必须保证列车安全通过线路的三轨长大断电区。

电气牵引系统主要由牵引主电路和牵引控制电路2部分组成,其作用是为列车提供牵引力/电制动力,实现对列车的牵引逻辑控制及故障保护等功能。房山线列车牵引系统采用三相交流异步电动机直接转矩控制的VVVF交流传动系统,每个牵引逆变单元集成三相逆变器的三相桥臂及斩波相桥臂,驱动2台异步电动机(1C2M)。每辆动车设置1台VVVF牵引逆变器箱,两个牵引逆变单元$INVMIK_1$和$INVMK_2$集成在1台牵引逆变器箱内,每个牵引逆变单元驱动同一个动力转向架上2台永久并联的牵引电机,对其进行变压变频调速控制。2个牵引逆变单元配备1个传动控制单元DCU,共用1个预充电回路和线路输入滤波器,每个牵引逆变单元对应设置 1 组过压吸收电阻。当其中 1 个逆变单元出现故障时,可通过接触器切除故障车辆。牵引工况时,DC750V 电源由受流器 CS 从供电第三轨接入,经线路主隔离开关 MQS、主熔断器 MF、高速断路器 HB、线路接触器 KM1、滤波电抗器 FL,向牵引逆变器供电,逆变器输出电压、频率可调的三相交流电,供给牵引电动机 IM1、IM2(IM3、IM4),驱动车辆运行。制动工况时,以 Tc－M－M 3辆车为 1 个制动控制单元。采用电制动(再生制动)和空气制动混合运算的控制方式。充分利用轮轨黏着条件,并按列车载质量从空车到超员载荷范围内自动调整电制动力的大小及补充空气制动,使列车在空车至超员范围内保持制动减速度基本不变,并具有反应迅速、有效可靠的防滑行控制。电制动时,优先采用再生制动,以减少盘片的磨耗和节省电能。当电制动不足或失效时,由空气制动补足或替代,通过"过压吸收电阻"吸收部分再生能量,维持一定时间的电制动后切除再生制动,实现车辆电－空制动的自动配合、平滑转换。

2.2 网络控制实现了地铁车辆的控制、诊断和监视功能

列车网络监控系统采用国产化的网络系统,打破了外国的技术垄断和控制。列车网络监控系统(以下简称网络)采用分布式控制技术,实现了整列车的网络通信、列车控制、信息管理、信息显示和故障诊断功能。网络采用分布式控制技术,符合 TCN(IEC 61375)标准,是实现整个列车各项功能的关键,同时也是其监控和诊断的核心,其主干网是三层结构的通信总线,由贯通全列车的列车总线 WTB、贯通一个列车通信单元(以两动一拖为一个通信单元)的车辆总线 MVB－EMD以及车辆内与部分子部件通信的局部车辆总线 MVB－ESD＋组成。这种系统显著减少了车辆内各箱柜之间的连线,增加系统之间的冗余,方便系统功能的扩展。

列车网络系统特性:①列车总线由列车总线 WTB 和多功能车辆总线 MVB 组成,实现 WTB 和 MVB 的冗余控制。②采用 WTB 便于车辆自由编组和扩展列车编组。③具有 MVB 接口(如空调系统)或串行通信 RS485 接口(如门系统)时,系统可以通过 MVB 接口或串行通信 RS485 接口实现列车控制指令和参数的传输,并采集主要车载设备的状态信息。④具有硬连线和网络双冗余机制。当网络系统失效时,可以采用硬连线实现控车。⑤系统采用高性能的图形显示界面和触摸屏输入系统。⑥系统提供列车部分设备的设置和试验界面,可以简化周期性的检修程序,缩短检修时间。网络是一种列车控制系统。该网络系统对列车牵引系统、高压电路、辅助电源系统、制动系统、车载信号系统(ATC)、车门及空调等系统进行控制、监视和故障诊断、记录。

2.3 国产化制动系统得到了首次全面应用与验证

房山线车辆是国内首次采用国产化制动系统的运营车辆。制动系统的控制系统采用车控方式，每辆车都配有一套电空制动控制装置(BCU)，制动控制装置内设有监控终端，具有自诊断和故障记录功能。每辆车都配有一套停放制动控制装置，可以对全列车进行停放制动的控制，也可以对单车进行停放制动的控制，也可以对单个带停放制动的单元制动缸实施的停放制动进行手动缓解。空气制动系统能在司机控制器、ATO 或 ATP 的控制下对列车进行阶段或一次性的制动与缓解。制动系统具有常用制动功能、紧急制动功能、保持制动功能、空重车调整功能、电空协调配合功能、预压力功能、不缓解检测功能、强迫缓解功能、制动力不足检测功能、自诊断功能、监视功能、防滑控制功能等。

车辆基础制动采用轮盘式盘形制动单元，盘形制动单元包括制动盘、制动夹钳单元及闸片。制动夹钳单元分为：制动夹钳单元和带停放的制动夹钳单元。每个轴安装一个制动夹钳单元和一个带停放的制动夹钳单元。盘形制动制动夹钳单元除了能满足制动输出力要求外，还具有间隙调整器，可自动补偿闸片与制动盘的磨耗，保证规定的闸片与盘之间的间隙。带有停放制动的制动夹钳单元具有手动缓解装置。

列车制动采用电制动与空气制动实时协调配合，电制动优先、空气制动延时投入的混合制动方式。当电制动不足时，优先在拖车上补充空气制动。空电混合制动在半个列车，即一个二动一拖单元内进行混合控制，制动控制装置通过 MVB 总线向牵引控制单元发送电制动力请求信号，实际电制动力信号也通过 MVB 总线传送给制动控制装置，制动控制装置根据实际电制动力的大小来确定是否需要补充空气制动以及补充空气制动的多少。

常用制动采用减速度控制模式，制动控制装置根据指令的减速度和车辆载重来计算目标制动力。常用制动具有冲击率限制功能，以改善乘座的舒适性能；常用制动采用空电混合制动并优先使用电制动。

紧急制动采用纯空气制动，紧急制动是由紧急制动安全回路直接控制的，当紧急制动安全回线失电时，列车中的所有车辆即同时实施紧急制动。紧急制动一旦实施，紧急制动安全回路的控制电路可以保证紧急制动将一直保持施加状态直到列车完全停下。

2.4 车体钢结构采用新型国产化性能优越材料

房山线电动客车采用了的国产化新型非涂装不锈钢车体钢结构，选用不锈钢材料制造的车体是一种真正意义上的绿色环保车体；制造前，板材不需预处理,环境清洁;制造过程中,大量采用点焊工艺,无烟尘、无噪声;车体制造完成后,车体不需涂装,无污染。根据用户的要求,在不锈钢车体外墙板上粘贴装饰彩带,不仅提高车体的美观性、欣赏性,也体现出现代化的城市风貌。该材料耐腐蚀性好、韧性高、加工性好,碳含量在0.03%以下,大大减小了焊接加热过程中焊缝形成碳化铬(CrC)的现象,最大程度地避免产生晶间腐蚀和应力裂纹倾向,同时,通过添加氮元素来弥补含碳量降低引起的强度不足,保证钢的强度等级;另一个特点是板材在冷轧过程中形成加工马氏体组织的倾向大。这样,就可以在不改变材料化学成分的前提下利用压延率大小的不同,得到不同强度级的材料,应用于不同的车体钢结构部位。

车体钢结构由车顶、底架、左右侧墙、前(后)端墙6大部件组成,各大部件的总装配均采用焊接方式。车体结构主要采用高强度的不锈钢薄板,车顶波纹板和底架波纹板厚度为0.6mm(碳钢一般为2mm),外墙板1.5mm,立柱、弯梁等为1~1.5mm(碳钢为2~4mm)。不锈钢车体在保证强度的基础上,将板、梁的厚度尽量减薄以实现轻量化。同时,在车体钢结构的薄弱部位,通过局部补强来降低应力及提高薄板的稳定性,这样也有利于车体总体刚度的提高和承载能力的加强。

由于使用板薄,板与板、板与梁(柱)以及梁与柱之间只能采用搭接接头,有2层、3层,最多有5层板搭接。不锈钢车体是由上千个零件、数万个(一般有4万~5万)焊点焊接而成的结构体。不锈钢车体的焊接主要采用点焊,以减少热影响,避免焊接变形,保证外露表面平滑,由于结构的原因不能点焊的优先考虑塞焊,基于局部强度、考虑密封又不会影响表面状态的,采用电弧焊接。车顶、地板的波纹板之间的连接采用缝焊,其余板与梁、柱及部件与部件之间的连接均采用点焊,以保证表面平整。车体外表面焊点在保证强度的前提下,尽量排列整齐、美观。在车体端部、顶部、门口四周等接口处进行防水密封处理。

车体的总体设计不仅要满足功能需要,还要能满足结构及强度的基本要求。钢结构设计时我们对车体结构进行静强度、模态分析计算和试验,用以确认车体符合设计要求,满足运用需要。为了验证车体结构的设计,北京交通大学结构强度检测实验室根据EN12663及相关的国内国际标准,采用有限元软件ANSYS9.0对车体钢结构进行了静强度和模态分析计算,并邀请铁道部产品质量监督检验中心机车车辆检验站对车体钢结构进行了静强度试验验证,计算与试验结果均表明房山线动车及拖车车体结构静强度满足要求。

2.5 转向架自主创新,运行良好

车辆采用了无摇枕转向架,分为动车转向架和拖车转向架。转向架的主要部件包括:①构架,动车转向架构架和拖车转向架构架,主体结构基本相同,为H型的钢板焊接结构。由侧梁、横梁以及各种吊座组成。侧梁采用钢板焊接箱型结构,横梁采用无缝钢管结构,横梁与侧梁之间采用连接座的形式进行连接。按EN15085焊接体系要求进行了焊接。②轮对和轴箱装置,轮对由车轴和车轮压装而成,分为动车轮对和拖车轮对,车轮采用全加工直辐板整体辗钢车轮,其上安装有制动盘。轴箱主要包括转臂式轴箱体,采用迷宫式防尘结构,整体铸造,尺寸紧凑,轴箱上平面可用作不落轮机床的定位面。在动车的轴箱上安装有防滑装置,在拖车的轴箱上安装有测速装置和防滑装置。轴承的型式为双列圆柱、自密封结构。③一系悬挂,轴箱和构架之间安装有一系悬挂系统,一系悬挂系统主要包括一系圆钢弹簧、橡胶垫、一系垂向减振器和调整垫等。④二系悬挂,二系悬挂装置主要包括空气弹簧、自动高度调整阀、水平杠杆、调整杆和差压阀等,空气弹簧采用欧式大胶囊结构,其低横向刚度的特性有利于改善乘坐舒适性和通过曲线的性能,可以有效地衰减来自车体的垂向和横向振动。⑤中央牵引装置,中央牵引装置通过Z形拉杆、牵引梁、中心销构成,将构架的牵引或制动力传递给车体,中心销套和中心销上涂抹的二硫化钼可减少它们之间的磨耗。中心销套的复合橡胶弹簧可以满足车体和转向架之间的相对转动。⑥基础制动装置,基础制动装置采用轮装盘式单元制动,其中部分带停放制动功能。单元制动缸内均设有闸片间隙自动调整器,可使制动盘面及闸片之间的距离保证在1.5mm,闸片与闸片托之间采用了燕尾槽并有专门的锁定机构,便于闸片的安装和更换,给维护带来方便。⑦驱动装置,驱动装置主要包括:牵引电动机、齿轮箱和联轴节等组成。牵引电动机采用架悬式,通过定位键和4个安装螺栓安装在构架的电机吊座上。齿轮箱采用防振缓冲橡胶关节悬挂在转向架上。⑧抗侧滚扭杆装置,抗侧滚扭杆装置主要包括扭杆轴、扭杆臂、垂向连杆、锥销、球铰、关节轴承和安装座等,当车体发生侧滚时,扭杆轴在自身扭转刚度的作用下,对车体的侧滚运动起到抑制作用,使车体恢复正常位置。⑨其他,在车辆头车还装有排障器和ATP天线安装装置,在动车转向架中装有受流器装置。排障器和ATP天线安装装置安装在端梁上,端梁与构架之间进行弹性连接,以缓和端梁上各座所受到的冲击。受流器通过托架固定在构架侧梁下的受流器座上。

房山线转向架具有以下主要特征:①轻量化设计;②可靠性设计,构架为低合金高强度结构钢板焊接结构,H型构架的横梁与侧梁的连接采用箱型结构,轴箱采用双列圆柱、自密封轴承;③高舒适度设计,采用无摇枕空气弹簧,转臂式定位方式,抗侧滚扭杆结构;④无磨耗件设计,转向架中大量采用了橡胶弹性结构,使得维护工作量小,检修周期长;⑤大热容量制动设计,基础制动装置采用轮盘式制动,使用高磨耗制动闸片,轮盘和闸片之间的磨耗间隙可自动进行补偿,制动热容量大。

为满足强度及性能要求,按照《铁道车辆动力学性能评定和试验鉴定规范》(GB 5599—85)标准,对构架、车轮、车轴、轴箱体、牵引装置等进行了强度计算和动力学仿真,结果表明,车辆的各项指标均符合标准要求;由铁道部产品质量监督检验中心机车车辆检验站对首件构架进行了静强度和疲劳强度试验,静强度试验分为超常载荷试验和模拟运用载荷试验,疲劳强度试验分为两部分:第一部分对构架的主体结构进行1000万次的疲劳试验;第二部分对构架的各支吊座进行600万次的疲劳试验。结果表明,该构架静强度及疲劳强度满足标准要求;由铁道部产品质量监督检验中心机车车辆检验站依据《铁道车辆动力学性能评定和试验鉴定规范》(GB 5599—85)和《地铁车辆通用技术条件》(GB/T 7928—2003)进行了最高试验速度为100km/h线路动力学性能试验,分为空车工况下和重车工况下,运行稳定性指标均符合标准要求。

2.6 车门控制系统优化提升,技术可靠

房山线车辆车门的电控电动装置采用微处理器控制的电动机驱动装置,具有自诊断和故障记录以及与列车总线网络进行通信的功能,通过列车总线网络接收指令对车门进行控制。在吸取北京地铁多条线路车门控制系统优点的基础上,进行了集成改进,使本系统更加可靠、实用。

房山线采用司机(副司机)操作模式,根据头尾联锁关系,选通不同车门控制项目。头车司机操作"门选向"开关,选择左侧或右侧车门;操作"开门/关门"按钮,选择开或关列车车门;操作"开门模式选择开关",可分别实现"手动/半自动/自动"控制模式的转换。当门控器得到开、关门指令,驱动电机得电旋转,旋转通过锥齿轮减速箱变向及减速,输出到电机齿带轮,电机齿带轮旋转带动齿带动作,从而使齿带在齿带轮之间进行直线运动。齿带在运动的过程中,通过齿带夹带动左右两个门吊板使安装在底板上的导轨上进行方向相反的同步运动,进而门吊板组成将运动传递给左右门板,使其动作并实现开、关门。每个门的锁闭开关信号、左/右门板开关信号和紧急解锁开关信号串联起来(与门),提供"门关好信号"。当列车车门全部关好后,每个门的"门关好信号"串联起来形成安全环线,反馈给门关好继电器,该继电器得电后司机台上关门指示灯点亮并构成牵引控制电路(可以启动列车)。如果列车中有一个门未关好,则关门联锁环路断开,司机台上开门指示灯点亮,切断牵引控制电路,不能启动列车。

车辆的开门提示灯首次应用于地铁车辆,它受控于车辆控制系统。列车的双向车门使得乘客在列车靠站前经常会出现无法分清下车门情况,导致无法提前做好下车准备,造成到站后乘客下车不及时影响其他乘客上车,从而容易造成车门处人员拥挤,开门提示灯的应用解决了此问题,它可以在车辆接近到站时自动启动闪烁指示,提示灯结构简单、效果美观,能够明确清晰地指示开放侧车门,用以保证乘客了解该站的开门侧。在车门关闭后,提示灯停止指示,列车启动离站。

3 项目前景展望

房山线地铁电动客车产品成本、维护、服务以及技术升级具有巨大优势,采用的交流传动技术是地铁车辆牵引传动及控制系统的发展方向,具有性能好、可靠性高、驱动功率大、维护工作量小等直流传动无法比拟的优越性。目前,国家发改委在深圳地铁车辆招标过程中已明确要求近 1/3 车辆使用国内自主知识产权的电动客车。此外,我国已被获批运营、开建、筹划地铁的城市共有 34 个,国产化技术装备具有巨大的市场前景。

以北京轨道交通房山线项目为契机,以北京地铁车辆装备有限公司为龙头,建设的城市轨道交通车辆产业基地,可在北京地区培育出一批拥有自主创新能力及核心竞争力的企业集群,进而拉动北京机械、电子、自动化、网络通讯、冶金、化工等行业经济结构的战略性调整和优化升级,全面提升首都装备制造产业竞争力,从而带动首都经济增长方式转变,支撑国民经济持续、平稳增长。

浅析构建地铁建筑专业维修服务商内部控制体系的方法

建安分公司课题组　宋国侠

摘　要：构建科学有效的维修服务企业内部控制体系，有利于保障公司实现高效、规范、有序运转，提高维修服务企业的综合素质和竞争力。本文结合地铁土建专业维修服务商的特点，阐述了构建维修服务企业内部控制体系的方法和实践。

关键词：土建维修；内部控制

0 引言

经过近年来的快速发展，北京市地铁建筑安装工程公司（以下简称：地铁建安公司）已成为北京地铁安全运营不可或缺的建筑专业维修服务商。但随着地铁“十二五”战略的实施，使得地铁建安公司面临更高的管理标准和网络化运营带来的大客流压力，地铁建安公司必须尽快规范和健全科学有效的内部控制体系，快速提高公司的经营管理水平，降低公司经营成本，有效防范各种管理风险，提升公司的综合素质和核心竞争能力，促进公司的健康可持续发展。

1 地铁建安公司企业特点及构建内部控制体系的思考

1.1　土建维修服务企业特点

企业一般来说面临着两个基本问题：一是如何适应外部环境的变化；二是如何协调内部资源的有效利用。由于企业对外部环境的适应性是建立在内部协调性的基础之上，因此，加强企业内部控制，是企业最基础性的工作，也是企业能够生存和发展的保证。

地铁建安公司与一般企业相比，具有以下特点：一是生产流动性强；二是服务链条长；三是维修服务的重复性与施工生产的非重复性；四是往往为露天作业；五是劳动强度大；六是生产协作关系面向多个客户，协调难度大；七是维修管理层次和组织结构因项目业务而异，不易保持固定的形式；八是点多线长、业务分散，管理难度大。

因此，在公司内部控制方面具有以下薄弱环节：第一，制度不完善，执行不得力。内部控制制度不健全,内部控制制度有关内容不够合理;更多的是有章不循,失去了应有的刚性和严肃性。第二,公司考核干部政绩、业绩机制不完善,长期以来,公司对干部政绩、业绩考核以目标管理、安全运营指标完成情况为主要依据,缺乏对其他相关指标的综合考察。

1.2 构建地铁建安公司企业内部控制体系的思考

在构建地铁建安公司企业内部控制体系时,必须结合本公司的生产经营特点和管理方式,确定构建公司内部控制体系的方法和步骤,完善关键点控制,从而形成完善的、系统的内部控制体系,并不断推进控制体系创新。

(1)结合维修服务企业特点,构建适用于自身的内部控制体系。

与一般企业相比,地铁建安公司在组织架构、人力资源、生产经营特点、管理方式等存在着显著的差异性特点。构建公司内部控制体系时,必须结合公司自身特点,制订适用于土建维修服务企业的内部控制体系,不能机械地借鉴或参考一般企业,确保内部控制体系的有效性。

(2)明确控制体系目标,选择内控要素,建立控制流程。

控制目标是监督维修服务业务的基本要求,也是实施内部控制的最终目标;因此构建内部控制体系首先应根据公司业务的特点,提炼内部控制目标,目标体系包括安全目标、质量服务目标、费用目标、廉政目标;然后根据目标选择具有控制功能的内控要素和风险点,构建内部控制系统;最后建立合理的控制管理流程。

(3)完善关键点控制。

关键点是指容易发生偏差或失误的业务环节,公司关键控制点应包括劳务分包管理、投标管理、合同风险管理、预结算管理、材料设备采购管理、资金收付管理等。公司构建内部控制体系要找准内部控制关键点,关键点的设置务求科学合理、方便易行、讲究实效。

(4)推进创新。

创新是发展的动力。随着公司业务的不断发展,公司内部控制体系会逐渐出现与企业发展不适应的矛盾问题,因此在构建公司内部控制体系时必须积极推进内部控制体系创新,保证地铁建安公司内部控制体系的持续性、有效性。

2 构建地铁建安公司企业内部控制体系的方法与尝试

2.1 构建内部控制体系的基本方法

(1)完善法人治理结构。

法人治理结构不完善,会影响到公司目标的实现,进而影响其内部控制体系。因此,构建公司内部控制体系就要完善企业的法人治理结构,尝试地铁建安公司股份制体制改造,强化董事会、监事会职能,建立规范的公司决策程序,保障公司重大决策的程序化、民主化、科学化,以期形成公司重大事项的有效约束和监督。

(2)提高意识,优化公司管理制度。

构建健全科学的内部体系首先要提高全体员工意识,特别是管理层和决策层的意识,因为公司领导的意识和决心成为内部控制体系建立的首要因素。另外,构建公司内部控制体系必须要对公司现有的管理制度进行全面梳理,并本着有效、适用的原则,对内部规章制度进行全面调研和诊断,提高公司制度的适用性、有效性和可操作性,维护内部制度的权威性。

(3)完善财务会计控制,加强内部审计。

维修服务企业财务流程复杂,管理难度大,必须建立内部规范的会计制度。首先应当规范会计凭证格式及合理的凭证流转程序,严格凭证复核手续;其次健全并落实会计账簿管理制度,按规范规定设置,根据审核后的会计凭证登记账簿。内部审计是内部控制体系评估的最有效方式,公司应建立有效的内部审计制度,将审计与财务管理及成本管理相分离,保持在公司内部监督中的相对独立性。审计工作直接对决策层负责,其功能是及时发现公司内部控制体系的“短板”和缺陷,寻找改进的措施和方法。应扩大财务审计的职能,促进公司不断完善内部控制,提高经营管理水平。

(4)完善风险控制机制,加强职能部门和项目职责风险管理。

地铁建安公司经营管理风险较大。构建内部控制体系应建立并完善风险控制机制,包括分包风险控制、资金管理风险控制、原料及设备采购风险控制、安全风险控制、服务及质量风险控制等,重视职能部门和项目廉政、风险评估工作,加强职能部门和项目岗位职责风险管理。

(5)树立以人为本的管理理念,加强职工职业道德教育。

地铁建安公司构建内部控制体系必须摒弃传统人事理念,树立以人为本的管理理念,建立现代企业人事管理制度;另外,全体员工的职业道德和业务素养是构建公司内部控制体系的重要保证。因此,公司应加强岗位工作标准考核,完善优胜劣汰机制,积极加强经常性的员工诚信、职业道德、业务能力的教育和培养,促使地铁建安公司科学的内部控制制度成为全体员工自觉遵守的行为准则,提升职业素养。

(6)建设流畅、高效的内部控制信息流程。

在以信息化为代表的第三次技术大革命中，建设流畅、高效的内部控制信息流程将有利于提高工程施工质量和维修管理水平，因此，充分利用飞速发展的信息技术建设流畅、高效的内部控制信息流程，已经成为地铁建安公司构建内部控制体系的当务之急。

2.2　构建有效的内部控制体系的有效尝试

内部控制是现代企业管理的重要组成部分，它渗透于公司经营管理活动的各个方面，是衡量现代企业管理的重要标志。通过实践得出的结论是：得控则强、失控则弱、无控则乱。因此，在加强地铁建安公司内部控制上，进行了一些有效的、精细化的尝试。

(1)建立一个良好的内部控制环境。

控制环境是指对企业控制的建立和实施有重大影响因素的统称。控制环境的好坏直接决定着企业其他控制能否实施或实现的效果，建立一个良好的内部控制环境，应从以下几方面着手：

一是管理者必须树立现代企业管理观念。如果管理者不愿为实现预算、利润和其他财务及经营目标重视管理，不愿设立内部控制制度或不能遵守建立的内控制度，控制环境将受到很不利的影响。

二是建立合理的组织机构。主要包括：①确定组织单位的形式和性质，确认相关的管理职能和报告关系；②为每个组织单位内部划分责任权限制定办法，合理授权和分配责任。各职能部门授权一定要明确，因事设人、视能授权、责任到位，且责任与权利对等。

三是充分发挥审计作用。从内部审计和外部审计两方面相结合来优化控制环境。内部审计是强化内部控制制度的一项基本措施。外部审计主要是指国家审计机关、部门审计机构定期、不定期地对公司内部控制制度进行评价。

四是重视对内部控制制度管理人员的选用。内部控制制度设计应做到持续改进。企业的用人政策直接影响着企业能否吸收有较高能力的人员来执行内部控制制度。要杜绝账户设置不合理、记录不真实的情况，充实会计控制制度的职能作用，必须重视对内部控制制度管理人员的选用和培训。提高财会人员的素质，定期进行考评，奖优罚劣。

五是各种管理控制方法灵活运用。常用的管理控制方法有计划控制、目标控制、预算控制、安全控制、规章制度控制等。

(2)建立一个有效的会计系统。

内部控制的第二个要素是会计系统。它是指公司为了汇总、分析、分类、记录、报告公司业务交易,并保持对相关资产与负债的受托责任而建立的方法和记录。在公司以会计准则为指导,自行设计会计制度日渐成为国家对会计的管理体制的情况下,会计系统的建立也就是公司会计制度的设计。会计制度的设计不仅包括规定会计账户、账簿、会计报表等内容的编制说明,还包括发生在公司各部门间、各类经营管理活动中会计处理程序的具体规定,把内部控制抽象性、要素性的方法和程序融合为公司会计制度中具体可操作的方法与程序。

建立一个有效的会计系统,实施会计控制是内部控制制度的关键。一个有效的会计系统应能做到以下几点:

一是确认并记录所有真实的业务交易。

二是及时且充分详细地描述业务交易。

三是计量交易的价值。

四是确定交易发生的期间。

五是在会计报表中适当地表达交易和披露相关事项。

从以上说明不难看出。会计系统的核心是处理交易。公司的会计系统应为每笔交易提供一个完整的“交易轨迹”。

(3)建立合理的内部控制程序。

内部控制程序是由为了合理保证公司管理目标实现而建立的制度和程序组成的。可运用于某种交易,也可运用于控制环境和会计系统的特定组成部分。内部控制程序可分为以下5类:

①交易授权。通过授权通知书来明确授权事项和使用资金的限额。其原则是对在授权范围内的行为给予充分的信任,但对授权之外的行为不予认可。授权通知书除授权人持有外,还下达给公司相关的部门,这些部门一律按授权范围严格执行。有效的内部财务控制要求每项经济业务活动都须经过适当的授权批准,以防止内部员工随意处理、盗窃财产物资或歪曲记录。

②职责划分。对某业务涉及的各项职责进行合理划分,使每一个人的工作能自动地检查另一个人或更多人的工作。例如,某些会计工作的职责应划分(出纳不得兼管稽核、会计档案保管以及收入、支出、费用、往来、债权、债务的登记工作,银行票据与单位财务印鉴不能一人保管);仓库材料明细账要设专人稽核或者另设记账员记账;某项交易的执行、记录、维护等应指派给不同的个人(销售的授权、货物的发运、开账单给顾客等工作派给不同人员)。其主要目的是为了预防和及时发现错误或舞弊行为。

③按凭证与记录控制。对各种外来票据及自制凭证,在格式、份数、编号、传

递程序、各联的用途、有关领导和经办人签章、明细数、合计数及大小写数字一致等方面做出规定;在会计核算中对差错更正、余额核对、各种报表相关数字核对做出规定;对某些凭证执行预先编号制度。

④资产接触与记录使用。主要是指限制接近资产和接近重要记录,以保证资产和记录的安全。保护资产和记录安全的最重要措施就是采用实物防护措施,比如,将存货存入仓库以防偷窃;对凭证和记录也需要进行实物安全保护,比如,应收账款的主要档案、保险单和应收票据等。

⑤独立稽核。独立稽核是指验证由另一个人或部门执行。通过对资金收付、产品销售、现金管理、记账凭证、税收申报、物资采购的稽核,以确保公司财产物资的安全与完整、确保公司经营活动的正常进行。

(4)一些科学的管理方法的借鉴和运用。

①财务预算控制法。预算管理在西方是流行的财务管理方式,建安公司从2006年开始运用。这种全方位、全过程、全员的预算管理的实施,强化了预算的财务功能,使公司的财务目标和决策得以细化落实。预算是以金额、数量及其他价值形式或几种价值形式的综合方式反映公司未来业务的详细计划。实际上,预算是在年度经济业务开始之前根据预期的结果对全年经济业务的授权批准控制。公司的预算属理财范畴,应以量入为出为原则,它是由多个相互联系的预算组合而成的严密体系。建安公司全面预算管理经过6年的运行,已见到精细管理的效果。

②内部责任报告控制法。业绩报告又称为责任报告,它是企业内部报告的一种,建安公司从2011年结合廉政建设开始运用。是公司管理层掌握信息,加强对经济的控制、改善经营管理,提高经济效益的重要工具。常用的内部财务报告有经营分析报告、费用分析报告、财务分析报告。首先要求相关人员定期编制各种财务报告,反映和监督经济活动,进而有效地控制经济活动。另外要求中层管理者进行年度述职述廉,反映和监督管理行为,进而有效地控制成本和管理干部。

3 结束语

健全完善公司内部控制体系是企业发展需要。在地铁内部市场机制下,企业经营管理的关键点无非是安全运营的保障、质量服务管理的到位、合同管理的兑现、物资的采购、款项的支付等,而这些环节无不与公司内部会计控制休戚相关。内部控制的目的是确保企业经营活动的效率和效果、经济信息和财务报告

的可靠性。在现代企业中,其主要作用如下:

一是有助于管理层改善经营方式,实现经营目标。

二是保护公司各项资产的安全和完整,防止资产流失或损害。

三是保证业务经营信息和财务会计资料的真实性和完整性。

四是保证公司财务活动的合法性。

北京市地铁建筑安装工程公司因其企业特殊性,应注重构建公司内部控制体系的方法,并积极采取有效的、科学的手段构建公司内部控制体系,提升企业综合素质和竞争能力。

浅谈研发中心未来发展

研发中心课题组　张欣

摘　要:当前,正值北京地铁公司全面实施“十二五”发展规划,加快建设“六型地铁”,构筑大规模网络化运营管理平台的重要时期,如何把握好研发中心未来的发展方向,使其成为把北京地铁建设为国内领先、世界一流的轨道交通运营商,提高地铁综合实力和竞争力的重要帮手,将是我们近期主要思考解决的问题。

关键词:研发体制;人力资源;品牌竞争力

0 引言

北京市地铁运营有限公司地铁运营技术研发中心正式揭牌成立已有1年多时间,这是北京地铁集团公司在深入贯彻落实科学发展观,推动“人文北京、科技北京、绿色北京”建设的时代背景下,组建的综合技术研发管理平台。

1 建立健全研发体制机制

以公司“十二五”发展规划为指针,以市场需求为导向,牢固树立科技是第一生产力的思想,坚持应用导向、产学研用紧密结合,建立适合研发中心长远发展的管理体制和运行机制。

1.1　按照公司“内部市场化”的总体要求,捋顺与公司机关部室、二级单位的关系

(1)建立集团公司级专家委员会。主要负责确立科研课题、科研项目研究路线和经费预算等重大问题的决策。

(2)按照科研工作的特点和实际,制定和出台《科研项目管理办法》,明确集团公司机关部室、二级单位与研发中心在科研项目中的权责,优化管理流程,加强对科技研发工作各个环节的管理,提高企业的管理水平。

(3)与集团公司机关部室、二级单位间,明确甲、乙双方的责任、权力和利益,规范合同、协议的范本,按照市场化运作的模式组织开展科研项目。

1.2 按照特设专业科研机构的定位积极运作,建立健全研发体制机制,不断提升科技资源配置效率和集团公司整体技术水平

(1)通过整章建制,进一步规范研发中心的管理工作,推进管理的信息化、规范化和制度化,提高管理和服务水平。

(2)建立与市场化配套的定价、核算机制,通过价格杠杆提高市场竞争力。

(3)建立与集团公司机关部室、二级单位相对应的联动机制,通过市场需求来定位研发方向。

(4)建立追踪服务机制,对输出的产品提供技术支持和服务保障,不断提高集团公司满意度。

2 加强人力资源建设

企业的竞争,归根到底是人才的竞争,谁拥有人才优势,谁就可能在竞争中取胜。集团公司“十二五”规划要求我们,打造高素质的研发中心团队,建设国内轨道交通行业具有独特优势的一流研发中心。

2.1 营造良好发展环境

(1)科研人员大多重视自身价值取向和个性的体现,结合这一特点,研发中心要在积极创造适应科技创新的制度环境、管理环境和生产、实验环境的基础上,加强创新文化建设,营造尊重知识、尊重人才、鼓励创新、创新光荣的良好氛围,给人才提供一个能发挥特长的工作舞台,做到“人尽其用、人尽其才”。

(2)秉承“以能力论英雄”的原则,以业绩作为圈定人才的条件,建立健全内部激励、竞争和分配等机制,制订员工职业发展规划体系,提高科研人员的工作的积极性、主动性和创造性。

2.2 加强人才培养力度

增加人力资源建设的后续投入,通过在岗培训、继续教育等方式,不断使员工更新知识结构,获取新的知识和信息,促进企业科技、经营、管理人员素质的全面提高。

特别是加强对青年科技人员的培养,制订培养培训规划,通过研修培训、学术交流、人才储备等方式,提高科研人员的综合素养。积极组织广大青年科研工作者深入地铁运营一线,了解地铁运营相关的实际情况,进而提高发现问题,解决问题的能力;结合科研课题,与国内知名院校、行业专家、业界同行加强交流与合作,开阔科研人员的视野和思路,提升科研人员的专业素养与专业水平。

通过不断提高队伍从科技研发到产品形成整个价值链的贯穿能力，以及推进科技成果转化、兑现技术产品经济效益的能力，进而打造一支高素质的研发团队，为技术研发工作的持续发展奠定人力资源基础和条件。

2.3　吸引外部专业领军人物

落实人才引进政策，提高人才引进成效。通过内部竞聘和外部招聘的模式，围绕交通运输行业，按照相关政策，引进"高学历、高素质、高能力"的"三高"人才，集聚一批城市轨道交通科技前沿的技术领军人才，打造一支精干高效的技术创新人才队伍。

立足中心的长远发展，围绕地铁科技发展的战略需求，建立研发中心专家委员会，提高中心的整体研发实力。依托专家委员会凝聚国内行业的专业人才，对技术中心的研究开发方向、重大技术问题及项目进展情况开展咨询和评估，解决课题的难点、重点，为地铁事业的发展作出更大的贡献。

3 提升品牌竞争力

从全国来看，已有包括北京、上海、天津等多个城市建成了轨道交通，至少超过 36 个城市在做轨道交通的规划，这些城市计划至 2015 年前后规划建设 96 条轨道交通线路，建设线路总长 2500 多公里，总投资超过 1 万亿；从北京来看，轨道交通正在以每年建设 100km、开通 100km 的速度快速发展，计划到 2015 年运营里程将达到 666km，可见我国正处于轨道交通建设的繁荣期。

北京地铁作为我国第一条地铁，拥有着 40 多年地铁运营和管理经验的企业，已经形成了一套完备的管理制度体系和标准规范，积淀了大量管理经验和技术研发经验，造就了一批优秀的技术人员队伍，这为研发中心的发展创造了良好条件。

研发中心要依托北京地铁这一品牌，努力开拓内外部市场，提供过硬的技术和服务质量，不断创造和提高经济效益，努力实现自主经营、自负盈亏、自我约束、自我发展和收支平衡。

3.1　紧抓内部市场需求，创建技术研发龙头单位

近年来，北京地铁运营线网高速扩张，运营管理规模不断增大，特别是随着未来更多新线的开通运营，大批新技术、新设备的上马，以及线网客流进一步叠加对地铁集团的管控能力及服务水平带来的严峻挑战，更加迫切地需要科学技术的支持，对科技资源的需求也更加突出。所以，必须改变技术力量沉淀在地铁集团专业部室和二级单位的现状，努力通过资源整合和结构调整，进一步突出科

研主体地位,搭建技术研发平台。

在此契机下,研发中心要牢固树立“科技是第一生产力”和“服务企业为本”思想,坚持应用导向、产学研用紧密结合、以运营管理和新线建设迫切需要的实用性技术为主攻方向,紧抓内部市场需求,通过关键技术应用的深入研究,提高运营质量;通过技术创新和管理创新的科学研究,提高运营效率;通过节能减排关键技术的应用研究,降低能耗和运营成本;通过对网络化运营发展问题的研究,实现企业长远发展;通过对维修检测新技术和信息化技术应用创新的研究,为提高全线网运营安全可靠性,提供强大技术保障。

3.2 抢占外部市场份额,提升北京地铁品牌竞争力

目前国内与轨道交通行业有关的研发机构已有10多家,研发中心同广州地铁设计研究院、上海轨道交通技术研究中心相比,在人员、试验设备、资质等方面还有很大的差距。因此要加快研发中心实验室建设,尽快缩短与其他研究机构的差距,充分利用北京地铁的品牌效应,通过在运营管理技术和国产化方面的优势抢占市场。

(1)以重点学科建设为龙头,建设若干具有行业特色、适合企业发展的学科平台,强化实验室的开放、共享,提高科研质量和资源利用效率,满足研发中心业务扩展后的实验需求,为中心可持续发展提供良好支撑。

(2)以促进知识成果转化,加快技术专利和技术产品赢利为目的,经营研发中心的技术成果,包括获得专利权的技术、商标以及非专利技术(如专有技术、传统技艺、管理方法等)。

(3)以地铁集团的资源优势和研发中心的科研成果为依托,为其他城市轨道交通规划、运营、管理等方面提供政策、管理决策、专业技术等方面的咨询,为专业人员提供实操培训,为地铁行业发展提供服务。

结合地铁集团“十二五”发展规划的要求,研发中心作为综合技术研发管理平台,将成为北京地铁向科技要安全、向科技要效率、向科技要效益的具体实践。研发中心的发展也将成为北京地铁进一步加强综合技术应用,努力增强自主创新和科技研发能力所迈出的最重要,也是最坚实的一步。

推动运营管理创新　促进调度指挥中心科学发展

调度指挥中心课题组　张通利

摘　要:为了推动地铁安全高效运行,圆满完成日常的安全运营工作,调度指挥中心深入研究线网运营组织方案,力争为广大乘客提供更加便捷和优质的出行服务,多种举措优化管理,保障地铁运营安全。

关键词:调度指挥中心;运行管理

0 引言

2012 年是北京地铁公司实施"十二五"发展规划承上启下的关键之年,调度指挥中心在公司的正确领导下,围绕科技创新、文化创新、管理创新"三轮驱动"的发展目标,坚持"稳中求进"的总基调,强化管理,注重创新,为推进"六型地铁"建设,积极提升运行管理能力,进一步细化各项服务措施,从而为顺利完成地铁安全运营任务、为市民不断提供更加优质的服务、为提升地铁科学发展能力奠定扎实的基础。

1 调度指挥中心面对的困难和挑战

2012 年全年北京地铁在传统节假日期间,如春节、"五一"、"十一"、暑运等重要时期以及鸟巢演唱会、新国展车展等大型活动期间,客流量剧增,运输压力大;尤其是在全国"两会"、市十一届党代会、党的"十八大"会议期间,调度指挥中心以高度的政治责任感,以超奥运标准切实做好保障工作,各调度所全体干部加班加点,连续奋战,以完美的调度指挥工作有效应对了各种故障,确保了路网运营整体平稳。

2012 年北京发生了多年不遇的"721 特大暴雨"、11 月的暴雪大风天气等自然灾害,对地铁电力及防灾环控的电力设备、电梯等重点设备造成了严重的影响,部分区域发生电源站失压等多起电力设备、电梯等突发故障。

2012 年底北京地铁同时开通了 6 号线、9 号线二期、10 号线二期,成为世界地铁运行里程最长的城市,这种情况必然导致设备调试运行压力大,时间紧,部分站点、线路客流量数十倍的剧增。

调度指挥中心积极采取应对措施,在运营管理上持续改进,不断创新,为推动安全高效运营作出不懈的努力。

2 调度指挥中心积极探索运行管理创新

为了推动地铁安全高效运行,圆满完成日常的安全运营工作,调度指挥中心以十八大精神为指导,深入研究线网运营组织方案,力争为广大乘客提供更加便捷和优质的出行服务,多种举措优化管理,保障地铁运营安全。

2.1 客流量大的管理措施

为了落实公司领导指示精神及2012年《9月份缓堵专项工作交通运输保障方案具体措施》,认真研究各个时段客流特点,经过反复研究论证,调整部分线路列车运行计划,建立了多种方案应对必然产生的突发大客流。

(1)在交通拥堵时段采取提前进入早晚高峰和延长早晚高峰时间、缩短中午和夜间平峰列车间隔的措施。

(2)在市区骨干线路库线存放预备车,出现大客流时及时、灵活地调度列车运行,缓解了部分线路平日及晚高峰时段客流压力,满足乘客的需要。

密切监控路网客流状况,适时采取加开临时客运列车、列车通过等手段缓解重点车站、换乘站的客流叠加压力和拥挤程度。

(3)全力配合公司主管部室做好缩小列车运行间隔举措的落实工作。结合客流分布和运力运量配合情况,充分应用大小交路套跑和开行大站快车的行车组织方式,提高线路的运输能力。参与缩小列车间隔实施方案的制定,多次进行缩小列车间隔试验,顺利实现了5号线、1号线晚高峰、10号线、八通线晚高峰等缩小列车间隔目标。调整了1号线、5号线、10号线、八通线平峰及双休日列车运行间隔,延长昌平线运营时间。对于15号线、亦庄线、昌平线等新城线路,采取晚高峰间隔小于早高峰间隔的措施,尽最大努力为乘客提供更好的乘车环境。

2.2 自然灾害的应对措施

(1)特大暴雨的安全运行管理。

一是提前部署,全面落实汛期各项工作。在入汛前组织完成公司防汛责任书签订工作,加强汛前监督检查。

二是积极总结以往防汛工作经验,督促有关单位强化防汛薄弱部位,做到有备无患。入汛后面对强降雨天气较多的情况,及时启动预案,组织各单位积极应对,全力确保了所有管辖线路运营情况稳定。

三是在应对特大自然灾害的过程中调度指挥中心组织各单位投入抢险值守人员，对所辖各条线路上的洞口及部分车站积水、路基滑坡、塌陷、墙体渗漏、淹没接触轨等险情，及时组织各单位开展抢险救援。

四是组织列车采用小圈运行等方式最大限度的维持受灾线路运行。

（2）建立雪天安全运行管理措施。

一是雪天对地铁运行设备设施进行全面安全检查。要求地铁各专业所有技术人员全部深入到各关键点位，全面检查运营重点设备设施，采取遮挡、加固、替换等措施进行处理，确保经得住大雪的考验。为防止轨道道岔积雪结冰，启动所有道岔融雪装置，及时融化覆盖其上的积雪，并有效防止了结冰，实现了线路的良好通畅。

二是备足雪天应急物资。地铁公司对全路网车站进行了物资紧急配发，实现各站点的防滑垫（毯）、大盐、指示牌等雪天应急物资配备充足，满足大雪天气下车站防滑工作的应急需要，切实保障了乘客的行走安全。

2.3　突发事件的应急管理

（1）建立果断、可靠、高效的调度指挥系统。

调度指挥中心负责各条线路的日常行车指挥工作，维持列车按图运营以及在非运营时间内进行施工维修安排。调度指挥中心人员应具备现场实际工作经验，以及丰富的运营经验和综合素质，对地铁有关设备的性能、原理、功用、操作程序以及全线环境充分了解和熟悉。在突发事件发生时能果断、高效地指挥乘客疏散和逃生，指挥消防人员快速营救。

（2）持续开展突发事件应急演练。

根据公司《关于开展2012年日常应急演练的通知》要求，持续开展手摇道岔、电话闭塞、供电系统故障应急处置演练。按照突出重点、全面覆盖的原则，每月编制手摇道岔及电话闭塞演练计划下发各单位执行。汇总演练中出现的问题，组织运营分公司和相关部室进行演练工作会，加强工作联系和业务交流，提高行车人员的突发事件处置能力。同时，结合所属各调度所培训情况，组织日常演练、桌面推演、对抗赛及实操培训等多种形式的演练培训活动。在此基础上，组织行车调度员与各运营分公司的综控员、乘务员进行电话闭塞桌面推演，检验电话闭塞演练成果。

（3）加强电源负荷管理，为运营主业提供稳定运行环境。

随着地铁路网规模的不断扩大，电力设备运行可靠度降低，设备故障影响供电的概率增加。各线电力调度制定大负荷运转时减负荷方案，加强负荷监控和管理,确保负荷满足供电系统持续稳定运行的要求。

(4)组织各调度所从“人、机、环、管”四方面入手每月排查、梳理工作中存在的隐患。

突出安全工作中人的主导作用,采取一系列措施减少人为的失误,控制人为失误发展成事故。制定隐患治理工作方案和防范措施,不断更新和完善调度指挥中心安全隐患数据库,实施隐患排查和整改的常态化、动态化管理。

(5)落实层级业务分析制度。

一是坚持每季度召开各层级安全形势分析会,对整体运营和突发事件处置情况进行安全形势分析,有针对性地进行研究并落实专项措施。敦促各调度所结合各线情况进行安全形势分析,使调度员充分掌握整体安全形势动态,切实提高其安全意识。二是贯彻落实“抓小防大、安全关前移”的动态管理思想和“四不放过”原则,督促调度所、班组严格落实《调度指挥中心分析工作制度》的要求,按时完成突发事件应急处置分析。对突发事件处置中存在不足的事例逐个进行深入分析,明确要求和最优方案,将业务分析与培训教育紧密结合,通过实际事例讲解提高调度员工作能力。

(6)乘客的安全疏散问题。

一旦发生突发事件,工作人员必须提高警惕,据实报道灾情,立即疏散站内人群,拦截其他乘客进站;同时立即中止本区间的列车运行,相邻隧道也应立即停止正常行车。

3 结论

调度指挥中心在应对大客流、自然灾害、突发事件方面,不断提升管理水平,对自身工作进行了制度化的管理创新,使工作更加贴近实际运行情况。下一步,调度指挥中心要紧紧抓住发展这一要务,贯彻落实党的“十八大”精神为指针,观念再更新,力量再凝聚,进一步开拓新思路,开创新局面,建一流的调度队伍、树一流形象,为地铁事业的发展再立新功。

构建财务风险管控体系　打造资源开发坚实屏障

——浅论事业总部矩阵式管控体系的构建与实施

事业总部课题组　王勇

摘　要:21世纪以来,世界经济的全球化进程日趋迅速,"全球经济"年代已然来临。全球化的经济环境意味着更多的风险与不确定性,由美国爆发蔓延至世界的金融海啸、欧洲国家主权信用危机、利比亚内战等事件对于国际国内经济的重大影响让我们不得不思索在市场化环境下,中国企业,尤其是国有企业,如何才能提高抗击风险的能力,在风云变幻的全球化经济浪潮中站稳脚跟,发展壮大。事实上,在经济全球化条件下,中国这样的新兴市场经济中,企业普遍面临着比发达国家企业更高的风险:市场经济的法律法规还不够健全完善,部分行业处于无序竞争阶段,部分国企习惯于依赖政府保护,部分境外资本恶意转嫁风险等,都对国有企业的风险管控体系提出了严峻的要求。提高企业风险意识,培育企业风险文化,建立系统的风险管控体系,对于国有企业来说,刻不容缓,迫在眉睫。本文将从财务角度出发,对于如何加强国有企业财务风险管控做一些探讨。

关键词:矩阵式;财务风险管控;体系构建

1 构建实施以矩阵式管控模型为核心的企业财务风险管控体系的必要性与理论依据

1.1　构建实施企业财务风险管控体系的必要性

(1)强化财务风险管控是培育国有企业风险意识的必需。

如前所述,当今世界是全球化经济的时代,企业要在复杂多变的国际化市场竞争环境下屹立不倒,必须要树立风险意识,培育风险文化,拥有与国际接轨的风险思维。大力倡导和强化企业财务风险管控,可以很好地将对全体员工的风险意识教育贯穿在日常工作中的每个流程、每个环节,能够极大地促进和提高企业整体的风险意识。从这个角度上来说,国有企业必须狠抓财务风险管控。

(2)强化财务风险管控是推动国有企业规范化管理的必需。

纵观世界企业500强和欧美一些历史悠久、发展至今仍然生机蓬勃的优秀老牌企业,可以发现:它们无一例外都拥有严明的公司纪律和极为规范化的管理。企业规范化管理主要指以“诚信守法,协调控制,风险审计”为象征的公司治理,也包括“科学决策,危机应变”等科学规范化管理内容。事实上,这一切都是以风险管理为基础的,或者说风险管理完全覆盖着上述规范化管理的整个内容。事业总部系统企业要达到“国内领先、国际一流”的水平,加速与国际接轨的进程,实现上市融资,都必需要靠规范化管理来实现。强化财务风险管控,打好规范化管理的基础,是当前国有企业求新求变的重中之重。

(3)强化财务风险管控是促进国有资产保值增值,尽可能降低企业财务风险的必需。

据西方企业发展的经验,“引进来”是为了加快发展经济,“走出去”更能够拓宽市场、增加盈利。然而,“走出去需要资金与人才,更需要信心与胆量”。其中的信心与胆量实质上就是指企业究竟有多大的能力管理好走出去面临的风险问题。作为地铁公司多家全资子公司、参控股公司的实际管理者和多种业态资源经营管理的主责部门,北京地铁事业总部面临着繁杂多变的市场环境与较多难以预见的不可控因素,管理难度大,经营风险指数高,亟需构建财务风险管控体系以抵御市场风险。

(4)强化财务风险管控是适应国资委要求,弥补管理短板的必需。

《中央企业全面风险管理指引》中明确指出:企业风险,指未来的不确定性对企业实现其经营目标的影响。企业财务风险,指市场环境、经济行为等未来的不确定性对企业财务状况、经营成果可能产生的影响;即在各项财务活动过程中,由于各种难以预料或控制的因素影响,致使企业的财务状况具有不确定性,从而使企业有蒙受损失的可能性。近年来,国资委高度关注国有企业财务风险管控问题,并会同财政部、发改委接连出台了《中央企业全面风险管理指引》、《企业内部控制基本规范》等多个文件来指导国有企业构建风险管控体系。但目前对多数企业而言,风险管控还是一个新鲜事物,远没有被普及接受。北京地铁事业总部在2009年开始着手研究企业财务风险管控体系构建之前,财务风险管控仅靠“一事一议”的风险决策方式来实现,相关制度与工作流程只有寥寥5项,国内其他城市地铁资源经营的财务风险防控体系也尚未全面构建,该领域的空白亟待填补。

(5)强化财务风险管控是提高科学管理水平,确保经营效益的必需。

鉴于北京地铁资源管理经营系统复杂的组织结构情况和不统一的效益分配方式,在原有的财务风险管控体系下,北京地铁事业总部很难对各参控股公司实施有效的管理,必需构建有效的财务风险管控体系以加强管理,保障企业的经营效益。

1.2　构建实施企业财务风险管控体系的理论依据

以矩阵式管控模型为核心的企业财务风险管控体系的构建与实施主要有两点理论依据,一是"财务工作闭合环"理论,二是"风险管控时间节点边际效益递减"规律。

经多年实践与研究分析,创立了"财务工作闭合环"理论,即有效的企业财务管理过程应当是包含若干管理方法与经营实践相互作用子循环并持续提升改善的闭合环过程(图1)。因此,有效的财务风险管控体系也应该具备闭合环的运行模式。

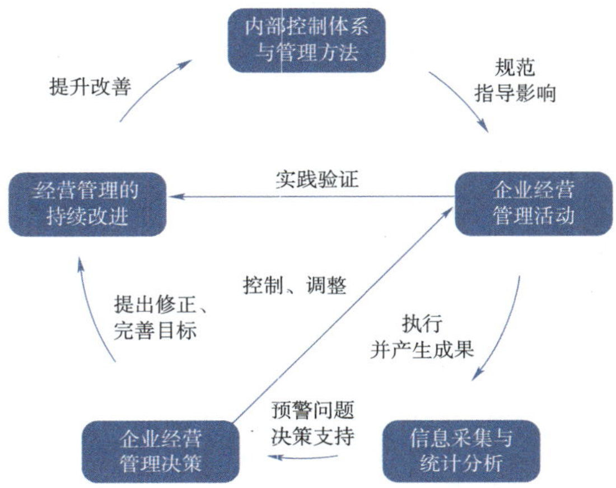

图1　有效的企业财务管理工作的闭合环过程

在长期的管理实践中,还总结出了"风险管控时间节点边际效益递减"规律,即:财务风险管控的实施效果随时间节点的推移而递次减弱,事前防范的效果大大优于事中控制,事中控制的效果又大大优于事后考核。因此,财务风险管控的重点应从传统的事中控制前移至事前防范,并实现按时间节点、管理内容交叉覆盖的矩阵式模型。

基于上述理论和多年实际工作的总结提炼,事业总部构建并实施了以矩阵式管控模型为核心的企业财务风险管控体系。

2 以矩阵式管控模型为核心的企业财务风险管控体系的主要内含

2.1　基本思路、指导原则与目标

(1)基本思路。

通过不断完善组织体系与治理结构,建立健全财务内控制度流程,推广运用财务信息系统与核心指标统计分析体系,加强职工风险意识教育和企业风险文化培育,引入风险评价、内控审计与管理评审,持续改进财务风险管控模型等新机制,构建起"事前预防风险"、"事中监测消除潜在风险"、"事后尽快妥善处理风险"环环相扣的财务风险管理控制体系。通过将先进的财务风险分析、识别和

控制方法引入企业日常管理,以管理创新促经济效益,养成风险管理理念,力求实现各种环境中企业价值的最大化。

(2)指导原则。

本着从实际出发,务求实效的原则,以对重大财务风险的管理和重要流程的内部控制为重点,积极开展财务风险管控工作,建立财务风险管理体系,逐步把财务风险管控的各项要求融入企业管理和业务流程中。

(3)目标。

确保将财务风险控制在与北京地铁事业总部总体战略经营目标相适应并可承受的范围内。

确保北京地铁资源经营管理系统内外部,尤其是参控股公司与地铁方股东之间实现真实、可靠的信息沟通。

确保北京地铁事业总部各项经营管理活动遵守有关法律法规。

确保北京地铁事业总部为实现战略目标而采取的重大措施得到落实贯彻,保障经营管理决策的合理性和有效性,提高经营活动的效率和效果,降低实现经营预算的不确定性。

确保北京地铁事业总部建立起针对重大财务风险的应急处理预案,保护国有资产不因灾害性风险或人为失误而遭受重大损失。

2.2 矩阵式财务风险管控体系的主要内容

以矩阵式管控模型为核心的企业财务风险管控体系的构建与实施,是指以矩阵式管控模型为核心,以核心指标统计分析体系和资源价格指导体系为两大支柱,以健全完善的企业内部控制体系为基础,以权责清晰、稳定高效的财务风险管控组织体系为动力,通过在经营管理的各环节贯彻财务风险管控策略,执行财务风险管控流程与应急预案,培养全体职工的风险自觉意识,构建并实施时间节点、管理内容无缝交叉覆盖的企业财务风险管控体系,及早预警潜在风险,降低风险损害,保障企业经济效益实现,促进国有资产保值增值,并将风险管理理念渗透企业管理的全过程。

其主要创新有两点:一是创立了以“事前防范”、“事中控制”、“事后考核”3 个时间节点为纬度(图 2),以“组织保障”、“制度保障”、“信息保障”、“人力保障”、“持续改进”5 方面管理内容为纵向切入点的矩阵式管控模型(表 1),使财务风险管控的各模块有机结合起来,以整体运转方式产生作用,并实现了财务风险管控体系的自我修正与持续改进功能;二是建立了核心指标统计分析体系和资源价格指导体系,为风险管控工作重点前移、风险预警及决策提供了强有力的数据支持。

图 2　北京地铁事业总部矩阵式财务风险管控模型

矩阵式管控模型的管理内容　　　　表 1

组织保障	成立风险管控委员会及其所属办公室	由风险管控委员进行风险决策，其常设办公室进行风险辨识	在任期内对风险管控委员会委员及其常设办公室负责人实行风险损害问责
	完善法人治理结构，实行董事、监事、高管人员及财务人员派出制度	充分发挥各级派出人员在子公司不同管理层级的作用	在任期内对外派董事、监事、高管人员及财务人员实行风险损害问责
	按照现代企业制度组建合资公司	逐步改造或清退不符合现代企业制度要求的子公司	对未按现代企业制度设立合资子公司并造成风险损失的直接责任人实行处罚
	制订财务风险管控策略	根据企业发展战略的调整及时调整财务风险管控策略	根据已发现的偏差及时调整财务风险管控策略
制度保障	建立健全企业各项管理制度	严格贯彻落实各项规章制度、管理办法	建立风险损害问责制度并严格贯彻执行；发生财务风险损害问责到人
	梳理调整企业各项工作流程	严格执行各项工作流程	根据已发生的风险损害尽快调整相关管理制度、工作流程
	逐步建立完善企业内部全面控制体系	及时修补内部控制体系在执行过程中出现的漏洞	
信息保障	推广普及 NC 财务电算化系统的应用	定期检查、指导各单位财务电算化工作	通过 NC 财务电算化系统和核心指标统计分析系统，在风险发生后及时采集详细信息并上报
	建立核心指标统计分析体系，广泛收集初始信息	按时编制核心指标统计分析报告，及时预警潜在风险	
	建立资源价格指导体系	终止或重新谈判偏离价格指导体系的合作合资项目	
人力保障	修订完善部门职责及岗位说明书，做到权责清晰，分工明确	实行考核激励机制，定期考核，奖惩分明	执行风险损害问责绩效考核制度与奖惩措施
	向全体职工长期宣贯风险管理理念		
	对关键岗位重点人员进行风险防范强化培训	定期进行尽职履职考核	对所有风险责任相关人员进行风险绩效考核与风险责任离任考核

续上表

<table>
<tr><td rowspan="3">持续改进</td><td>根据已出现的风险损害或风险可能,修正、改进财务风险管控体系</td><td>定期征集意见回馈与建议,在工作中注意总结积累</td><td>执行风险损害应急机制,识别风险后立即启动应急响应程序,尽快处理财务风险并尽可能降低风险损害</td></tr>
<tr><td>坚持研究财务风险管控的先进理论和技术手段</td><td>将财务风险管控体系纳入ISO9000质量管理体系进行管理评审和持续改进</td><td rowspan="2">执行风险损害事项善后处理机制,深入分析检讨风险产生原因,并更正修订有关制度流程,强化管理薄弱环节</td></tr>
<tr><td>引入风险评价与内控审计,借助外部测评指导财务风险管控体系改进</td><td>定期复核执行中合作合资项目风险指数</td></tr>
</table>

2.3 矩阵式财务风险管控体系的实施方法

构建与实施矩阵式管控模型为核心的企业财务风险管控体系的主要做法是:根据矩阵式管控模型的15个模块,从组织保障、制度保障、信息保障、人力保障和持续改进5个方面,按事前防范、事中控制、事后考核3个时间节点对企业财务风险实施管控。具体措施包括:推广运用财务电算化信息系统与核心指标统计分析体系、资源价格指导体系为财务风险管控提供数据支持;建立财务风险管控组织体系,特别是成立风险管控委员会作为企业风险决策的核心;完善企业法人治理结构,切实发挥外派董事、监事及高管人员的作用;强化内部控制体系建设,贯彻风险管控策略,执行风险管理流程,制订风险应急预案;引入风险评价、内控审计与管理评审等新机制;加强职工风险意识教育和企业风险文化培育;结合ISO9000质量管理体系认证以实现财务风险管控体系的自我修正与持续改进等。通过以矩阵式管控模型为核心的企业财务风险管控体系,北京地铁事业总部财务风险管控体系实现了可靠有效的运转,有力地保障了国有资产保值增值,促进了企业持续、健康、稳定发展,形成了风险管控体系自我修正和职工风险自觉意识的良性互动。

3 以矩阵式管控模型为核心的企业财务风险管控体系构建与实施的具体做法

财务风险管控体系主要涵盖了以下几方面的工作:财务风险管控初始信息收集、财务风险管控体系设立、财务风险管控策略制定、财务风险评估与决策、财务风险解决预案、培育企业风险文化、财务风险管控的监督与改进。下面就分别从这几方面来阐述事业总部财务风险管控需要开展的具体工作项目和需要实现的具体工作目标。

3.1 建立核心指标统计分析体系,收集财务风险管控初始信息

核心指标统计分析体系,是由反映企业主要经营绩效的各项通用指标和反

映各业态经营水平的各项行业指标构成的综合财务管理体系。建立核心指标统计分析体系,有助于全面、及时地掌握各产业活动单位的偿债能力水平、营运能力水平、投资收益实现能力水平及发展趋势,有助于及时捕捉风险预警信号,是建立事业总部财务风险管控体系的一项主要基础工作。

核心指标分为两大类,一类为通用指标,系统内各产业活动单位均需统计上报;一类为行业指标,各产业活动单位根据所属业态和统计指标表的要求分别上报。通用指标包括:收入、成本费用、净利润、净资产收益率、总资产报酬率、资产负债率、流动资产周转率和资本保值增值率等。行业指标包括:刊挂率、折扣率、媒体总面积、单位媒体收入、收入利润率、成本费用利润率、人工成本率、毛利润率、存货周转率、应收账款周转率、客房入住率、平均房价、商业附加值比率、已售商品房套数、已售面积总和、平均售价、物业费收缴比例等。

事业总部已逐步建立起了核心指标统计分析体系,从各职能部门、业务部门、全资子公司及参控股公司逐级、逐批收集各项信息,并逐一进行筛选、提炼、对比、分类、组合。对各企业的重点指标、重要风险点、重大风险决策事项进行不间断监测和追踪绘图记录,一旦发现异常立即对有关部门发出预警,或直接进入有关程序终止风险业务。

3.2　构建权责清晰、稳定高效的财务风险管控组织体系

根据企业自身特点及财务风险管控的要求,事业总部设计了分工递进的层级式财务风险管控组织体系(图3)。其中,财务风险管控委员会作为企业财务风险决策的最高权力机构,是该组织体系的核心元素,财务风险管控办公室作为企业财务风险管控的常设机构和风险辨识的主要机构,辅助财务风险管控委员会进行风险决策,是该组织体系内不可或缺的重要支撑。

图3　层级式财务风险管控组织体系

3.3 制订财务风险管控策略与应急预案,贯彻执行财务风险管控流程

事业总部根据自身特点与内外部环境,制订了稳健的财务风险管控策略,即将企业财务风险控制在较低的水平,财务风险决策中风险因素优于效益因素考虑,要尽可能降低风险损害造成的国有资产减值;同时明确了不同业态资源承受风险的最高限度,并据此确定了风险的预警线。

事业总部根据财务风险管控策略,针对各类财务风险和每项重大财务风险制订8应急预案。预案内容包括针对的具体风险目标,所需的组织体系,所涉及的管理及业务流程,风险事件发生前、中、后可采取的具体应对措施以及风险管理工具(如:关键风险指标管理、损失事件管理等),对重大风险进行持续追踪监测,建立重要岗位权力制衡制度,明确规定不相容职责的分离,重要岗位设置一岗双责,明确该岗位的上级部门或人员对其应采取的监督措施和应负的监督责任,将该岗位作为内部审计的重点等。

3.4 财务风险评估与决策

风险评估包括风险辨识、风险分析、风险评估3个步骤。以事业总部的财务风险管控组织体系为例,需要做好如下工作:

(1)风险辨识。

事业总部系统各部门、子公司及合资合作公司对可能存在或即将产生的财务风险可能进行辨识,查找出的财务风险可能应尽快形成书面报告上报事业总部财务风险管控办公室。可聘请有资质、信誉好、风险管理专业能力强的中介机构协助实施。进行风险辨识、分析、评估,应将定性与定量方法相结合。定性方法可采用问卷调查、集体讨论、专家咨询、情景分析、政策分析、行业标杆比较等。定量方法可采用统计推论、计算机模拟、失效模式与影响分析、事件树分析等。

(2)风险分析。

事业总部财务风险管控办公室对风险可能进行分析审核及确认,并决定是否上报财务风险管控委员会决策。经确认的财务风险要尽快形成风险情况报告并提交财务风险管控委员会决策。

(3)风险评估。

财务风险管控委员会根据事业总部财务风险策略,评估风险事项对事业总部系统的影响程度、风险收益性等并作出风险决策。财务风险管控办公室根据财务风险管控委员会决策形成风险评估报告并下发执行。进行风险定量评估时,应统一制定度量单位和风险度量模型,并通过测试等方法,确保评估系统的假设前提、参数、数据来源和定量评估程序的合理性和准确性。要根据环境的变

化，定期对假设前提和参数进行复核和修改，并将定量评估系统的估算结果与实际效果对比，据此对有关参数进行调整和改进。同时评估多项财务风险，应根据风险发生可能性的高低和对事项经营目标的影响程度，绘制风险坐标图，对各项风险进行比较，初步确定各项风险的管理优先顺序和策略。

（4）风险解决预案。

根据风险管理策略，针对各类财务风险或每一项重大财务风险制定风险管控解决预案。预案一般应包括针对的具体风险目标，所需的组织体系，所涉及的管理及业务流程，所需的条件、手段等资源，风险事件发生前、中、后可采取的具体应对措施以及风险管理工具（如关键风险指标管理、损失事件管理等）。内控措施包括：

①建立内控岗位授权制度。对内控所涉及的各岗位明确规定授权的对象、条件、范围和额度等，任何组织和个人不得超越授权作出风险性决定。

②建立内控报告制度。明确规定报告人与接受报告人，报告的时间、内容、频率、传递路线、负责处理报告的部门和人员等。

③建立内控批准制度。对内控所涉及的重要事项，明确规定批准的程序、条件、范围和额度、必备文件以及有权批准的部门和人员及其相应责任。

④建立内控责任制度。按照权利、义务和责任相统一的原则，明确规定各部门、各单位、岗位、人员应负的责任和奖惩制度。

⑤建立内控审计检查制度。结合内控的有关要求、方法、标准与流程，明确规定审计检查的对象、内容、方式和负责审计检查的部门等。

⑥建立内控考核评价制度，财务风险管控情况与绩效薪酬挂钩。

⑦建立重大风险预警制度。对重大风险进行持续不断的监测，及时发布预警信息，制订应急预案，并根据情况调整控制措施。

⑧加强法律风险防范机制建设，完善企业重大法律纠纷案件的备案管理制度。

⑨建立重要岗位权力制衡制度，明确规定不相容职责的分离。主要包括授权批准、业务经办、会计记录、财产保管和稽核检查等职责。对内控所涉及的重要岗位可设置一岗双责，相互制约；明确该岗位的上级部门或人员对其应采取的监督措施和应负的监督责任；将该岗位作为内部审计的重点等。

3.5　强化职工风险意识教育，培育企业风险文化

为强化职工风险意识，培育企业风险文化，北京地铁事业总部通过修订部门职责及岗位职责，将财务风险管控的责任落实到了每个具体的工作岗位上，实行

财务风险管控考核激励机制,实行财务风险损害问责制度和奖惩措施。坚持向全体职工宣贯风险管理理念,对关键岗位重点人员进行风险防范强化培训。全体职工通过在日常工作环节中频繁反复地执行财务风险管控相关流程、制度,潜移默化地加强了风险自觉意识。

3.6 财务风险管控的监督与改进

事业总部以重大风险、重大事件、重大决策、重要业务流程为切入点,借助市国资委、地铁公司监事会有力度有深度的监督管理,敦促财务风险管控体系的实施。各部门、全资子公司、参控股公司每年对财务风险管控体系进行自查和检验;坚持研究财务风险管控的先进理论和技术手段,引入风险评价与内控审计,聘请有资质、信誉好、风险管理专业能力强的中介机构对财务风险管控体系进行评价,并出具风险管理评估报告,借助外部测评指导财务风险管控体系改进。将财务风险管控体系纳入ISO9000质量管理体系进行管理评审和持续改进。

4 构建以矩阵式管控模型为核心的企业财务风险管控体系的意义

构建并实施以矩阵式管控模型为核心的企业财务风险管控体系,能够促进国有企业规范化管理,防范经营风险,保障企业效益实现,有效地培育国有企业风险文化,强化职工风险意识,推动企业全面风险管控体系建设,形成先进的风险管理思维。

构建并实施以矩阵式风险管控模型为核心的企业财务风险管控体系,可以带动企业的全面风险管理建设,能够强有力地推进国有企业改制改革工作。

构建并实施以矩阵式风险管控模型为核心的企业财务风险管控体系,有助于国有企业全面预算管理的落实与深化;有助于提升财务报告数据质量,满足国资委、财政部、证监会等行政主管部门对风险因素披露的强制要求;能够贯彻风险管理理念,提升风险敏感度,增强企业的控制风险能力与吸收风险能力,提升企业决策能力与应变能力,从多方面提升企业核心竞争力。

综上所述,以矩阵式管控模型为核心的企业财务风险管控体系的构建与实施有诸多深远现实意义,可以加以实践推广。